Klaus Siepenkort **Klempnerdetails für Dach und Fassade**

Klempnerdetails für Dach und Fassade

Lösungen für die Praxis

mit 225 Abbildungen und 4 Tabellen

+ Download Details

Klaus Siepenkort

Klempner-/Spenglermeister, leitet als öffentlich bestellter und vereidigter Sachverständiger ein Planungsbüro für Metalldächer, Metallfassaden und Dachentwässerung. Zudem ist er verantwortlicher Redakteur der Fachzeitschrift KlempnerMagazin.

Sämtliche Zeichnungen: László A. Szántó

RM Rudolf Müller

Bibliografische Information der Deutschen Nationalbibliothek
Die Deutsche Nationalbibliothek verzeichnet diese Publikation in der Deutschen Nationalbibliografie; detaillierte bibliografische Daten sind im Internet über https://dnb.de abrufbar.

Tetőfedő – bádogos kézikönyv sorozat 1 – 21. von Szántó László, 2017

Wir freuen uns Ihre Meinung über dieses Fachbuch zu erfahren. Bitte teilen Sie uns Ihre Anregungen, Hinweise oder Fragen per E-Mail: rudolf-mueller@vuservice.de oder Telefax: 06123 9238-244 mit.

Lektorat, Korrektorat: Elke Wolf, Mechernich
Umschlaggestaltung: WMTP Wendt-Media Text-Processing GmbH, Birkenau
Satz: WMTP Wendt-Media Text-Processing GmbH, Birkenau
Druck und Bindearbeiten: Westermann Druck Zwickau GmbH, Zwickau
Printed in Germany

ISBN 978-3-481-03935-6 (Buchausgabe mit Download-Angebot)
ISBN 978-3-481-03949-3 (E-Book-PDF mit Download-Angebot)

MIX
Papier aus verantwortungsvollen Quellen
FSC® C110508
FSC
www.fsc.org

Vorwort

Auch im Klempner- und Spenglerhandwerk hat die Digitalisierung ihren Einzug gehalten; Stichworte wie CAD-Fassadenplanung, CNC-Steuerungen, Hightech-Maschinen und Dachaufmaße per Drohne gehören heute zum gängigen Vokabular – und das ist auch gut so. Denn dies macht den Beruf des Klempners/Spenglers zu einem modernen und attraktiven Ausbildungsberuf. Doch ohne besonderes handwerkliches Geschick und Kreativität bei der Vielfalt an Anschlüssen, Verwahrungen oder Übergängen an Metalldächern und Metallfassaden können anspruchsvolle Gebäudehüllen aus Metall nicht realisiert werden. Dies gilt insbesondere für die Ausführungsqualität der industriellen Bausysteme und Kombinationen daraus – denn viele Schnittstellen sind nicht durch passende Systemkomponenten abgedeckt: hier ist Klempner- und Spengler-Know-how gefragt.

Zwar kann dieses Fachbuch kein handwerkliches Geschick in der Verarbeitung von Dünnblechen vermitteln – hierzu ist schließlich intensives Training mit den unterschiedlichen Metallwerkstoffen erforderlich – doch mit den insgesamt 225 meist perspektivisch dargestellten Details, ergänzt durch fachliche Ausführungserläuterungen, liefert es vielfältige Lösungsangebote für die verschiedensten Bausituationen an Dach, Fassade und Verwahrungen aller Art. Hierbei greift der Autor auf das zeichnerisch abgebildete Expertenwissen von László A. Szántó zurück – einem Spengler mit Herzblut, der genauso gut Bleche formen kann, wie er sie zeichnet: Alle dargestellten Details hat er in der handwerklichen Praxis an realen Bauvorhaben umgesetzt.

Die Details sind nach verschiedenen Kriterien ausgewählt und in einer klaren Struktur geordnet, damit Sie schnell Ihren gewünschten Metallanschluss im gedruckten Buch oder digital finden können. Eine Vorauswahl wie beispielsweise „Dach", „Fassade", „Dachentwässerung", eine sinnvolle Untergliederung wie „Kaminverwahrungen", „Fenstereinfassungen", „Traufausbildungen" oder „Gaubenanschlüsse" sowie das umfassende Stichwortverzeichnis unterstützen Sie bei der Planung und Ausführung von Details, damit Sie zu einer schnellen Lösung für Ihre Bauvorhaben gelangen.

Klaus Siepenkort
Münster, im Januar 2020

Hinweis zum Download der Details siehe nächste Seite!

Hinweise zum Download-Angebot

Über den nachfolgenden Link in unseren E-Shop – in Verbindung mit dem unten genannten Passwort – stehen Ihnen sämtliche Detailzeichnungen als Einzelabbildungen im PDF- und auch DXF-Format zum Download zur Verfügung:

https://www.baufachmedien.de/klempnerdetails.

Nach Eingabe des o.g. Links in Ihren Browser landen Sie in unserem E-Shop beim Titel „Klempnerdetails für Dach und Fassade". Klicken Sie dann auf „Downloads verfügbar", anschließend finden Sie hier eine Datei mit dem Titel „Download zum Produkt". Unter Eingabe Ihres Passworts: **KlemPner2020** (bitte auf Groß- und Kleinschreibung achten) können Sie die Zip-Datei entpacken und sämtliche Abbildungsdateien herunterladen.

Inhalt

	Vorwort	5
1	**Einleitung und Anwendung**	13
1.1	Dieses Fachbuch ist kein Regelwerk	13
1.2	Dehnung, Dehnung, Dehnung	13
1.3	Überstände und Anschlusshöhen	15
1.4	Aufbau der Detailbeschreibung	16
2	**Dachentwässerung**	19
2.1	Traufausbildungen	22
2.1.1	Traufe Dachüberstand Metalldach	22
2.1.2	Traufe Biberschwanz auf Doppelstehfalz	24
2.1.3	Traufe Dachsteindeckung (Zuluft unten)	26
2.1.4	Traufe Dachsteindeckung (Zuluft oben)	28
2.1.5	Traufe Dachsteindeckung (Zuluft oben und unten)	30
2.1.6	Traufe Metalldach mit Unterdach und Traufenkasten	32
2.1.7	Traufe Metalldach mit gedämmtem Traufenkasten	34
2.1.8	Traufe mit Wandanschluss	36
2.1.9	Gerundete Dachauskragung, Entwässerung ins Freie	38
2.1.10	Traufe Dachsteindeckung mit Gesimsrinne (Zuluft oben)	40
2.1.11	Traufe Dachsteindeckung mit Gesimsrinne (Zuluft unten)	42
2.1.12	Traufe Dachsteindeckung mit Gesimsrinne und Blende (Zuluft unten)	44
2.1.13	Traufe Metalldeckung mit Gesimsrinne	46
2.1.14	Traufe Metalldeckung mit Gesimsrinne (Fassadenabschluss)	48
2.1.15	Traufe Metalldeckung mit Gesimsrinne (Traufenkasten)	50
2.1.16	Traufe Metalldeckung mit Gesimsrinne (steil)	52
2.1.17	Traufe Metalldeckung mit Gesimsrinne (Traufenkasten)	54
2.1.18	Traufe Dachsteindeckung mit Gesimsrinne (Zuluft unten)	56
2.1.19	Traufe Dachsteindeckung mit Sockel und Rinne	58
2.1.20	Traufe Dachsteindeckung mit Sockel, Rinne und Unterdach	60
2.1.21	Traufe Dachsteindeckung mit Sockel und Rinne (steil geneigt)	62
2.1.22	Traufe innen liegende Rinne (halbrund)	64
2.1.23	Traufe innen liegende Rinne (Kastenform)	66
2.1.24	Traufe innen liegende Rinne (UK Metall)	68
2.1.25	Traufe innen liegende Rinne (Steildach/Metalldach)	70
2.1.26	Traufe innen liegende Rinne, Dach/Wand	72
2.1.27	Traufe Gesimsrinne, innen liegend mit Blende	74
2.2	Rinnenabflüsse/Sonderlösungen	76
2.2.1	Sammelkasten als Abzweig	76

2.2.2 Sammelkasten bei Umlenkung ... 78
2.2.3 Sammelkasten für Lagerinne ... 80
2.2.4a Fallrohrdurchführung Wandgesims ... 82
2.2.4b Fallrohrdurchführung Traufengesims ... 84
2.2.5 Fallrohr, unsichtbar befestigt ... 86
2.2.6a Fallrohr in Nischenkonstruktion ... 88
2.2.6b Fallrohr in Nischenkonstruktion, durchdringungsfrei ... 90

3 Metallanschlüsse Steildach ... 93

3.1 Gaubenanschlüsse ... 94
3.1.1 Gaubenanschluss Metalldach/Steildach ... 94
3.1.2 Gaubenanschluss Metalldach/Steildach/Seitenwange ... 96
3.1.3 Gaubenanschluss Metalldach/Kehlenauslauf ... 98
3.1.4 Gaubenanschluss Metalldach/Zusammenführung Kehlen ... 100
3.1.5 Gaubenanschluss Fenster/Steildach ... 102

3.2 Ortgangausbildungen ... 106
3.2.1 Ortgang mit Traufenanschluss ... 106
3.2.2 Ortgang mit Firstanschluss ... 108
3.2.3 Ortgang mit Giebelschalung und Traufenanschluss ... 110
3.2.4 Ortgang/Traufe mit Giebelschalung für Dachstein-/Ziegeldeckung ... 112
3.2.5 Ortgang/First mit Giebelschalung für Dachstein-/Ziegeldeckung ... 114
3.2.6 Ortgangrinne mit Giebelblende für versetzte Dachstein-/Ziegeldeckung ... 116
3.2.7 Ortgangrinne mit Giebelblende für Dachstein-/Ziegeldeckung ... 118
3.2.8 Ortgangabdeckung mit Giebelblende für Dachstein-/Ziegeldeckung ... 120

3.3 Dachübergänge ... 122
3.3.1 Dachübergang Mansarddach ... 122
3.3.2 Dachübergang Mansarddach, flach geneigt, Metall-/Biberdeckung ... 124
3.3.3 Dachübergang Mansarddach, steil geneigt, Metall-/Biberdeckung ... 126
3.3.4 Gratausbildung Metall-/Biberdeckung ... 128
3.3.5 Gefälleknickpunkt Biberdeckung ... 130

3.4 Firstausbildungen ... 132
3.4.1 Lüfterfirst für Dachstein-/Ziegeldeckung ... 132
3.4.2 Lüfterfirst mit Dachgefälle für Dachstein-/Ziegeldeckung ... 134

3.5 Wandanschlüsse/Durchdringungen ... 136
3.5.1 Wandanschluss für Dachstein-/Ziegeldeckung, überdeckend 136
3.5.2 Wandanschluss für Dachstein-/Ziegeldeckung, unterdeckend vertieft ... 138
3.5.3 Wandanschluss für Dachstein-/Ziegeldeckung, unterdeckend, rund ... 140
3.5.4 Kaminverwahrung traufseitiger Anschluss ... 142
3.5.5 Mauerecke traufseitiger Anschluss ... 144

4	**Metallanschlüsse Flachdach**	147
4.1	Flachdachübergänge	148
4.1.1	Übergang Steildach/Flachdach	148
4.1.2	Übergang Steildach/Flachdach, senkrechter Anschluss	150
4.1.3	Übergang Flachdach/Metalldach	152
4.1.4	Übergang Flachdach/Steildach	154
4.1.5	Übergang Flachdach(-Ortgang)/Steildach	156
4.2	Flachdach-Randausbildungen	158
4.2.1	Maueranschluss Umkehrdach	158
4.2.2	Mauerabdichtung mit Verbundblech	160
4.2.3	Mauerabdichtung mit Dachrand-Klemmprofil	162
4.3	Dachrand-Dehnungselemente	164
4.3.1	Einkopf-Dehnelement (industriell)	164
4.3.2	Einkopf-Dehnelement (handwerklich), schräge Ausführung ohne Steg	166
4.3.3	Einkopf-Dehnelement (handwerklich), senkrechte Ausführung mit Steg	168
4.4	Flachdach-Wandanschlüsse	170
4.4.1	Wandanschluss an WDVS	170
4.4.2	Wandanschluss an verputztem/gefugtem Mauerwerk	172
4.4.3	Wandanschlüsse/Kappleisten	174
4.5	Flachdach-Entwässerungen	176
4.5.1	Flachdach-Notüberlauf	176
4.5.2	Flachdachentwässerung in Sammler	178
4.5.3	Balkon-/Terrassenentwässerung außen liegend	180
4.5.4	Balkon-/Terrassenentwässerung unter Geländer	182
5	**Abdeckungen und Gesimsverwahrungen**	185
5.1	Abdeckungen	186
5.1.1	Abdeckung in Stehfalztechnik	186
5.1.2	Abdeckungen, Randausbildungen	188
5.1.3	Verbindungsstöße	190
5.1.4	Gefällekonstruktion, gedämmt	192
5.1.5	Abdeckung mit Blende, gedämmt	194
5.1.6	Abdeckung Metallfassade/Flachdach	196
5.1.7	Abdeckung WDVS/Flachdach	198
5.1.8	Abdeckung, gewölbt	200
5.1.9	Stehfalzendung, gerader Abschluss	202
5.1.10	Abdeckung mit Gefällekonstruktion (Metall)	204
5.2	Gesimsverwahrungen	206
5.2.1	Brüstungsgesims, WDVS	206
5.2.2	Verwahrung Fassadensockel, hinterlüftet	208
5.2.3	Fassadensockel für Putz/Plattenwerkstoff	210
5.2.4	Fassadensockel mit Kappleiste für Putz/Plattenwerkstoff	212
5.2.5	Gesimsverwahrung, Verbindungs- und Dehnungselement (handwerklich)	214

5.2.6 Gesimsverwahrung, Verbindungs- und Dehnungselement (industriell) ... 216
5.2.7 Gesimsverwahrung, Innen- und Außenecken ... 218
5.2.8 Gesimsverwahrung, seitlicher Anschluss ... 220
5.2.9 Gesimsverwahrung, seitlich Anschluss mit Abweiser ... 222

6 Metalldachdetails ... 225

6.1 Firste und Grate ... 226
6.1.1 Lüfterfirst mit niedergelegtem und stehendem Anschluss ... 226
6.1.2 Lüfterfirst mit niedergelegtem Anschluss ... 228
6.1.3 Lüfterfirst mit niedergelegtem Anschluss, Bauteile, Verbindungsnaht ... 230
6.1.4 Lüfterfirst mit versetztem Wandanschluss ... 232
6.1.5 Firstausbildung mit Leistenfalz ... 234
6.1.6 Gratausbildung mit Leistenkappe ... 236
6.1.7 Stehend gerade und schräge Falzeinführung in den Grat (mit oder ohne Leiste) ... 238
6.1.8 Gratausbildung mit Formteilen ... 240
6.1.9 Pultfirst mit Einhangblende ... 242
6.1.10 Pultfirst mit Leiste ... 244
6.1.11 Pultfirst-/Ortgangausbildung, stehend ... 246

6.2 Ortgangausbildungen ... 248
6.2.1 Ortgang, schräg, wasserführend ... 248
6.2.2 Ortgang, schräg, wasserführend (konische Schare) ... 250
6.2.3 Ortgang, schräg ... 252
6.2.4 Ortgang, schräg, konische Schare ... 254
6.2.5 Ortgang Übergang Gesimsrinne ... 256
6.2.6 Ortgang vorgehängte Rinne ... 258

6.3 Wandanschlüsse ... 260
6.3.1 Seitlicher Wandanschluss, Systemschiene ... 260
6.3.2 Wandanschluss, hinterlüftet ... 262
6.3.3 Wandanschluss, schräg/gerundet ... 264
6.3.4 Wandanschluss, hinterlüftet, schräg ... 266
6.3.5 Wandanschluss, gewölbt, Falttechnik ... 268
6.3.6 Wandanschluss an WDVS ... 270
6.3.7 Wandanschluss, Überhangstreifen/Kappleisten ... 272

6.4 Querverbindungen ... 274
6.4.1 Gefällestufe, unbelüftet, stehender Anschluss ... 274
6.4.2 Gefällestufe, unbelüftet, liegender Anschluss ... 276
6.4.3 Gefällestufe, belüftet, stehender Anschluss ... 278
6.4.4 Gefällestufe an aufgehender Wand, stehender Anschluss ... 280
6.4.5 Dehnungsquerfalz mit Zusatzfalz ... 282
6.4.6 Querverbindungen, Übersicht ... 284

6.5 Gaubenanschlüsse ... 286
6.5.1 Übergang Gaubendach/Seitenwange ... 286
6.5.2 Übergang Gaubendach/Ortgang Seitenwange ... 288
6.5.3 Übergang Gaubenkehle/Seitenwange ... 290
6.5.4 Gaubenanschluss Kehle/Vorderansicht ... 292

6.5.5 Gaubenanschluss Vorderansicht/Seitenwange 294
6.5.6 Gaubenblende, gerundet 296

6.6 Verwahrungen 298
6.6.1 Wandanschluss mit Eckausbildung, hinterlüftet 298
6.6.2 Verwahrung einer Mauerecke 300
6.6.3 Verwahrung eines Dachneigungswechsels 302
6.6.4 Übergang Metalldach/Metallfassade 304

7 Fassadendetails 307

7.1 Fenstereinfassungen 308
7.1.1 Fenstereinfassung für Winkelstehfalzsystem 308
7.1.2 Fenstereinfassung für Winkelstehfalzsystem, schräge Leibung 310
7.1.3 Fenstereinfassung mit Leiste 312
7.1.4 Fenstereinfassung für Steckfalzsystem, horizontal 314
7.1.5 Fenstereinfassung für Rautensystem 316
7.1.6 Fenstereinfassung für Wellenprofil mit Hutverbinder 318
7.1.7 Fenstereinfassung für Wellenprofil mit Stegverbinder 320

7.2 Eckausbildungen 322
7.2.1 Eckausbildung außen, Winkelstehfalz mit Passwinkel 322
7.2.2 Eckausbildung außen, Winkelstehfalz mit Blende 324
7.2.3 Eckausbildung außen, Winkelstehfalz horizontal durchlaufend 326
7.2.4 Eckausbildung innen, Winkelstehfalz vertikal/horizontal ... 328
7.2.5 Eckausbildung innen, Winkelstehfalz horizontal/vertikal ... 330
7.2.6 Eckausbildung innen, Steckfalz mit M-Profil 332
7.2.7 Eckausbildung außen, Steckfalz-Profilwinkel 334

7.3 Verwahrungen und Übergänge 336
7.3.1 Verwahrung Mauerkrone mit Gesimsbekleidung 336
7.3.2 Knotenpunkte Winkelstehfalzfassade „Wilder Verband“ 338
7.3.3 Querfalz Winkelstehfalzfassade 340
7.3.4 Dach-/Fassadenknickpunkt 342
7.3.5 Dach-/Fassadenknickpunkt mit durchlaufendem Falz 344
7.3.6 Fassaden-Innenecken, vertikal 346
7.3.7 Fassaden-Außenecken, vertikal 348

Stichwortverzeichnis 351

1 Einleitung und Anwendung

Dieses Kapitel soll mit seinen Anwendungstipps als kurze Einführung in das Fachbuch dienen. Darüber hinaus dienen die nachstehenden Tabellenwerke und technischen Hinweise als Unterstützung für eine fachgerechte handwerkliche Ausführung der abgebildeten Klempner- und Spenglerarbeiten.

1.1 Dieses Fachbuch ist kein Regelwerk

Das Fachbuch „Klempnerdetails für Dach und Fassade“ liefert mit seinen dargestellten Details und fachlichen Ausführungserläuterungen vielfältige Lösungsangebote für die verschiedensten Bausituationen an Dach, Fassade und Verwahrungen. Es ist jedoch kein Regelwerk, dafür gibt es die einschlägigen und unverzichtbaren Fachregeln des Klempnerhandwerks vom ZVSHK sowie der Fachregeln für Metallarbeiten im Dachdeckerhandwerk des ZVDH. Das Fachbuch befasst sich nicht mit der Frage, ob Trennlage oder nicht, ob Hinterlüftung oder nicht – es ist ein Helfer für die praktische, handwerklich richtige Ausführung und Ideengeber für die kniffligen Anschlüsse, mit denen Klempner, Spengler und Dachdecker täglich konfrontiert werden. Dabei hat das Werk keinen Anspruch auf Vollständigkeit. Denn mit neuen Bausystemen sowie den Einbindungen moderner technischer Anlagen kommen ständig neue „Problemdetails“ hinzu. Deshalb soll „Klempnerdetails für Dach und Fassade“ stets weiterentwickelt werden. Betrachten Sie das Buch als „Mitmachbuch“ und nehmen Sie bei außergewöhnlichen Problemstellungen Kontakt zur Verlagsgesellschaft Rudolf Müller auf oder wenden Sie sich direkt an den Autor. Zuschriften, Fotos von Problemdetails, aber auch von gut durchdachten Detaillösungen sind stets erwünscht.

1.2 Dehnung, Dehnung, Dehnung

Eines zieht sich wie ein roter Faden durch die Detailausführungen: die temperaturbedingten Dehnungsbewegungen von Metallprofilen. Eine dehnungsbehindernde Montage aufgrund direkter Befestigung oder fehlender Dehnungselemente ist eine der häufigsten Ursachen bei Rissbildungen, Leckagen und Durchfeuchtungen mit zumeist kostspieligen Folgen. Deshalb möchten wir Sie bitten, bei allen Arbeiten auf eine zwängungsfreie Montage der Metallprofile zu achten. Damit vermeiden Sie Bauschäden und sorgen für ein optisch hochwertiges Erscheinungsbild an Dach und Fassade. Anhand der nachstehenden Tabellen können Sie die Abstände für Dehnungsausgleicher und die materialabhängigen Dehnungsbewegungen ermitteln.

Richtwerte für die maximalen Abstände von Dehnungsausgleichern. Für Bleche, Bänder und Metallprofile aus Cu, Zn, S.S und VSt

Metall	**Cu**	**Zn**	**Al**	**S.S**	**VSt**	**Pb**
Ausdehnungskoeffizient in mm/m • K	0,017	0,022	0,024	0,016	0,012	0,029

Formteil		maximaler Abstand
eingeklebte Einfassungen; Winkelanschlüsse; Traufbleche; Dachrandeinfassungen und eingeklebte Shedrinnen in der Wasserebene		6 m
Mauerabdeckungen; Dachrandabschlüsse außerhalb der Wasserebene; innen liegende, nicht eingeklebte Dachrinnen mit Zuschnitt > 500 mm bei verzinktem Stahl und nicht rostendem Stahl		8 m 14 m
bei Scharen für Dachdeckungen und Außenwandbekleidungen • aus Cu, Al und Zn • aus S.S und VSt		10 m 14 m
innen liegende, nicht eingeklebte Rinnen vorgehängte Dachrinnen	≤ 500 mm Zuschnitt > 500 mm Zuschnitt	10 m
vorgehängte Dachrinnen	≤ 500 mm Zuschnitt	15 m

Diese Richtwerte gelten für die gestreckte Länge von Bauteilen.

Für die Abstände von Ecken oder Festpunkten gelten jeweils die halben Längen.

Die vorgegebenen Richtwerte können geringfügig überschritten werden.

Für eine ungehinderte Längenänderung durch Temperaturwechsel ist mit einer Temperaturdifferenz von 100 K zu rechnen. Dabei geht man davon aus, dass im Winter –20 °C und im Sommer +80 °C erreicht werden. Für die Berechnung der Längenänderung im Sommer bzw. Winter ist die Einbautemperatur des Werkstoffes zu berücksichtigen.

Die Änderung der Länge errechnet man nach der Formel:

$\Delta L = L \cdot \alpha \cdot (\Delta t)$

Hierin ist:

ΔL: Längenänderung in mm

L: Bauteillänge

α: Ausdehnungskoeffizient in mm/mk

Δt: Temperaturdifferenz in K (Kelvin) 100 K bzw. Temperaturdifferenz der Einbautemperatur t_{Sommer} und t_{Winter}

Berechnungsbeispiel:

- Länge: 6,00 m
- angenommene Einbautemperatur: 15 °C
- Werkstoff: Titanzink (α = 0,022 mm/mk)
- Längenänderung (maximal)
  $\Delta L = L \cdot \alpha \cdot \Delta t = 6{,}0 \cdot 0{,}022 \cdot 100 = 13{,}2$ mm
- Längenänderung im Sommer bzgl. Einbautemperatur
  $\Delta L = L \cdot \alpha \cdot \Delta t = 6{,}0 \cdot 0{,}022 \cdot (80 - 15) = 8{,}58$ mm
- Längenänderung im Winter bzgl. Einbautemperatur
  $\Delta L = L \cdot \alpha \cdot \Delta t = 6{,}0 \cdot 0{,}022 \cdot (15 - (-20)) = 4{,}62$ mm

Quelle: Fachregel für Metallarbeiten im Dachdeckerhandwerk, Ausgabe Juni 2017

1.3 Überstände und Anschlusshöhen

Schwerpunkt dieses Fachbuches sind unterschiedliche Arten an Anschlüssen und Verwahrungen sowie zahlreiche Varianten an Abdeckungen und Dachrandabschlüssen. Zum Schutz des Bauwerkes sind hierbei Anschlusshöhen, Mauerwerksabstände und Überdeckungsmaße einzuhalten, die den nachfolgenden Tabellenwerken zu entnehmen sind. Zur Anwendung kommen dabei vorgefertigte oder handwerklich hergestellte Profile. An Abdeckungen sollte ein ausreichendes Gefälle zur Dachseite vorgesehen und die dachabgewandte Seite mit einer Aufkantung versehen werden. Dabei gilt, dass Verunreinigungen durch abtropfendes Wasser nicht gänzlich zu vermeiden sind. Die Abdeckungen erhalten an den Enden stets Kopfstücke oder Maueranschlussstücke.

Dachrandabschlüsse

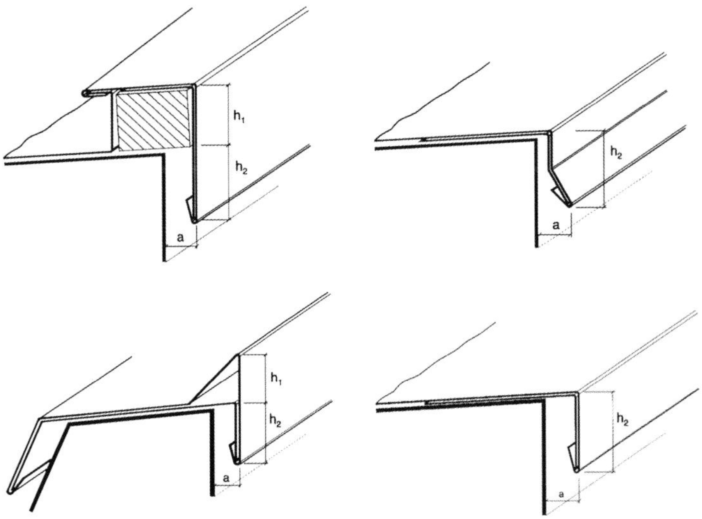

h_1 = Aufkantung
h_2 = Abkantung
a = Tropfabstand

Mindest-Auf-/Abkanthöhen, Mindest-Tropfkantenabstand

Gebäudehöhe m	a */** mm	h_2 mm	h_1 mm
< 8	20	50	mind. 25
8–20		80	
> 20		100	

* Bei Verwendung von Kupfer wird empfohlen, eine größeren Tropfkantenabstand auszuführen. Verunreinigungen durch abtropfendes Wasser sind nicht ganzlich zu vermeiden.

** Bei Putzfassaden/Wärmedämmverbundsystemen wird empfohlen, den Überstand der Tropfkante zum fertigen Oberputz nach DIN EN 13914-1 mit mindestens 40 mm, unter Berücksichtigung zulässiger Toleranzen (nach DIN 18202), auszuführen.

Bei Metalldeckung: $h_1 \geq 25$ mm über Oberkante wasserführende Ebene

Quelle: Fachregeln für Metallarbeiten im Dachdeckerhandwerk

Anschlusshöhen

Dachneigung	Anschluss		
	S	T	F
	in mm		
< 5	150	150[2)]	150
< 22	100	100	150
≥ 22	80[1)]	80	150

1) Bei abgetreppten Anschlüssen und konturierten Deckwerkstoffen beträgt S über Oberkante Deckwerkstoff mindestens 65 mm.
2) Bei Terrassen mit Abdichtungen und Metallanschlüssen im Türbereich ist in Ausnahmefällen eine Verringerung der Anschlusshöhe möglich, wenn bedingt durch die örtlichen Verhältnisse zu jeder Zeit ein einwandfreier Wasserablauf im Türbereich sichergestellt ist. Dies ist dann der Fall, wenn sich im unmittelbaren Türbereich Terrassenabläufe oder andere Entwässerungsmöglichkeiten befinden. In solchen Fällen sollte die Anschlusshöhe jedoch mindestens 50 mm (oberes Ende des Anschlussbleches unter der Hebeschiene) über Oberfläche Belag betragen.

Quelle: Fachregel für Metallarbeiten im Dachdeckerhandwerk, Ausgabe Juni 2017

1.4 Aufbau der Detailbeschreibung

Jedes Detail ist mit mindestens einer Abbildung, teilweise als schrittweise Herleitung mit mehreren Abbildungen dargestellt. Der Begleittext erläutert den Zweck, den Einbauort sowie die Arbeitsschritte und gibt dem Detail eine eindeutige Bezeichnung. Hiermit ist ein schnelles Auffinden des gewünschten Dach-, Fassaden oder Rinnendetails im Inhalts- und Stichwortverzeichnis möglich.

Beispiel: Detail Fenstereinfassung für Steckfalzsystem, horizontal

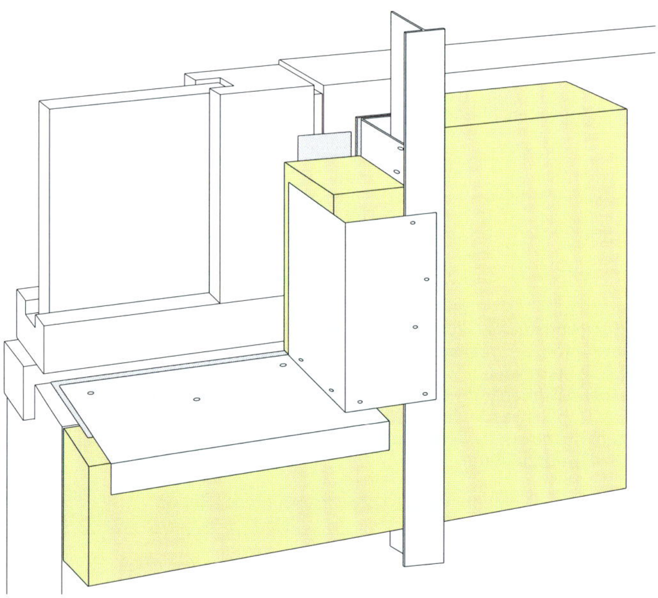

Beschreibung:

Das Detail zeigt die Fensterausbildung einer hinterlüfteten Metallbekleidung im Steckfalzsystem auf einer Unterkonstruktion aus Metall. Das Fassadensystem eignet sich sehr gut, die üblicherweise vorstehenden Fensterbankabdeckungen sowie die Seitenleibungen flächenbündig in das Fugenraster einzubinden. Fensterbank, Leibung und Sturz umfassen das Fenster wie einen Rahmen mit einheitlicher Profil- und Fugenbreite. Die Fassadenflächen enden mit einheitlichem Fugenabstand am Leibungsprofil. Die Fensterbank ist am Leibungs- und Fensteranschluss aufgekantet und deren Innenecken wasserdicht, ohne Einschnitte und Lötungen mit „Taschen". Der regendichte Anschluss der Fensterbank sowie die Leibungs- und Sturzbekleidungen erfolgen indirekt mit Einschub- bzw. Steckprofilen.

Arbeitsfolge:

1. Bekleidung der Fassade bis an die Seitenleibungen sowie unterhalb der Fensterbank
2. Montage der Fensterbank, Seitenleibungen und Sturzbekleidung (Lüftungsfunktion)
3. Verlegen der Fassadenbekleidung oberhalb des Fenstersturzes

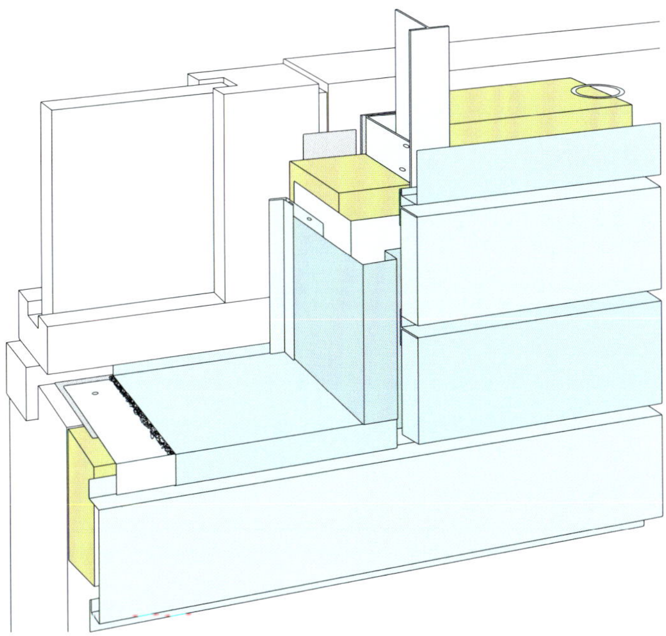

2 Dachentwässerung

Bei der Dachentwässerung spielt insbesondere die Ausführung der Traufbereiche für den schadlosen Abfluss des Niederschlagswassers oder den Rückhalt von Schneemengen eine bedeutende Rolle. Immerhin gelangt der gesamte Niederschlag von der Dachfläche an dieser Stelle in die Dachrinne, bevor er über das Rohrnetz der Haus- und Grundstücksentwässerung abgeleitet wird. Eine Besonderheit, die bei Dachüberständen zu beachten ist, liegt in der Gefahr der regional auftretenden Eisschanzenbildung in dem oft kalten, ungedämmten Traufbereich. Da in den Überflutungsbereichen vor der Eisschanze Tauwasser in die Falze eindringen kann, sind im Traufbereich entsprechend Dichtbänder einzulegen und/oder ein wasserdichtes Unterdach vorzusehen. Der Einbau und die Art einer Schneefangeinrichtung erfolgen nach länderspezifischen Anforderungen und Herstellerangaben. Für Dachrinnen wird eine individuelle normengerechte Dimensionierung gemäß DIN EN 12056-3 und DIN 1986-100 gefordert. Innen liegende Rinnen sind bei nachgewiesener Abflussleistung mit Notüberläufen und freiem Auslauf auf schadlos überflutbare Grundstücksflächen auszurüsten.

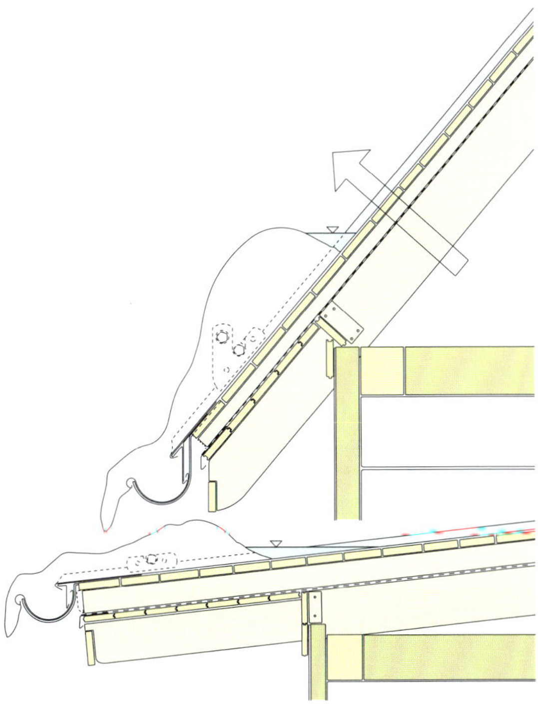

An Dachüberständen können sich regional Eisschanzen bilden und den Tauwasserabfluss behindern. Die Überflutungsbereiche sind mit Falzdichtungen und/oder Unterdächern vor Feuchteschäden zu schützen.

Entscheidende Bauteile zur schadlosen Entwässerung der Rinnen sind typischerweise der Rinnenabfluss, Rinnenstutzen und der Notüberlauf, deren einwandfreie Funktion grundsätzlich gewährleistet sein muss. Hierzu sind die korrekte normengerechte Dimensionierung, die einwandfreie handwerkliche, zwängungsfreie Ausführung sowie die regelmäßige Reinigung/Instandhaltung von entscheidender Bedeutung. Die beste Leistung eines Rinnenstutzens wird durch eine strömungsgünstige, trichterförmige Ausführung und/oder einen kastenförmigen Sammler erzielt. Wichtig: Um die optimale Abflussleistung zu erzielen, ist der Rinnenausschnitt an die Öffnung der zumeist industriell hergestellten Stutzen anzupassen und der volle Abflussquerschnitt freizuhalten.

Anhand zahlreicher typischer und außergewöhnlicher Bausituationen wird in diesem Kapitel gezeigt, wie Sie Traufausbildungen und Rinnenabflüsse ausführen können, um das Regenwasser schadlos vom Gebäude abzuleiten.

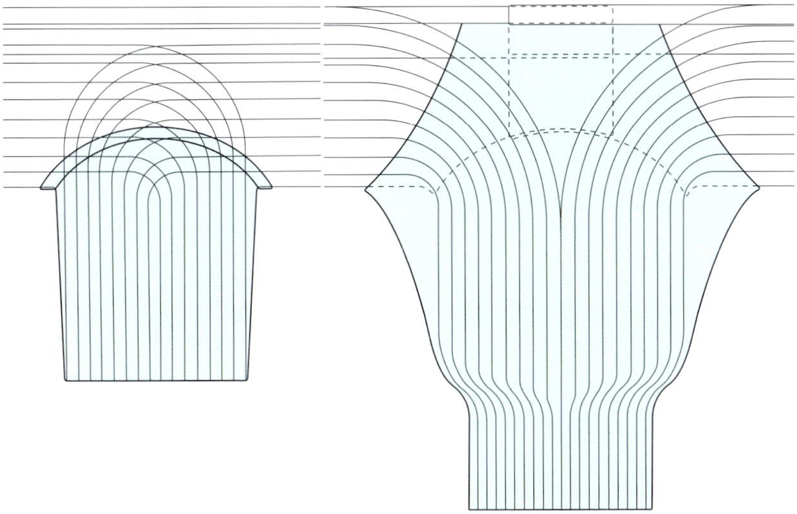

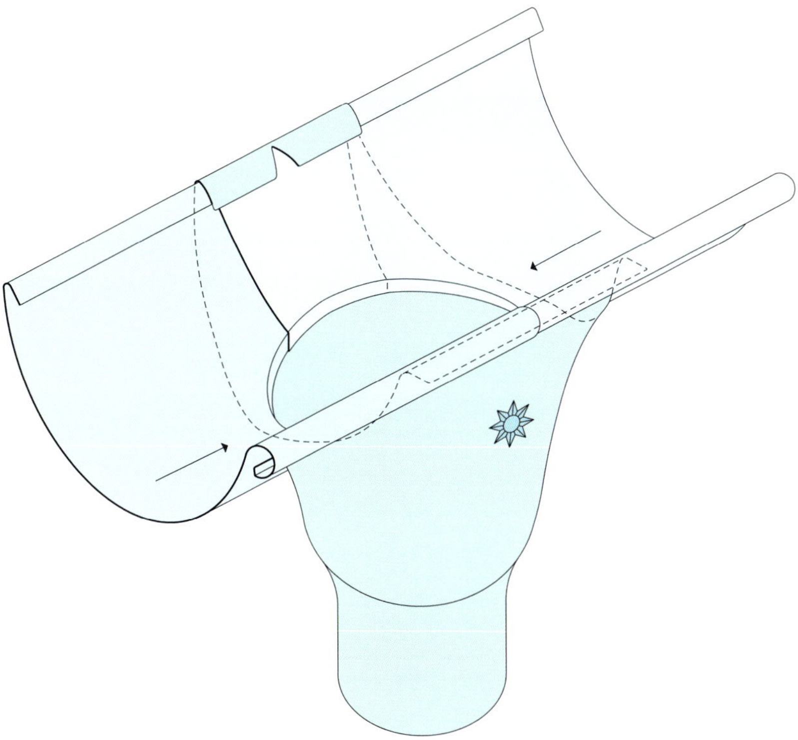

Strömungsgünstige Trichterstutzen sollten bevorzugt zum Einsatz kommen. Der Rinnenausschnitt ist an die Öffnung anzupassen.

2.1 Traufausbildungen

2.1.1 Traufe Dachüberstand Metalldach

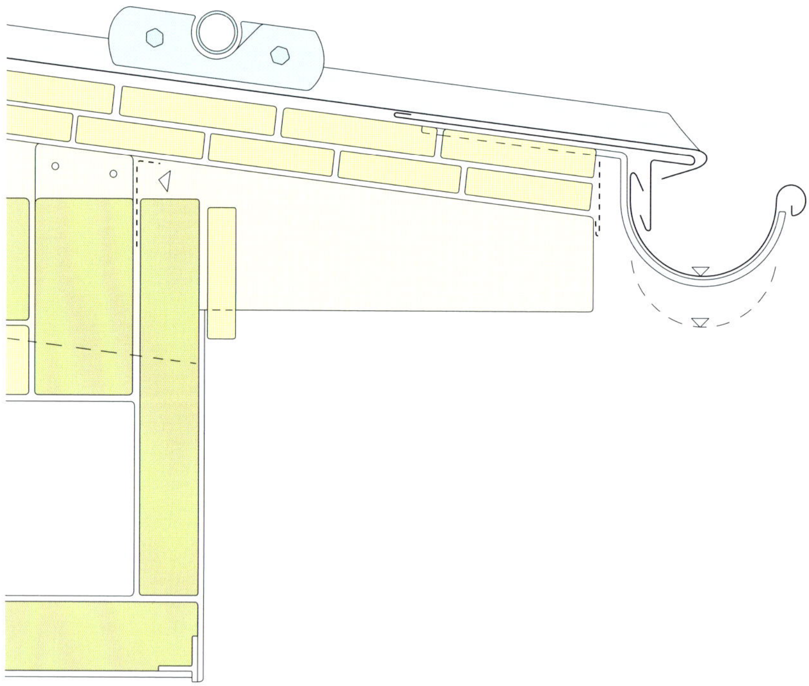

Beschreibung:

Typische Traufausbildung einer Metalldeckung im Doppelstehfalzsystem am Dachüberstand mit vorgehängter Rinne. Die Zuluftöffnung für die Hinterlüftungsebene ist unterhalb der Rinne angeordnet und mit einem Lochblech als Kleintierschutz abgedeckt. Die Rinnenträger werden flächenbündig eingelassen und mit ca. 25 bis 30 mm Abstand zur Zuluftöffnung auf der Holzkonstruktion befestigt. Die Umfalzung der Scharendungen erfolgt in ein Traufen-Einhangprofil mit Rückfalz, das je nach Anforderungen zusätzlich mit einem Vorstoßstreifen gesichert werden kann bzw. sollte. Die Umfalzung der Schar am Traufblech bleibt ca. 30 Grad geöffnet, um das Abtropfverhalten zu fördern und eine Kapillarwirkung zu unterbinden.

Eine Besonderheit bei Dachüberständen ist die Gefahr der Eisschanzenbildung, die regional auftreten kann. Hier sind in den Überflutungsbereichen Dichtbänder einzulegen. Der Einbau eines Schneefangs erfolgt nach länderspezifischen Anforderungen und Herstellerangaben.

Arbeitsfolge:

1. Einfräsen der Unterkonstruktion und Montage der Rinnenträger
2. Abdecken der Lüftungsöffnungen mit Kleintierschutz, z. B. Lochblech
3. Einbau des Rinnenprofils (normengerechte Dimensionierung)
4. Montage des Traufen-Einhangbleches mit Rückfalz (für Doppel-/Winkelstehfalzsystem)
5. Verlegen der Schare mit Traufeneinhang (Ausführung z. B. stehend/schräg, Schwäbische Variante); Dehnungsabstände am Traufeneinhang beachten!

2.1.2 Traufe Biberschwanz auf Doppelstehfalz

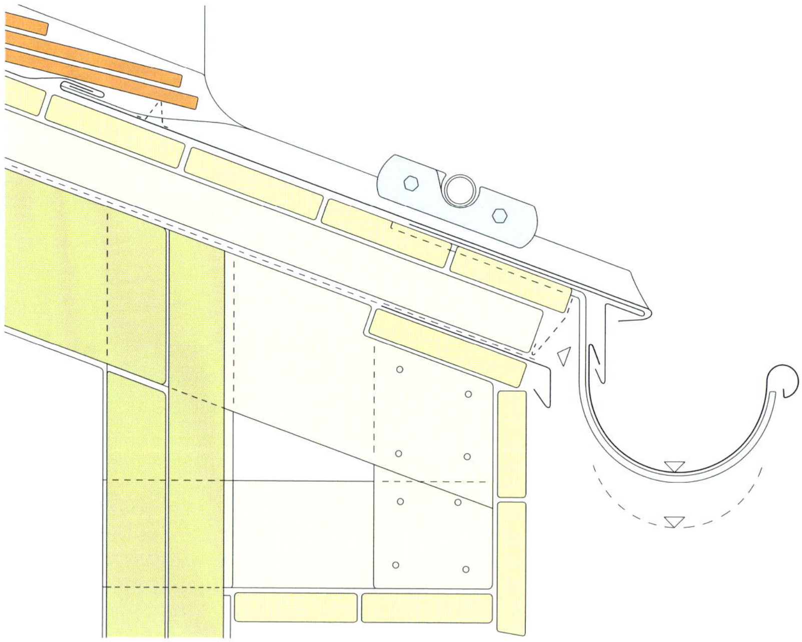

Beschreibung:

Diese Traufausbildung einer Biberschwanzdeckung mit Metalldachtraufe im Doppelstehfalzsystem sieht man oft in schneereichen Regionen. Sie bietet besten Feuchteschutz und ermöglicht eine problemlose Installation von Schneefangeinrichtungen und Begleitheizungen am Übergang zur vorgehängten Dachrinne. Bei dieser Variante ist die Zuluftöffnung für die Hinterlüftungsebene unterhalb der Rinne angeordnet und mit einem Lochblech als Kleintierschutz abgedeckt. Die Rinnenträger werden flächenbündig eingelassen und mit ca. 25 bis 30 mm Abstand zur Zuluftöffnung auf der Holzkonstruktion befestigt. Die Umfalzung der Scharendungen erfolgt in ein Traufen-Einhangprofil mit Rückfalz, das je nach Anforderungen zusätzlich mit einem Vorstoßstreifen gesichert werden kann bzw. sollte. Die Umfalzung der Schar bleibt ca. 30 Grad geöffnet, um das Abtropfverhalten zu fördern und eine Kapillarwirkung zu unterbinden.

Eine Besonderheit bei Dachüberständen ist die Gefahr der Eisschanzenbildung, die regional auftreten kann. Hier sind in den Überflutungsbereichen Dichtbänder einzulegen. Der Einbau eines Schneefangs erfolgt nach länderspezifischen Anforderungen und Herstellerangaben.

Arbeitsfolge:

1. Einfräsen der Unterkonstruktion und Montage der Rinnenträger
2. Abdecken der Lüftungsöffnungen mit Kleintierschutz, z. B. Lochblech
3. Einbau des Rinnenprofils (normengerechte Dimensionierung)
4. Verlegen des Traufen-Einhangbleches mit Rückfalz (für Doppel-/Winkelstehfalzsystem)
5. Verlegen der Schare mit Traufeneinhang (Ausführung z. B. stehend/schräg, Schwäbische Variante); Dehnungsabstände am Traufeneinhang beachten!

2.1.3 Traufe Dachsteindeckung (Zuluft unten)

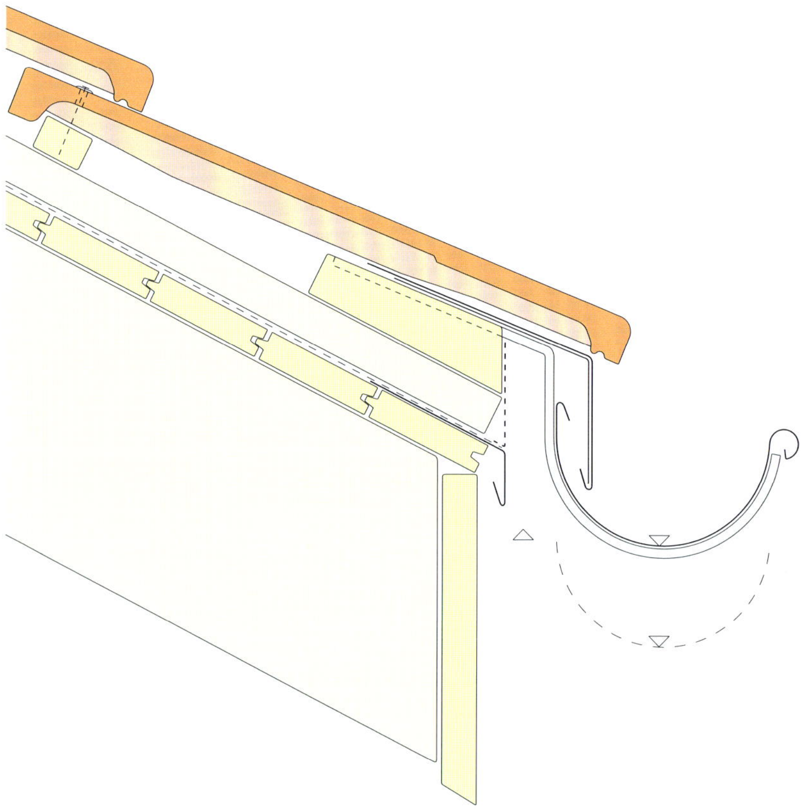

Beschreibung:

Typische Traufausbildung einer Deckung mit Dachsteinen und vorgehängter Rinne mit Traufblech. Die Zuluftöffnung für die Hinterlüftungsebene ist unterhalb der Rinne angeordnet und mit einem Lochblech als Kleintierschutz abgedeckt. Um ein kontrolliertes Abtropfen eindringenden Wassers sicherzustellen, ist die Unterdeckbahn mit einem Tropfwinkel verbunden (Hinweis: Am Tropfprofil kann regional Eisbildung auftreten!).

Arbeitsfolge:

1. Montage den Tropfwinkels
2. Verlegen der Unterdeckung
3. Montage der Lattung
4. Montage der Traufbohle und Konterlattung
5. Montage der Rinnenträger
6. Abdecken der Lüftungsöffnungen mit Kleintierschutz, z. B. Lochblech
7. Einbau des Rinnenprofils mit Traufblech (normengerechte Dimensionierung)
8. Verlegen der Dachdeckung

2.1.5 Traufe Dachsteindeckung (Zuluft oben und unten)

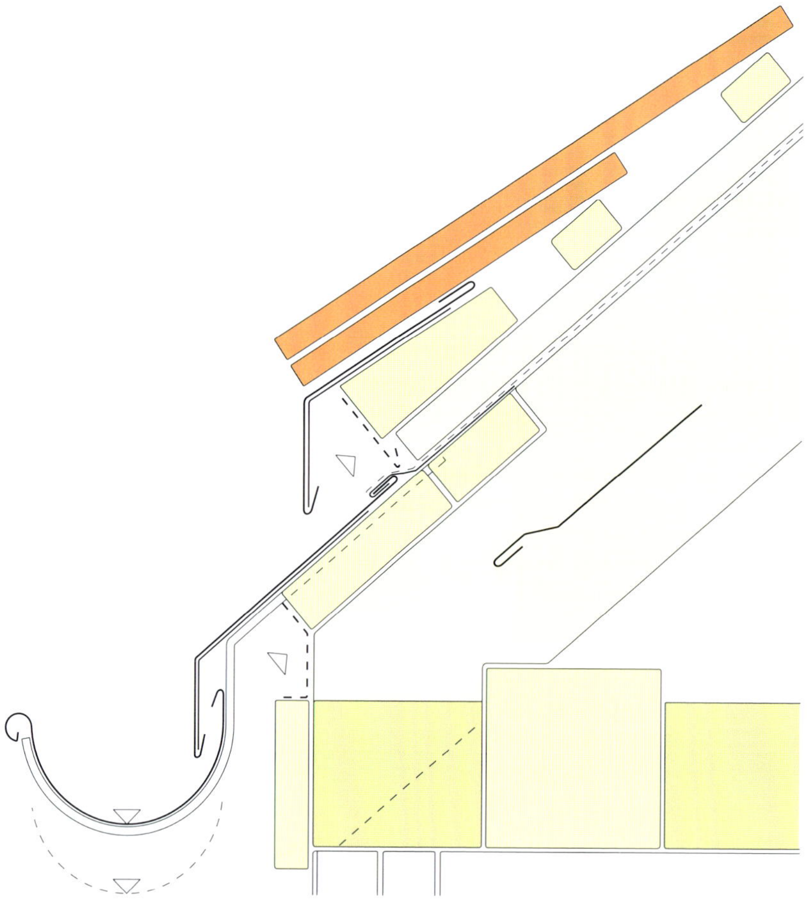

Beschreibung:

Traufausbildung einer steil geneigten Deckung mit Dachsteinen und vorgehängter Rinne. Die Zuluftöffnung für die Hinterlüftungsebene ist bei dieser Variante oberhalb der Rinne weit nach oben versetzt angeordnet und mit einem Lochblech als Kleintierschutz abgedeckt. Das Niederschlagswasser gelangt von der Deckung über ein Traufblech zunächst auf ein verlängertes Tropfblech in die Dachrinne. Bei extremen Wetterverhältnissen wird eingedrungenes Treibwasser über eine zweite Entwässerungsebene und das angeschlossene Tropfblech schadlos in die Rinne abgeleitet. Eine zweite Hinterlüftungsebene ist unterhalb der Rinne an die Außenluft angeschlossen und die Lüftungsöffnungen sind mit einem Kleintierschutz abgedeckt.

Arbeitsfolge:

1. Abdecken der Lüftungsöffnungen unterhalb der Rinnen mit Kleintierschutz, z. B. Lochblech
2. Einlassen und Montieren der Rinnenträger
3. Einbau des Rinnenprofils (normengerechte Dimensionierung)
4. Verlegen des Tropfbleches und der Unterdeckung
5. Montage der Konterlattung
6. Montage der Keilbohle und Lattung
7. Abdecken der Lüftungsöffnungen mit Kleintierschutz, z. B. Lochblech
8. Montage des Traufbleches
9. Verlegen der Dachdeckung

2.1.6 Traufe Metalldach mit Unterdach und Traufenkasten

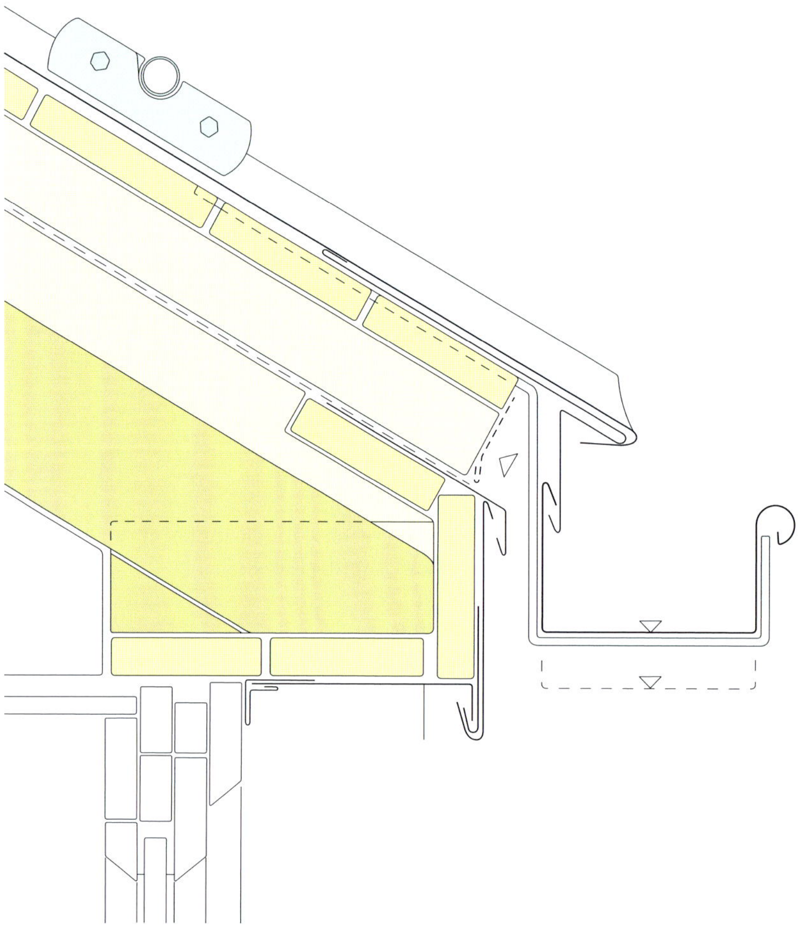

Beschreibung:

Traufausbildung einer Metalldeckung mit Unterdach, Dachüberstand und vorgehängter Rinne. Die Zuluftöffnung für die Hinterlüftungsebene mit zweiter Entwässerungsebene ist unterhalb der Rinne angeordnet und mit einem Lochblech als Kleintierschutz abgedeckt. Die Unterdeckbahn ist mit einem Tropfblech verbunden und entwässert ins Freie. Die senkrechte Stirnblende und die Untersicht des gedämmten Traufenkastens sind mit Metallprofilen in Falztechnik bekleidet, also indirekt und nicht sichtbar befestigt.

Die Rinnenträger sind flächenbündig eingelassen und mit ca. 30 bis 35 mm Abstand zur Zuluftöffnung/Stirnblende des Traufenkastens auf der Holzkonstruktion befestigt. Die Umfalzung der Scharendungen erfolgt in ein Traufen-Einhangprofil mit Rückfalz, das je nach Anforderungen zusätzlich mit einem Vorstoßstreifen gesichert werden kann bzw. sollte. Die Umfalzung der Schar am Traufblech bleibt ca. 30 Grad geöffnet, um das Abtropfverhalten zu fördern und eine Kapillarwirkung zu unterbinden.

Arbeitsfolge:

1. Bekleidung der Untersicht und der Stirnblende des Traufenkastens
2. Montage des Tropfbleches
3. Verlegung der Unterdeckbahn als zweite Entwässerungsebene
4. Montage der Konterlattung
5. Einfräsen der Unterkonstruktion und Montage der Rinnenträger
6. Abdecken der Lüftungsöffnungen mit Kleintierschutz, z. B. Lochblech
7. Einbau des Rinnenprofils (normengerechte Dimensionierung)
8. Traufen-Einhangblech mit Rückfalz montieren (für Doppel-/Winkelstehfalzsystem)
9. Verlegen der Schare mit Traufeneinhang (Ausführung z. B. stehend/schräg, Schwäbische Variante); Dehnungsabstände am Traufeneinhang beachten!

2.1.7 Traufe Metalldach mit gedämmtem Traufenkasten

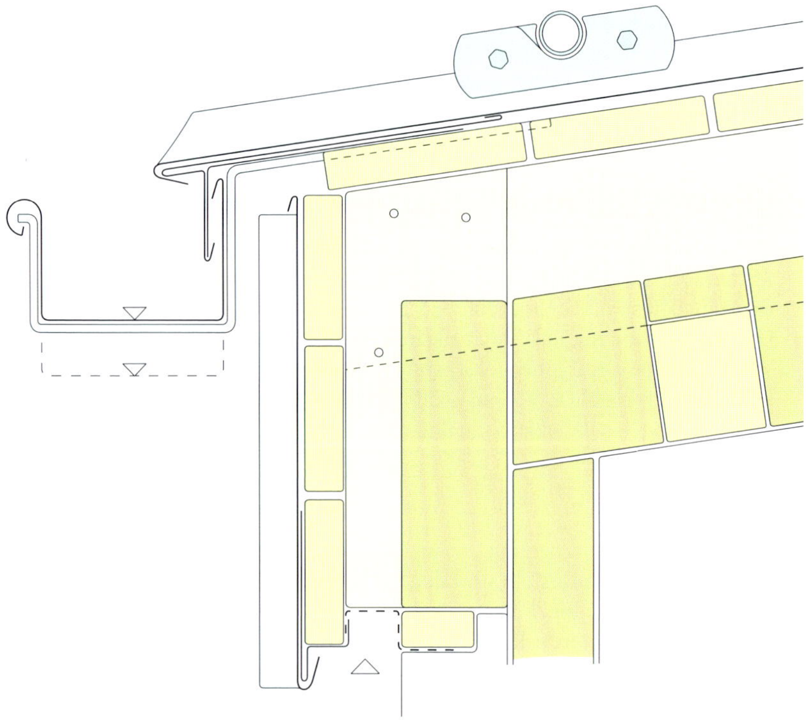

Beschreibung:

Traufausbildung einer hinterlüfteten Metalldeckung mit vorgehängter Rinne. Die Zuluft erfolgt über den Traufenkasten mit geringstmöglichem Dachüberstand. Er ist mit einer Blende im Winkelstehfalzsystem bekleidet, die Zuluftöffnung ist mit einem Lochblech als Kleintierschutz abgedeckt. Die Rinnenträger sind flächenbündig eingelassen und mit ca. 40 mm Abstand zur senkrechten Verschalung befestigt. Die Umfalzung der Scharendungen erfolgt in ein Traufen-Einhangprofil mit Rückfalz, das aufgrund der weiten Auskragung mit einem Vorstoßstreifen gesichert ist. Die Umfalzung der Schar am Traufblech bleibt ca. 30 Grad geöffnet, um das Abtropfverhalten zu fördern und eine Kapillarwirkung zu unterbinden.

Arbeitsfolge:

1. Bekleidung der Stirnblende des Traufenkastens einschließlich Lochblech als Kleintierschutz
2. Einfräsen der Unterkonstruktion und Montage der Rinnenträger
3. Einbau des Rinnenprofils (normengerechte Dimensionierung)
4. Traufen-Einhangblech mit Rückfalz und Vorstoßstreifen verlegen
5. Verlegen der Schare mit Traufeneinhang (Ausführung z. B. stehend/schräg, Schwäbische Variante); Dehnungsabstände am Traufeneinhang beachten!

2.1.8 Traufe mit Wandanschluss

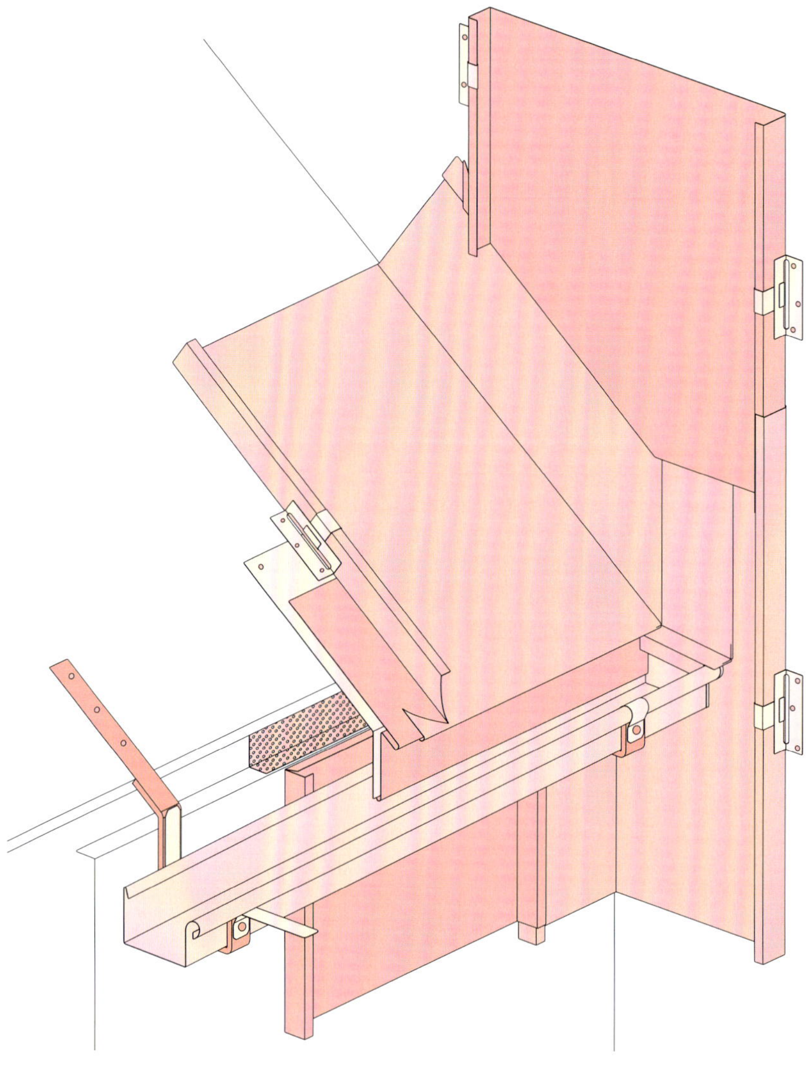

Beschreibung:

Die Herstellung des Übergangs von der Rinnentraufe der (hier hinterlüfteten) Metalldeckung zur Fassade ist planerisch und handwerklich sehr anspruchsvoll und vereint viele Details. Insbesondere die Einfassung des Kopfstückes und das Sicherstellen der schadlosen Dehnungsbewegungen werden hierbei oft vernachlässigt. Das Detail zeigt, wie diese Anforderungen mit Bewegungsspielraum in Falztechnik ohne Löten umgesetzt werden können.

Arbeitsfolge:

1. Verlegen der Blende unterhalb der Rinne im Winkelstehfalzsystem
2. Blende/Eckschare (aufgehende Wand) montieren, meistens mit Falzrichtungswechsel
3. Rinnenmontage (Dimensionierung mittels Nachweis), Wandabstand gemäß den zu erwartenden Dehnungsbewegungen beachten!
4. Montage des Traufen-Einhangbleches
5. Verlegen des Anschlussbleches (Überdeckung Rinnenendstück)
6. Verlegen der Schare mit Traufeneinhang, Wandaufkantung und Einhangfalz. Dehnungsabstände am Traufeneinhang beachten!
7. Anschluss Fassadenschar, Winkelstehfalzsystem (meistens mit Falzrichtungswechsel)

2.1.9 Gerundete Dachauskragung, Entwässerung ins Freie

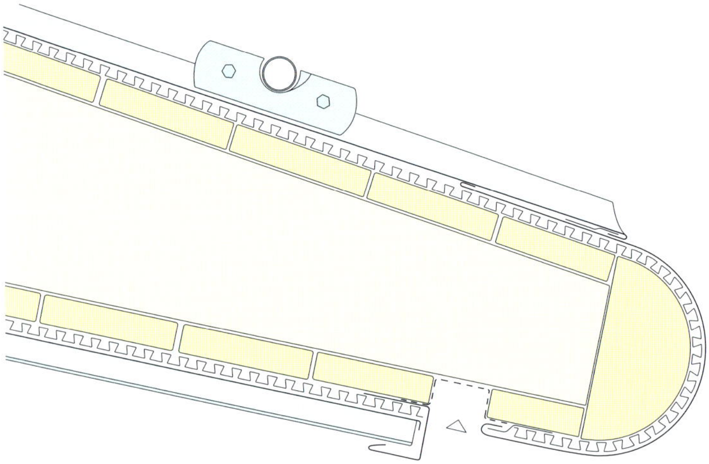

Verbindungsstoß mit vorgerundeten, hinterlegten Riffelblechen

Beschreibung:

In der modernen Architektur werden Dachtraufen vielfach als Gestaltungsmittel eingesetzt. Ein Beispiel hierfür ist der nachfolgend beschriebene gerundete Dachüberstand als Abschluss eines Tonnendaches. In diesem dargestellten Fall entwässert die Dachfläche einfach ins Freie. Alternativ besteht jedoch die Möglichkeit, eine innen liegende Rinne in den Dachüberstand zu integrieren, die das Wasser kontrolliert in die Entwässerungsanlage ableitet. Die Rundung des Metallprofils erfolgt maschinell in handhabbaren Längen mittels Walzrundung oder Segmentkantungen. Vor dem Runden erhalten die Profilenden mit hinterlegten Umschlägen eine Randversteifung, die Längsseiten werden mit den jeweiligen Umfalzungen für den Einhang an das Z-Profil sowie für die Befestigung mittels Haftstreifen auf dem Dach versehen. Die Verbindungen der Schare mit dem gerundeten Profil erfolgen mittels aufgesetzten Zusatzfalzes; die Verbindungsstöße der Einzellängen können mit vorgerundeten Riffelblechen hinterlegt werden, ähnlich wie dies bei Mauerabdeckungen praktiziert wird. Die Zuluft erfolgt über den durchlaufenden Lüftungsschlitz, der gleichzeitig den trennenden Übergang von der Dachdeckung zur Deckenunterschicht im Winkelstehfalzsystem bildet. Die Zuluftöffnung ist mit einem Lochblech als Kleintierschutz abgedeckt.

Arbeitsfolge:

1. Montage des Lochbleches an der Zuluftöffnung
2. Montage des Einschubbleches für die Untersichtbekleidung und des Einhangprofils für die Traufenrundung
3. Montage des runden Traufenabschlusses einschließlich Zusatzfalz
4. Verlegen der Schare; Dehnungsabstände der Scharabschlüsse am Traufeneinhang beachten!

2.1.10 Traufe Dachsteindeckung mit Gesimsrinne (Zuluft oben)

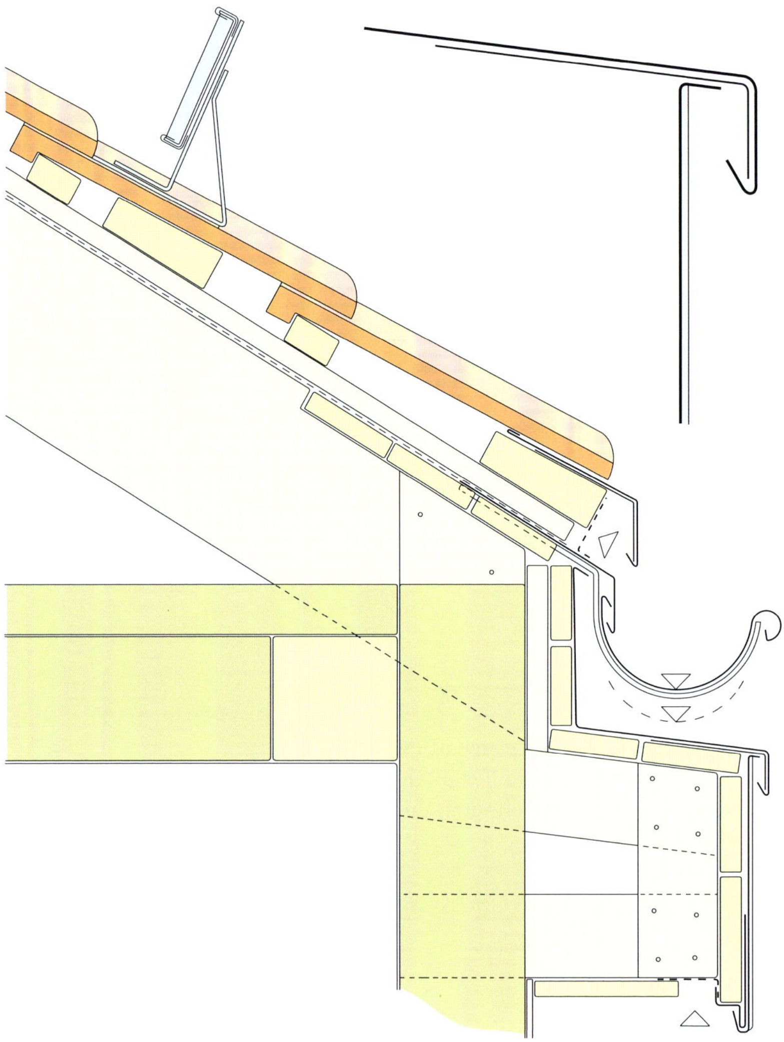

Beschreibung:

Die Traufausbildung der Deckung mit Dachsteinen und vorgehängter Gesimsrinne ist mit Tropf- und Traufblech ausgeführt, die in die Rinne entwässern. Die Zuluftöffnung für die Hinterlüftungsebene der Dachdeckung ist oberhalb der Rinne angeordnet und mit einem Lochblech als Kleintierschutz abgedeckt. Bei extremen Wetterverhältnissen wird eingedrungenes Treibwasser über eine zweite Entwässerungsebene und das angeschlossene Tropfblech schadlos in die Rinne abgeleitet. Das Gesims ist hinterlüftet und mit einer Gesimsabdeckung sowie mit einer Blende bekleidet.

Arbeitsfolge:

1. Bekleidung des Gesimses mit Abdeckung, Stirnblende einschließlich Lochblech als Kleintierschutz
2. Einlassen und Montieren der Rinnenträger
3. Einbau des Rinnenprofils (normengerechte Dimensionierung)
4. Verlegen des Tropfbleches und der Unterdeckung
5. Montage der Konterlattung
6. Montage der Keilbohle und Lattung
7. Abdecken der Lüftungsöffnungen mit Kleintierschutz, z. B. Lochblech
8. Montage des Traufbleches
9. Verlegen der Dachdeckung

2.1.11 Traufe Dachsteindeckung mit Gesimsrinne (Zuluft unten)

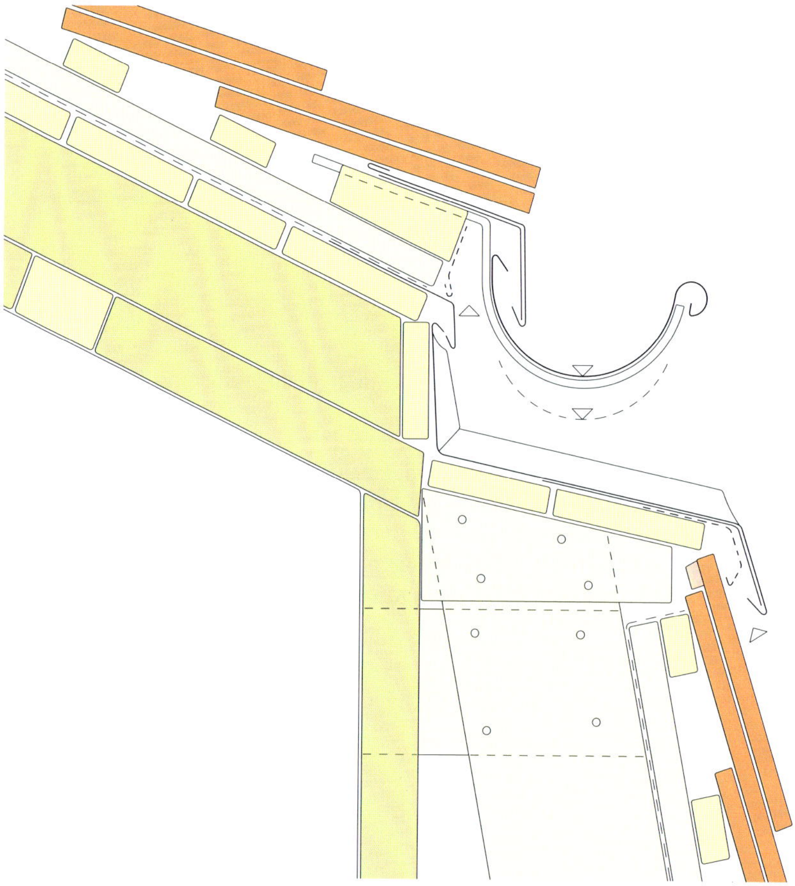

Beschreibung:

Die Traufausbildung der Deckung mit Dachsteinen und vorgehängter Gesimsrinne bildet den Übergang zu einer darunterliegenden steilen Dachfläche (z. B. Mansarddach). Die Zuluftöffnung für die Hinterlüftungsebene ist unterhalb der Rinne angeordnet und mit einem Lochblech als Kleintierschutz abgedeckt. Um ein kontrolliertes Abtropfen eindringenden Wassers sicherzustellen, ist die Unterdeckbahn mit einem Tropfwinkel verbunden und entwässert auf die Metallabdeckung des Gesimses, das gleichzeitig als Entlüftung der darunterliegenden Dachkonstruktion dient.

Arbeitsfolge:

1. Montage der Gesimsabdeckung einschließlich Lüftungsprofil
2. Montage des Tropfbleches
3. Verlegen der Unterdeckung
4. Montage der Lattung
5. Montage der Traufbohle und Konterlattung
6. Einlassen und Montieren der Rinnenträger
7. Abdecken der Lüftungsöffnungen, z. B. Lochblech
8. Einbau des Rinnenprofils mit Traufblech (normengerechte Dimensionierung)
9. Verlegen der Dachdeckung

2.1.12 Traufe Dachsteindeckung mit Gesimsrinne und Blende (Zuluft unten)

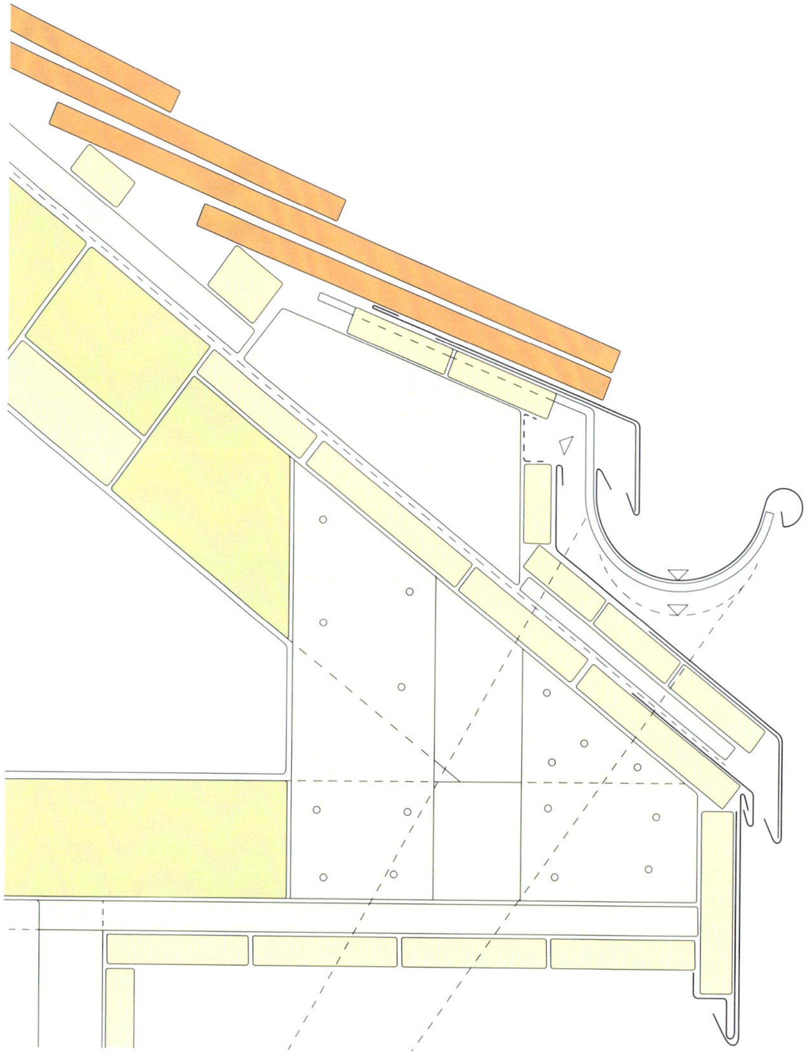

Beschreibung:

Traufausbildung einer Deckung mit Dachsteinen und vorgehängter Gesimsrinne. Die Zuluftöffnung mit Lochblech als Kleintierschutz für die Hinterlüftungsebene ist unterhalb der Rinne und oberhalb des Gesimsprofils angeordnet. Um ein kontrolliertes Abtropfen eindringenden Wassers sicherzustellen, ist die durchgängige Unterdeckbahn mit einem Tropfwinkel verbunden, der über die senkrechte Blende des Traufenüberstandes entwässert. Der Tropfwinkel ist von der Abkantung des Gesimsprofils überdeckt.

Arbeitsfolge:

1. Bekleidung der Stirnblende des Traufenüberstandes
2. Montage des Tropfbleches
3. Verlegung der Unterdeckbahn als zweite Entwässerungsebene
4. Montage der Konterlattung und Aufbau der Rinnenkonstruktion
5. Einfräsen der Unterkonstruktion und Montage der Rinnenträger
6. Abdecken der Lüftungsöffnungen mit Kleintierschutz, z. B. Lochblech
7. Einbau des Rinnenprofils (normengerechte Dimensionierung)
8. Traufen-Einhangblech mit Rückfalz montieren (für Doppel-/Winkelstehfalzsystem)
9. Verlegen der Dachdeckung

2.1.13 Traufe Metalldeckung mit Gesimsrinne

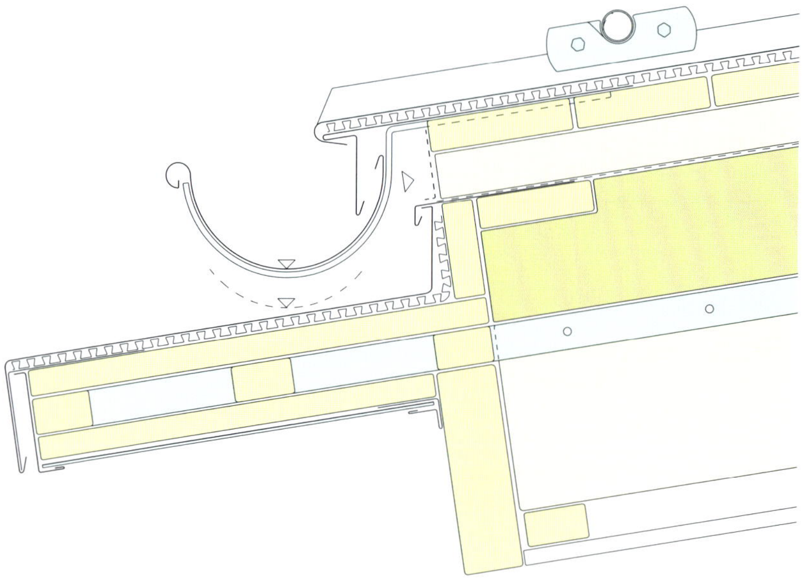

Beschreibung:

Traufausbildung einer Metalldeckung mit vorgehängter Gesimsrinne. Die Umfalzung der Scharendungen erfolgt in ein Traufen-Einhangprofil mit Rückfalz, das je nach Anforderungen zusätzlich mit einem Vorstoßstreifen gesichert werden kann bzw. sollte. Die Umfalzung der Schar am Traufblech bleibt ca. 30 Grad geöffnet, um das Abtropfverhalten zu fördern und eine Kapillarwirkung zu unterbinden. Die Zuluftöffnung mit Lochblech als Kleintierschutz für die Hinterlüftungsebene ist unterhalb der Rinne und oberhalb des Gesimsprofils angeordnet. Um ein kontrolliertes Abtropfen eindringenden Wassers sicherzustellen, ist die durchgängige Unterdeckbahn mit einem Tropfwinkel verbunden, der über die Gesimsabdeckung entwässert. Die Untersicht des Gesimses ist mit einem Glattblech bekleidet.

Arbeitsfolge:

1. Bekleidung des Traufengesimses
2. Montage des Tropfbleches und Verlegung der Unterdeckbahn als zweite Entwässerungsebene
3. Montage der Konterlattung
4. Verlegen der Schalung und der Trennlage
5. Einlassen und Montieren der Rinnenträger
6. Abdecken der Lüftungsöffnungen, z. B. mit Lochblech
7. Einbau des Rinnenprofils (normengerechte Dimensionierung)
8. Montage des Traufen-Einhangbleches für Doppel-/Winkelstehfalzsystem mit Rückfalz
9. Verlegen der Schare mit Traufeneinhang; Dehnungsabstände am Traufeneinhang beachten!

2.1.14 Traufe Metalldeckung mit Gesimsrinne (Fassadenabschluss)

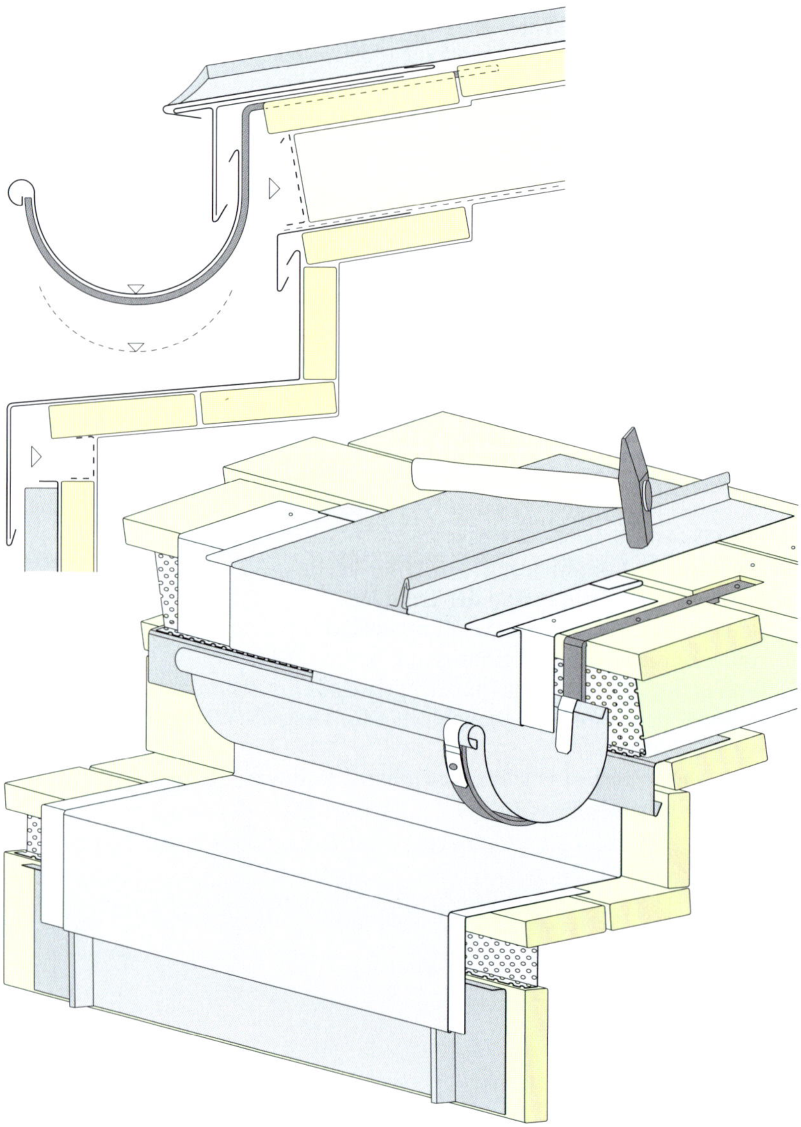

Beschreibung:

Traufausbildung einer Metalldeckung mit vorgehängter Gesimsrinne als Fassadenabschluss. Die Umfalzung der Scharendungen erfolgt in ein Traufen-Einhangprofil mit Rückfalz, das je nach Anforderungen zusätzlich mit einem Vorstoßstreifen gesichert werden kann bzw. sollte. Die Umfalzung der Schar am Traufblech bleibt ca. 30 Grad geöffnet, um das Abtropfverhalten zu fördern und eine Kapillarwirkung zu unterbinden. Die Zuluftöffnung mit Lochblech als Kleintierschutz für die Hinterlüftungsebene ist unterhalb der Rinne und oberhalb des Gesimsprofils angeordnet. Um ein kontrolliertes Abtropfen eindringenden Wassers sicherzustellen, ist die durchgängige Unterdeckbahn mit einem Tropfwinkel verbunden, der über die Gesimsabdeckung entwässert, die die Fassadenkleidung überdeckt. Unterhalb des Gesimses befindet sich die Entlüftungsöffnung der hinterlüfteten Fassadenbekleidung im Winkelstehfalzsystem.

Arbeitsfolge:

1. Montage des Kleintierschutzes für die Fassadenentlüftung
2. Bekleidung der Fassade (idealerweise, aber nicht zwingend)
3. Montage der Gesimsabdeckung
4. Montage des Tropfbleches und Verlegung der Unterdeckbahn als zweite Entwässerungsebene
5. Montage der Konterlattung (Hinterlüftungsebene)
6. Abdecken der Lüftungsöffnungen, z. B. mit Lochblech
7. Verlegen der Schalung (an der Traufe versenkt) sowie der Trennlage
8. Montieren der Rinnenträger an versenkter Traufe (sonst Einlassen)
9. Einbau des Rinnenprofils (normengerechte Dimensionierung)
10. Traufen-Einhangblech für Doppel-/Winkelstehfalzsystem mit Rückfalz montieren
11. Verlegen der Schare mit Traufeneinhang; Dehnungsabstände am Traufeneinhang beachten!

2.1.15 Traufe Metalldeckung mit Gesimsrinne (Traufenkasten)

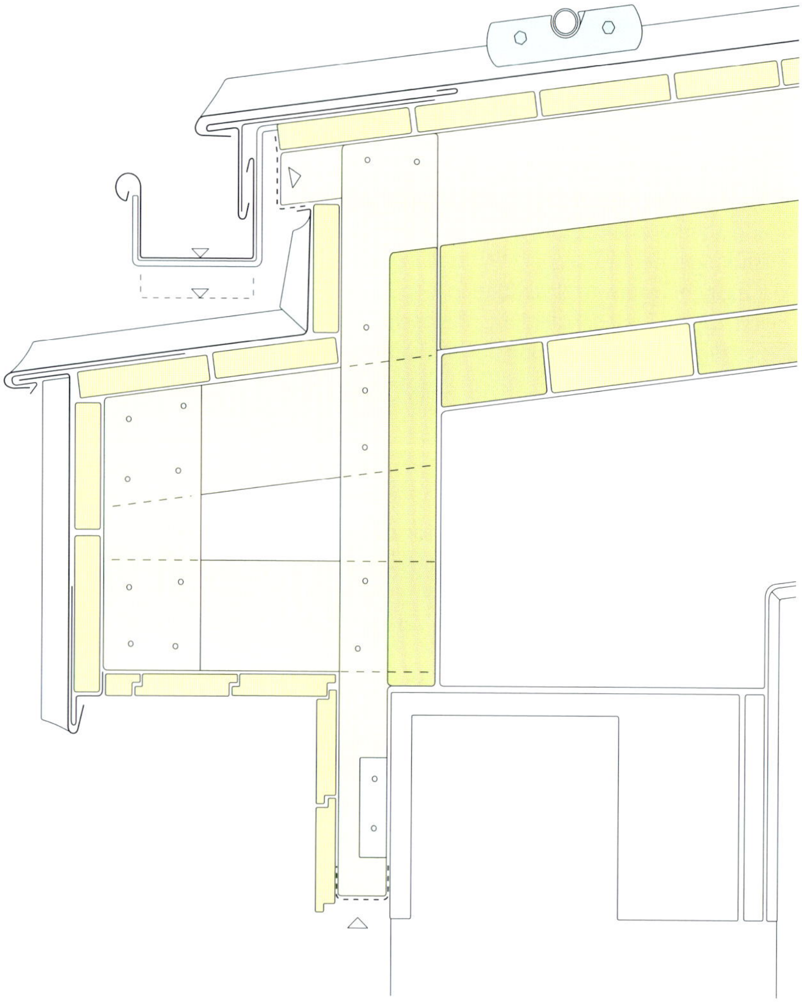

Beschreibung:

Traufausbildung einer Metalldeckung mit vorgehängter Gesimsrinne über Traufenkasten/Fenster. Die Umfalzung der Scharendungen erfolgt in ein Traufen-Einhangprofil mit Rückfalz, das je nach Anforderungen zusätzlich mit einem Vorstoßstreifen gesichert werden kann bzw. sollte. Die Umfalzung der Schar am Traufblech bleibt ca. 30 Grad geöffnet, um das Abtropfverhalten zu fördern und eine Kapillarwirkung zu unterbinden. Die Zuluftöffnung mit Lochblech als Kleintierschutz für die Hinterlüftungsebene ist unterhalb der Rinne und oberhalb des Gesimses angeordnet. Die Vorderansicht des Traufenkastens ist im Winkelstehfalzsystem, die Gesimsabdeckung mit Doppelstehfalzen ausgeführt. Der aufgehende Anschluss erfolgt mittels Quetschfalzen.

Arbeitsfolge:

1. Bekleidung des Traufenkastens bzw. Gesimses
2. Abdecken der Lüftungsöffnungen, z. B. mit Lochblech
3. Einlassen und Montieren der Rinnenträger
4. Einbau des Rinnenprofils (normengerechte Dimensionierung)
5. Montage des Traufen-Einhangbleches für Doppel-/Winkelstehfalzsystem mit Rückfalz und Vorstoßblech
6. Verlegen der Schare mit Traufeneinhang; Dehnungsabstände am Traufeneinhang beachten!

2.1.16 Traufe Metalldeckung mit Gesimsrinne (steil)

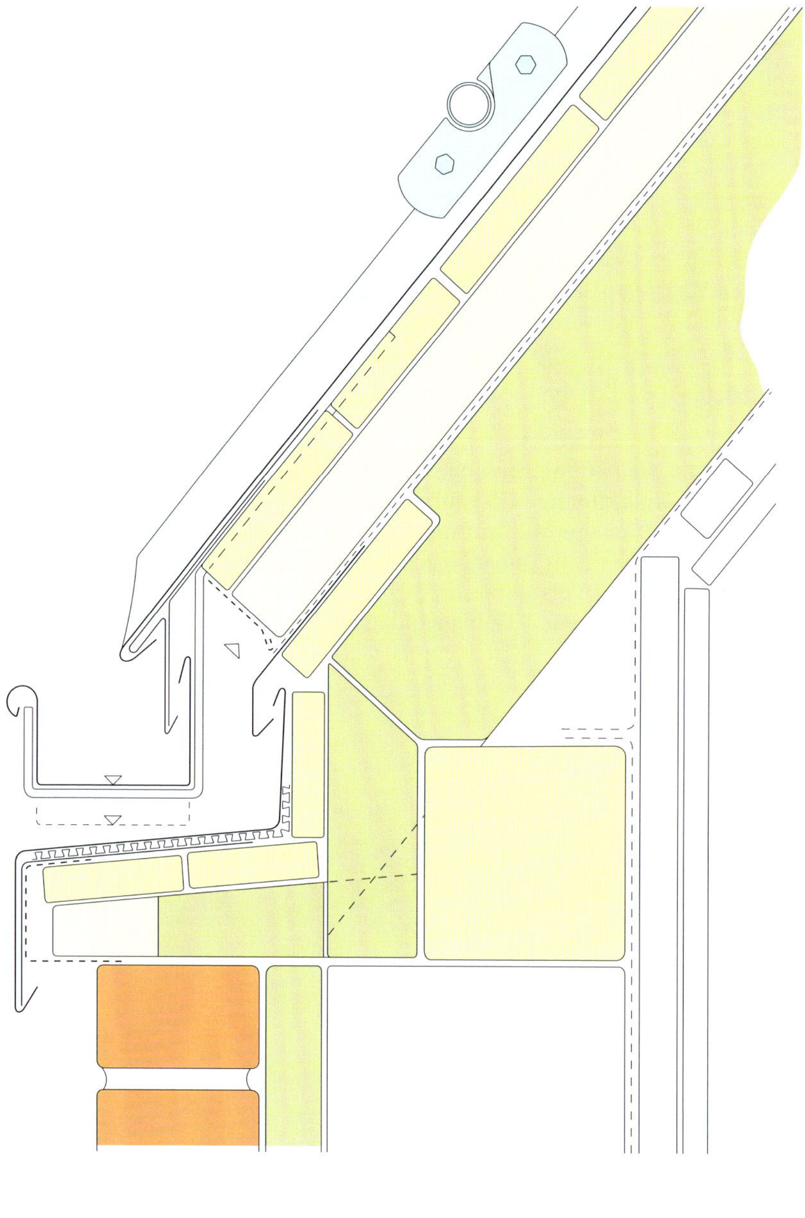

Beschreibung:

Traufausbildung einer Metalldeckung mit vorgehängter Gesimsrinne. Die Umfalzung der Scharendungen erfolgt aufgrund der steilen Dachneigung in ein langes Traufen-Einhangprofil mit Rückfalz, das aufgrund der Bausituation zusätzlich mit einem Vorstoßstreifen gesichert ist. Die Umfalzung der Schar am Traufblech bleibt ca. 30 Grad geöffnet, um das Abtropfverhalten zu fördern und eine Kapillarwirkung zu unterbinden. Die Zuluftöffnung mit Lochblech als Kleintierschutz für die Hinterlüftungsebene ist unterhalb der Rinne und oberhalb des Gesimsprofils angeordnet. Um ein kontrolliertes Abtropfen eindringenden Wassers sicherzustellen, ist die durchgängige Unterdeckbahn mit einem Tropfwinkel verbunden, der über die Gesimsabdeckung entwässert. Die Gesimsabdeckung ist mittels Kantprofil ausgeführt.

Arbeitsfolge:

1. Abdeckung des Traufengesimses
2. Montage des Tropfbleches und Verlegung der Unterdeckbahn als zweite Entwässerungsebene
3. Montage der Konterlattung
4. Verlegen der Schalung und der Trennlage
5. Einlassen und Montieren der Rinnenträger
6. Abdecken der Lüftungsöffnungen, z. B. mit Lochblech
7. Einbau des Rinnenprofils (normengerechte Dimensionierung)
8. Montage des Traufen-Einhangbleches für Doppel-/Winkelstehfalzsystem mit Rückfalz und Vorstoßblech
9. Verlegen der Schare mit Traufeneinhang; Dehnungsabstände am Traufeneinhang beachten!

2.1.17 Traufe Metalldeckung mit Gesimsrinne (Traufenkasten)

Beschreibung:

Traufausbildung einer Metalldeckung als Traufenkasten mit vorgehängter Gesimsrinne. Die Umfalzung der Scharendungen erfolgt in ein Traufen-Einhangprofil mit Rückfalz, das je nach Anforderungen zusätzlich mit einem Vorstoßstreifen gesichert werden kann bzw. sollte. Die Umfalzung der Schar am Traufblech bleibt ca. 30 Grad geöffnet, um das Abtropfverhalten zu fördern und eine Kapillarwirkung zu unterbinden. Die Zuluftöffnung mit Lochblech als Kleintierschutz für die Hinterlüftungsebene ist unterhalb der Rinne und oberhalb des Gesimsprofils angeordnet. Um ein kontrolliertes Abtropfen eindringenden Wassers sicherzustellen, ist die durchgängige Unterdeckbahn mit einem Tropfwinkel verbunden, der über die Abdeckung des Traufenkastens entwässert. Die belüftete Traufenkonstruktion ist mit einer senkrechten Blende und einem indirekt befestigten Untersichtprofil in Klempner-/Spenglertechnik bekleidet.

Arbeitsfolge:

1. Montage des Kleintierschutzes für die Fassadenentlüftung
2. Bekleidung der Gesimsblende
3. Montage der Gesimsabdeckung
4. Montage des Tropfbleches und Verlegung der Unterdeckbahn als zweite Entwässerungsebene
5. Montage der Konterlattung (Hinterlüftungsebene)
6. Abdecken der Lüftungsöffnungen, z. B. mit Lochblech
7. Verlegen der Schalung (an der Traufe versenkt) sowie der Trennlage
8. Montieren der Rinnenträger an versenkter Traufe (sonst Einlassen)
9. Einbau des Rinnenprofils (normengerechte Dimensionierung)
10. Traufen-Einhangblech für Doppel-/Winkelstehfalzsystem mit Rückfalz verlegen
11. Verlegen der Schare mit Traufeneinhang; Dehnungsabstände am Traufeneinhang beachten!

2.1.18 Traufe Dachsteindeckung mit Gesimsrinne (Zuluft unten)

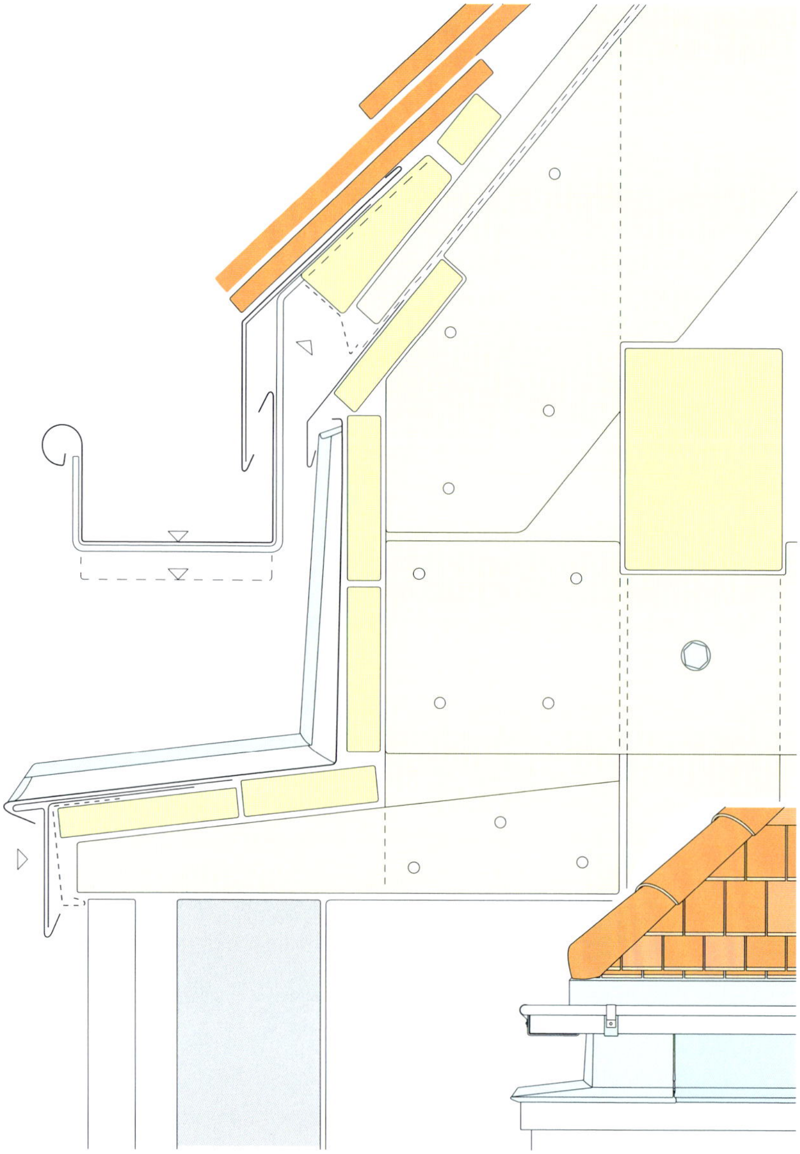

Beschreibung:

Traufausbildung der Deckung mit Dachsteinen über Gesims mit vorgehängter Gesimsrinne. Die Zuluftöffnung für die Hinterlüftungsebene ist unterhalb der Rinne angeordnet und mit einem Lochblech als Kleintierschutz abgedeckt. Um ein kontrolliertes Abtropfen eindringenden Wassers sicherzustellen, ist die Unterdeckbahn mit einem Tropfwinkel verbunden und entwässert auf die Metallabdeckung des Gesimses. Das vorstehende Gesims mit Anschluss an eine aufgehende Wand ist im Doppelstehfalzsystem ausgeführt und mittels Quetschfalzen aus einer Zuschnittslänge hochgeführt. Der Eingang der Schare erfolgt im Traufen-Einhangblech, dessen senkrechte Abkantung die Holzkonstruktion des Gesimses überdeckt.

Arbeitsfolge:

1. Montage der Gesimsabdeckung einschließlich Traufen-Einhangblech
2. Montage des Tropfbleches
3. Verlegen der Unterdeckung
4. Montage der Lattung
5. Montage der Traufbohle und Konterlattung
6. Einlassen und Montieren der Rinnenträger
7. Abdecken der Lüftungsöffnungen, z. B. Lochblech
8. Einbau des Rinnenprofils mit Traufblech (normengerechte Dimensionierung)
9. Verlegen der Dachdeckung

2.1.19 Traufe Dachsteindeckung mit Sockel und Rinne

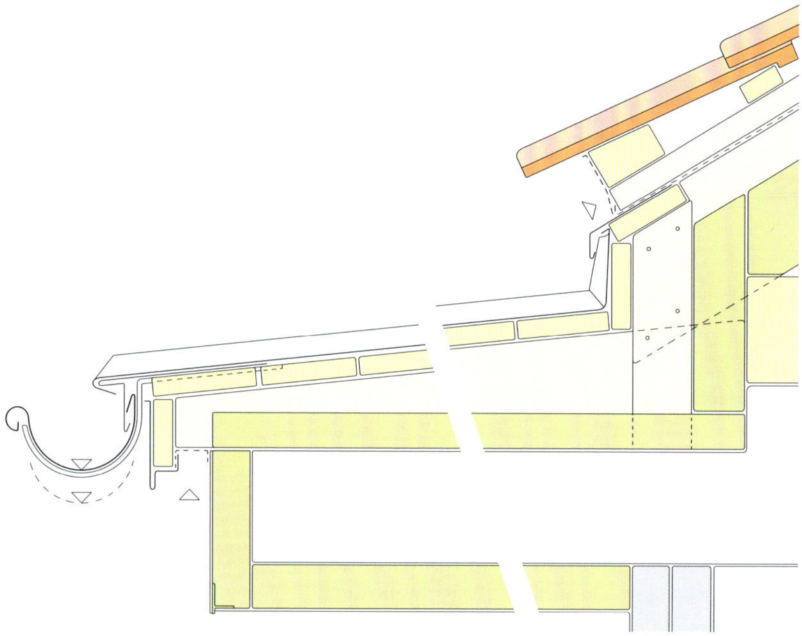

Beschreibung:

Bei dieser Variante entwässert die Deckung des Hauptdaches mit Dachsteinen über einen darunterliegenden langen Sockel mit vorgehängter Rinne. Die Unterdeckbahn ist mit einem Tropfwinkel verbunden und kann auf die Metalldeckung des Sockels entwässern. Zuluftöffnungen zwischen Tropfblech und Dachstein sind mit einem Lochblech abgedeckt.

Die Deckung des Sockels ist im Doppelstehfalzsystem ausgeführt, deren Scharendungen in ein Traufen-Einhangprofil mit Rückfalz eingefalzt sind. Auch die Stirnblende des hinterlüfteten Sockels ist mit einem Metallprofil bekleidet. Die Zuluftöffnungen unterhalb der Blende sind mit einem Lochblech abgedeckt.

Arbeitsfolge:

1. Montage der Stirnblende des Sockels sowie des Lüftungsprofils
2. Einlassen und Montieren der Rinnenträger
3. Einbau des Rinnenprofils mit Traufblech (normengerechte Dimensionierung)
4. Verlegen der Doppelstehfalzdeckung und erforderlicher Trennlagen
5. Montage des Tropfbleches
6. Verlegen der Unterdeckung
7. Montage der Lattung
8. Montage der Keilbohle und Konterlattung
9. Abdecken der Lüftungsöffnungen, z. B. Lochblech
10. Deckung des Hauptdaches

2.1.20 Traufe Dachsteindeckung mit Sockel, Rinne und Unterdach

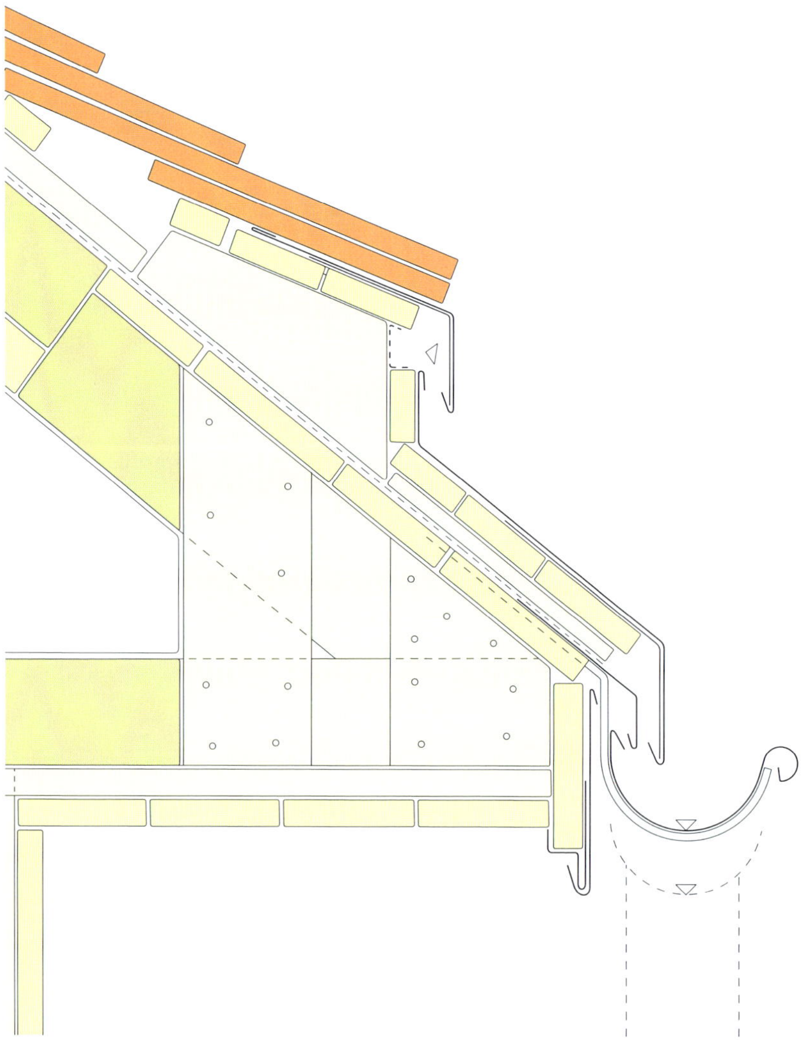

Beschreibung:

Diese Deckung mit Dachsteinen entwässert über das Traufblech und einen metallgedeckten Sockel in die vorgehängte Rinne. Die Zuluftöffnung der Hinterlüftungsebene ist zwischen Traufblech und dem Sockelprofil angeordnet und die Unterdeckung entwässert über das angeschlossene Tropfblech ebenfalls direkt in die Dachrinne. Die Stirnblende unterhalb der Rinne ist mit einem Metallprofil bekleidet.

Arbeitsfolge:

1. Montage der Stirnblende unterhalb der Rinne
2. Einlassen und Montieren der Rinnenträger
3. Einbau des Rinnenprofils (normengerechte Dimensionierung)
4. Verlegen des Tropfbleches und der Unterdeckung
5. Aufbau der Sockelkonstruktion und der Keilbohle
6. Abdecken der Lüftungsöffnungen mit Kleintierschutz, z. B. Lochblech
7. Montage des Traufbleches
8. Verlegen der Dachdeckung

2.1.21 Traufe Dachsteindeckung mit Sockel und Rinne (steil geneigt)

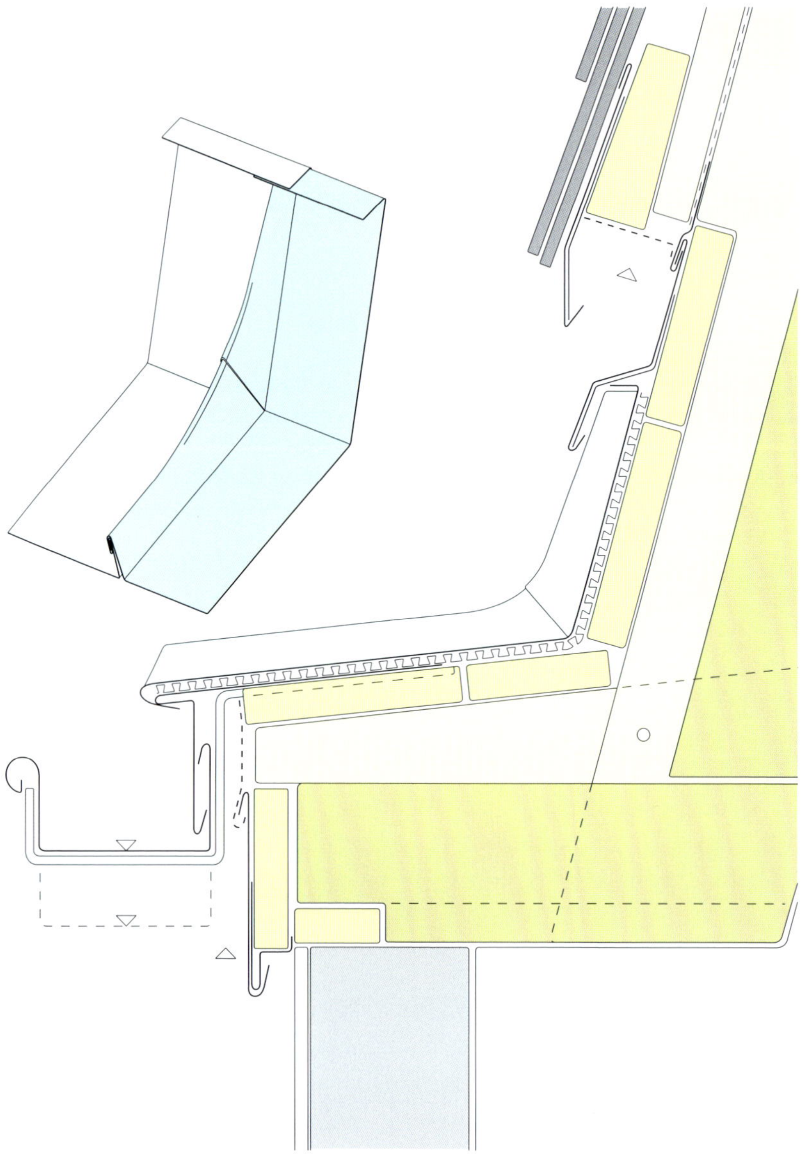

Beschreibung:

Die Fläche des Hauptdaches mit Dachsteinen entwässert hier über einen darunterliegenden kurzen Sockel mit vorgehängter Rinne. Die Unterdeckbahn ist mit einem Z-förmigen Tropfprofil verbunden und kann auf die Metalldeckung des Sockels entwässern. Zuluftöffnungen zwischen Tropfblech und Dachstein sind mit einem Lochblech abgedeckt. Die Deckung des Sockels ist im Doppelstehfalzsystem ausgeführt, deren Scharendungen in ein Traufen-Einhangprofil mit Rückfalz eingefalzt sind. Auch die Stirnblende des hinterlüfteten Sockels ist mit einem Metallprofil bekleidet. Die Zuluftöffnung ist mit einem Lochblech als Kleintierschutz abgedeckt.

Arbeitsfolge:

1. Montage der Stirnblende des Sockels sowie des Lüftungsprofils
2. Einlassen und Montieren der Rinnenträger
3. Einbau des Rinnenprofils mit Traufblech (normengerechte Dimensionierung)
4. Verlegen der Doppelstehfalzdeckung und erforderlicher Trennlagen
5. Montage des Tropfbleches
6. Verlegen der Unterdeckung
7. Montage der Lattung
8. Montage der Keilbohle und Konterlattung
9. Abdecken der Lüftungsöffnungen, z. B. Lochblech
10. Montage des Traufbleches
11. Deckung des Hauptdaches

2.1.22 Traufe innen liegende Rinne (halbrund)

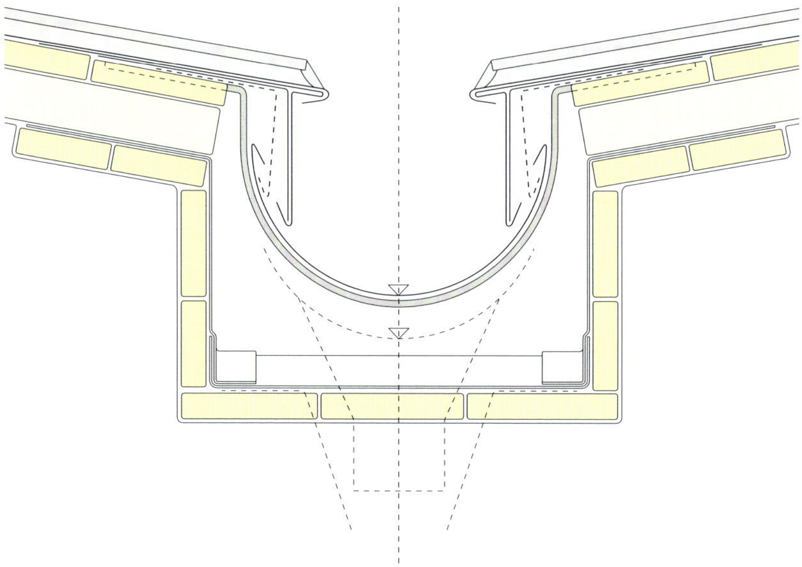

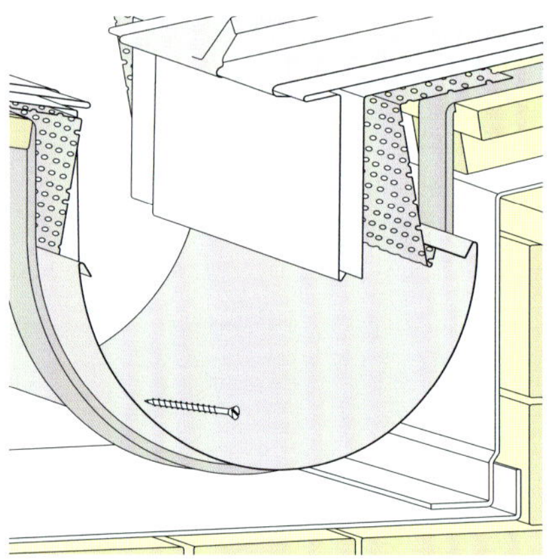

Beschreibung:

Die innen liegende halbrunde Kehlrinne ist für die Aufnahme größerer Niederschlagsmengen konstruiert. Sie ist mit einer Sicherheitsrinne aus Abdichtungsbahnen ausgerüstet, die direkt an die Entwässerungsleitungen angeschlossen wird. Der Anschluss der Haupt- und Sicherheitsrinne an die Leitungsanlage erfolgt i. d. R. mittels Doppelabläufen. Die dargestellte Variante zeigt die hydraulisch strömungsgünstigste halbrunde Rinnenform, die in speziell angefertigte Rinnenträger eingelegt ist. Bei geringem Füllungsgrad wird gegenüber einem rechteckigen Rinnenquerschnitt eine größere Schwimmtiefe erzielt. Dies fördert den Wasserabfluss und den Selbstreinigungseffekt. Herstellung und Montage des Rinnenprofils und der Rinnenträger erfordern jedoch einen Mehraufwand. Die Einteilung der Trägerabstände erfolgt je nach Anforderung an die Begehbarkeit der Rinne. Die Zuluft für die Hinterlüftungsebene erfolgt zwischen dem Traufeneinhangblech und der Dachrinne, wo zusätzlich ein Lochblech als Kleintierschutz angeordnet ist. Die Dachdeckung ist im Doppelstehfalzsystem ausgeführt, deren Scharendungen in ein Traufen-Einhangprofil mit Rückfalz eingefalzt sind.

Arbeitsfolge:

1. Verlegen der Sicherheitsrinne mit Abläufen
2. Einlassen und Montieren der Rinnenträger
3. Einbau des Rinnenprofils mit Ab- und Notüberläufen (normengerechte Dimensionierung)
4. Montage des Kleintierschutzes, des Traufeneinhang- und Vorstoßbleches
5. Verlegen der Doppelstehfalzdeckung einschließlich erforderlicher Trennlagen; Dehnungsabstände am Traufeneinhang beachten!

2.1.23 Traufe innen liegende Rinne (Kastenform)

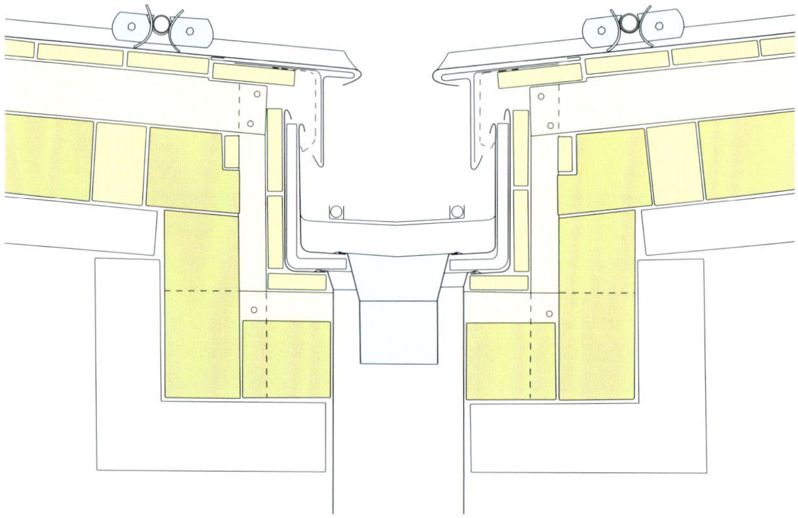

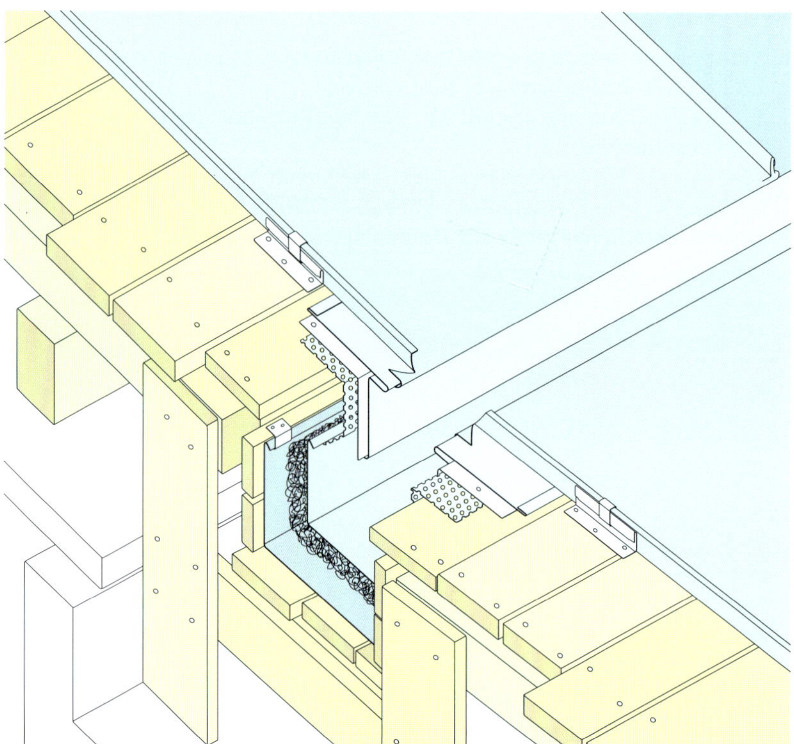

Beschreibung:

Die innen liegende kastenförmige Kehlrinne ist für die Aufnahme größerer Niederschlagsmengen konstruiert. Sie ist mit einer Sicherheitsrinne aus Metall ausgerüstet, die direkt an die Entwässerungsleitungen angeschlossen wird. Der Anschluss der Haupt- und Sicherheitsrinne an die Leitungsanlage erfolgt i. d. R. mittels Doppelabläufen. Um den problemlosen Abfluss von Leckagewasser der Rinne zu ermöglichen, sind in regelmäßigen Abständen Distanzelemente angeordnet. Die Einteilung der Abstände erfolgt je nach Anforderung an die Begehbarkeit der Rinne. Die Zuluft für die Hinterlüftungsebene erfolgt zwischen dem Traufeneinhangblech und der Dachrinne, wo zusätzlich ein Lochblech als Kleintierschutz angeordnet ist. Die Dachdeckung ist im Doppelstehfalzsystem ausgeführt, deren Scharendungen in ein Traufen-Einhangprofil mit Rückfalz eingefalzt sind.

Arbeitsfolge:

1. Verlegen der Sicherheitsrinne mit Abläufen und Distanzelementen
2. Einbau des Rinnenprofils mit Ab- und Notüberläufen (normengerechte Dimensionierung)
3. Montage des Kleintierschutzes, des Traufeneinhang- und Vorstoßbleches
4. Verlegen der Doppelstehfalzdeckung einschließlich erforderlicher Trennlagen; Dehnungsabstände am Traufeneinhang beachten!

2.1.24 Traufe innen liegende Rinne (UK Metall)

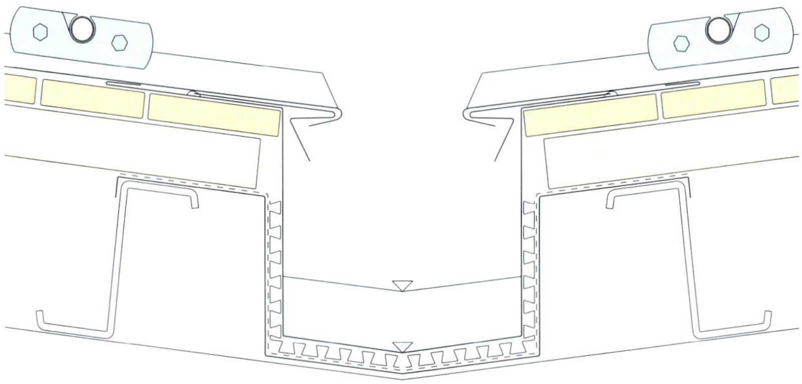

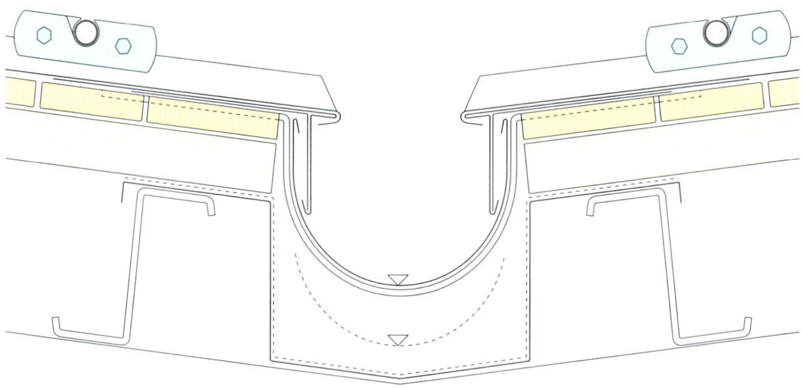

Beschreibung:

Die hier beschriebenen innen liegenden Kehlrinnen in Kasten- und Halbrundform sind für die Aufnahme größerer Niederschlagsmengen an Dächern mit Metallunterkonstruktionen konstruiert. Dementsprechend sind die Kehlbereiche der Unterkonstruktion als Sicherheitsrinnen aus Metall geformt und direkt an die Entwässerungsleitungen angeschlossen. Der Anschluss der Haupt- und Sicherheitsrinne an die Leitungsanlage erfolgt i. d. R. mittels Doppelabläufen. Die Halbrundrinne liegt in Rinnenträgern, die eingelegte kastenförmige Rinne auf einer Distanzkonstruktion bzw. Distanzunterlage, die den problemlosen Abfluss von Leckagewasser ermöglicht. Die geeignete Distanzkonstruktion ergibt sich aus der Anforderung an die Begehbarkeit der Rinne. Die Funktionsschichten bei Dächern mit Metallunterkonstruktionen, beispielsweise an Gewerbehallen o.Ä., sind i. d. R. so zusammengestellt, dass eine Hinterlüftung aus bauphysikalischer Sicht nicht erforderlich ist.

Arbeitsfolge:

1. Verlegen der Sicherheitsrinne mit Abläufen und ggf. Distanzkonstruktion
2. Montieren der Rinnenträger (Einlassen bei Montage auf Holzbohlen)
3. Einbau des Rinnenträgers (bei Halbrundrinnen)
4. Verlegung des Rinnenprofils mit Ab- und Notüberläufen (normengerechte Dimensionierung)
5. Montage der Traufeneinhang- und Vorstoßbleche
6. Verlegen der Doppelstehfalzdeckung einschließlich erforderlicher Trennlagen; Dehnungsabstände am Traufeneinhang beachten!

2.1.25 Traufe innen liegende Rinne (Steildach/Metalldach)

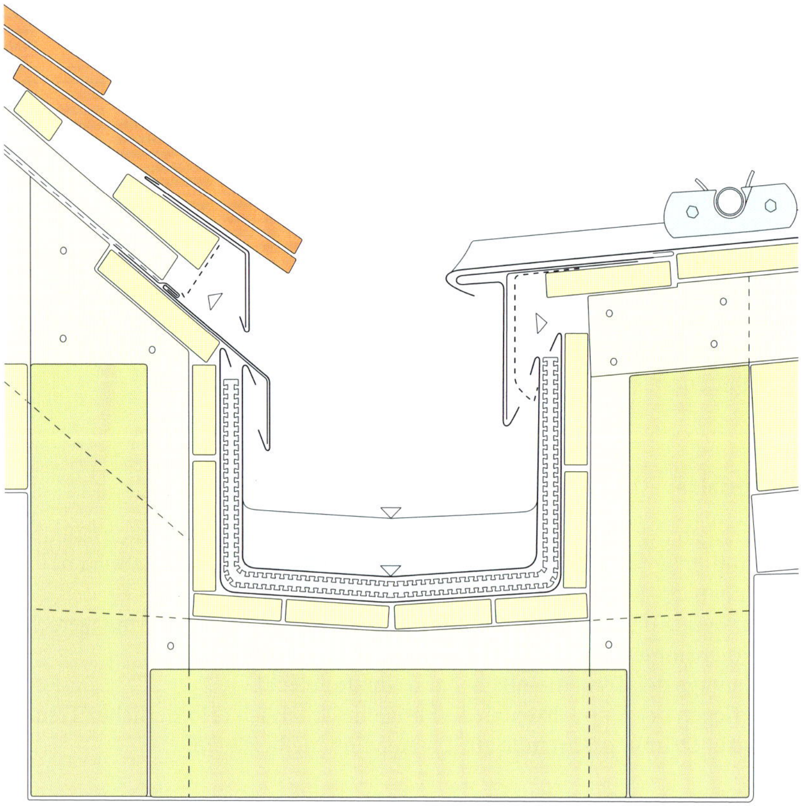

Beschreibung:

Die innen liegende kastenförmige Kehlrinne nimmt in dieser Variante Niederschlagsmengen unterschiedlicher Dachkonstruktionen auf, wie sie beispielsweise bei Anbauten an bestehende Gebäude vorzufinden sind. Die linke Dachseite ist ein klassischer Steildachaufbau, die rechte Seite eine flach geneigte Metalldachkonstruktion – beide Konstruktionen sind hinterlüftet. Die Rinnenkonstruktion ist mit einer Sicherheitsrinne aus Metall ausgerüstet, die direkt an die Entwässerungsleitungen angeschlossen wird. Der Anschluss der Haupt- und Sicherheitsrinne an die Leitungsanlage erfolgt i. d. R. mittels Doppelabläufen. Um den problemlosen Abfluss von Leckagewasser der Rinne zu ermöglichen, ist eine geeignete Distanzkonstruktion angeordnet, die je nach Anforderung an die Begehbarkeit der Rinne ausgewählt wird. Die Zuluft für die Hinterlüftungsebene der Metalldeckung erfolgt zwischen dem Traufeneinhangblech und der Dachrinne, wo zusätzlich ein Lochblech als Kleintierschutz angeordnet ist. Die Dachdeckung ist im Doppelstehfalzsystem ausgeführt, deren Scharendungen in ein Traufen-Einhangprofil mit Rückfalz eingefalzt sind.

An der steil geneigten Deckung mit Dachsteinen ist die Zuluftöffnung für die Hinterlüftungsebene oberhalb der Rinne angeordnet und mit einem Lochblech als Kleintierschutz abgedeckt. Das Niederschlagswasser gelangt von der Deckung über ein Tropfblech in die Dachrinne. Bei extremen Wetterverhältnissen wird eingedrungenes Treibwasser über eine zweite Entwässerungsebene und das Tropfblech schadlos in die Rinne abgeleitet.

Arbeitsfolge:

1. Verlegen der Sicherheitsrinne mit Abläufen und Distanzkonstruktion

Seite Metalldach

2. Einbau des Rinnenprofils mit Ab- und Notüberläufen (normengerechte Dimensionierung)
3. Montage des Kleintierschutzes, des Traufeneinhang- und Vorstoßbleches
4. Verlegen der Doppelstehfalzdeckung einschließlich erforderlicher Trennlagen; Dehnungsabstände am Traufeneinhang beachten!

Seite Steildach

5. Verlegen des Tropfbleches und der Unterdeckung
6. Montage der Konterlattung
7. Montage der Keilbohle und Lattung
8. Abdecken der Lüftungsöffnungen mit Kleintierschutz, z. B. Lochblech
9. Montage des Traufbleches
10. Verlegen der Dachdeckung

2.1.26 Traufe innen liegende Rinne, Dach/Wand

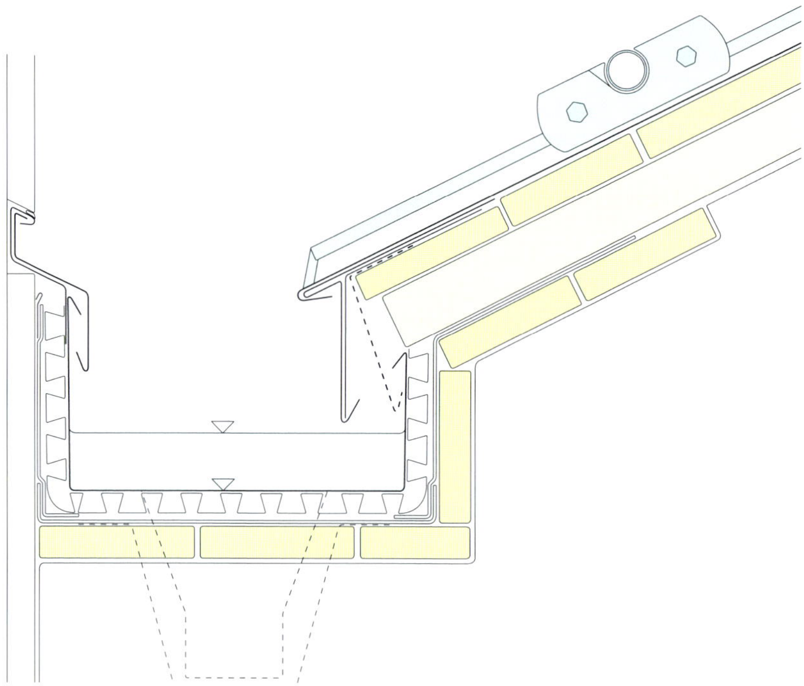

Beschreibung:

Die innen liegende kastenförmige Kehlrinne schließt an der linken Seite an eine aufgehende Wand an und nimmt an der rechten Seite das Niederschlagswasser der Flächen einer hinterlüfteten Metalldachkonstruktion auf. Die Rinnenkonstruktion ist mit einer Sicherheitsrinne aus Dichtungsbahnen ausgerüstet, die direkt an die Entwässerungsleitungen angeschlossen wird. Der Anschluss der Haupt- und Sicherheitsrinne an die Leitungsanlage erfolgt i. d. R. mittels Doppelabläufen. Um den problemlosen Abfluss von Leckagewasser der Rinne zu ermöglichen, ist eine geeignete Distanzkonstruktion angeordnet, die je nach Anforderung an die Begehbarkeit der Rinne ausgewählt wird. Die Zuluft für die Hinterlüftungsebene der Metalldeckung erfolgt zwischen dem Traufeneinhangblech und der Dachrinne, wo zusätzlich ein Lochblech als Kleintierschutz angeordnet ist. Die Dachdeckung ist im Doppelstehfalzsystem ausgeführt, deren Scharendungen in ein Traufen-Einhangprofil eingefalzt sind.

An der steil geneigten Deckung mit Dachsteinen ist die Zuluftöffnung für die Hinterlüftungsebene oberhalb der Rinne angeordnet und mit einem Lochblech als Kleintierschutz abgedeckt. Das Niederschlagswasser gelangt von der Deckung über ein Tropfblech in die Dachrinne. Bei extremen Wetterverhältnissen wird eingedrungenes Treibwasser über eine zweite Entwässerungsebene und das Tropfblech schadlos in die Rinne abgeleitet.

Arbeitsfolge:

1. Verlegen der Sicherheitsrinne mit Abläufen und Distanzkonstruktion
2. Einbau des Rinnenprofils mit Ab- und Notüberläufen (normengerechte Dimensionierung)
3. Montage des Kleintierschutzes, des Traufeneinhang- und Vorstoßbleches
4. Verlegen der Doppelstehfalzdeckung einschließlich erforderlicher Trennlagen; Dehnungsabstände am Traufeneinhang beachten!
5. Wandseite: fachgerechte Abdeckung mittels Überhangstreifen/Kappleiste

2.1.27 Traufe Gesimsrinne, innen liegend mit Blende

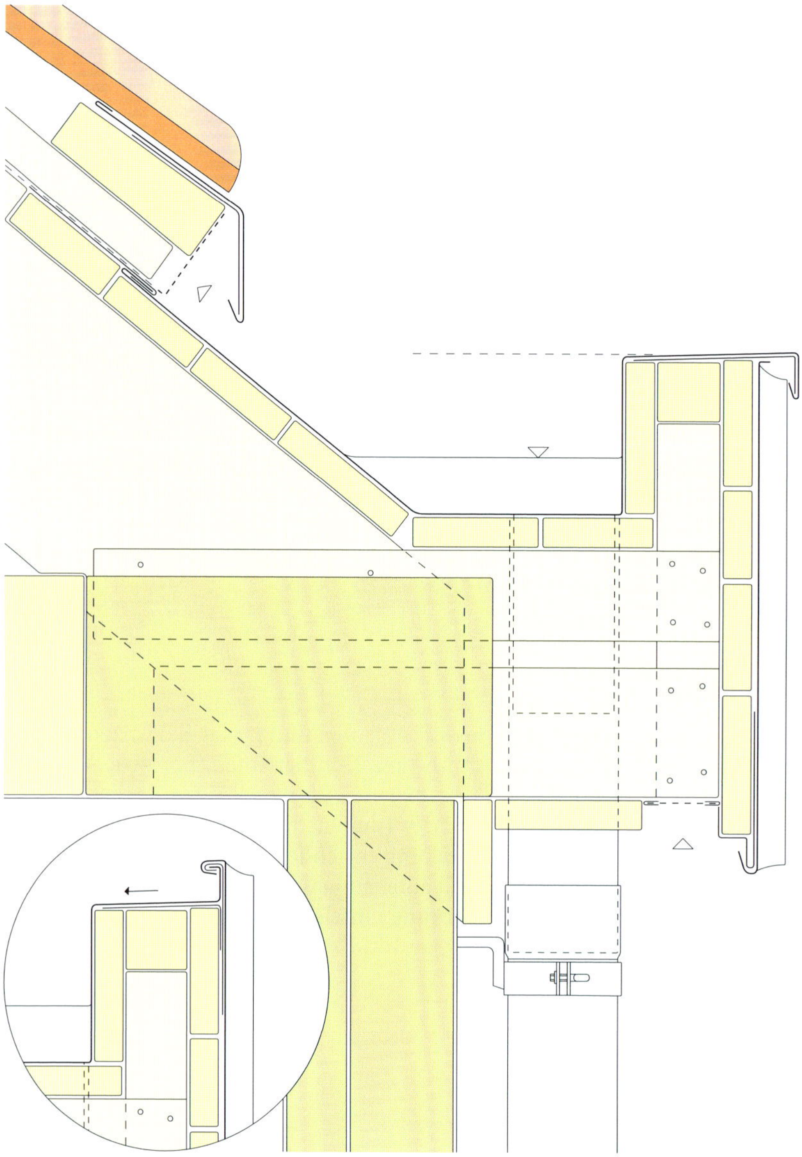

Beschreibung:

Die innen liegende Gesimsrinne schließt die Dacheindeckung an und entwässert in außen liegende Fallrohre. Der Notüberlauf erfolgt über die Rinnenvorderkante (Variante 2 nur mit Dichtbandeinlage), der Anschluss der Haupt- und ggf. erforderlichen Sicherheitsrinne an die Leitungsanlage mittels Doppelabläufen. Um den problemlosen Abfluss von Leckagewasser aus einer angeordneten Sicherheitsrinne zu ermöglichen, wird eine geeignete Distanzkonstruktion angeordnet, die je nach Anforderung an die Begehbarkeit der Rinne ausgewählt wird. Die Zuluft für die Hinterlüftungsebene der Deckung erfolgt unterhalb des Trauf- bzw. Tropfbleches, wo zusätzlich ein Lochblech als Kleintierschutz angeordnet ist. Das Niederschlagswasser gelangt von der Deckung über das Trauf- bzw. Tropfblech und Treibwasser über die Unterspannbahn und Traufstreifen in die Dachrinne. Das Traufengesims ist mit einer Blende im Winkelstehfalzsystem bekleidet. Der Anschluss des Traufenkastens an die Hinterlüftungsebene erfolgt über eine durchlaufende Zuluftöffnung, die mit einem Lüftungsprofil als Kleintierschutz abgedeckt ist.

Arbeitsfolge:

1. ggf. Verlegen der Sicherheitsrinne mit Abläufen und Distanzkonstruktion
2. Einbau des Rinnenprofils mit Ab- und Notüberläufen (normengerechte Dimensionierung)
3. Montage der erforderlichen Lattungen und Unterspannbahnen sowie des Kleintierschutzes, Traufeneinhang- und Vorstoßbleches
4. Verlegen der Deckung
5. Bekleiden der Traufengesimse im Winkelstehfalzsystem (bei Variante 1 auch als 1. Arbeitsschritt möglich)

2.2 Rinnenabflüsse/Sonderlösungen

2.2.1 Sammelkasten als Abzweig

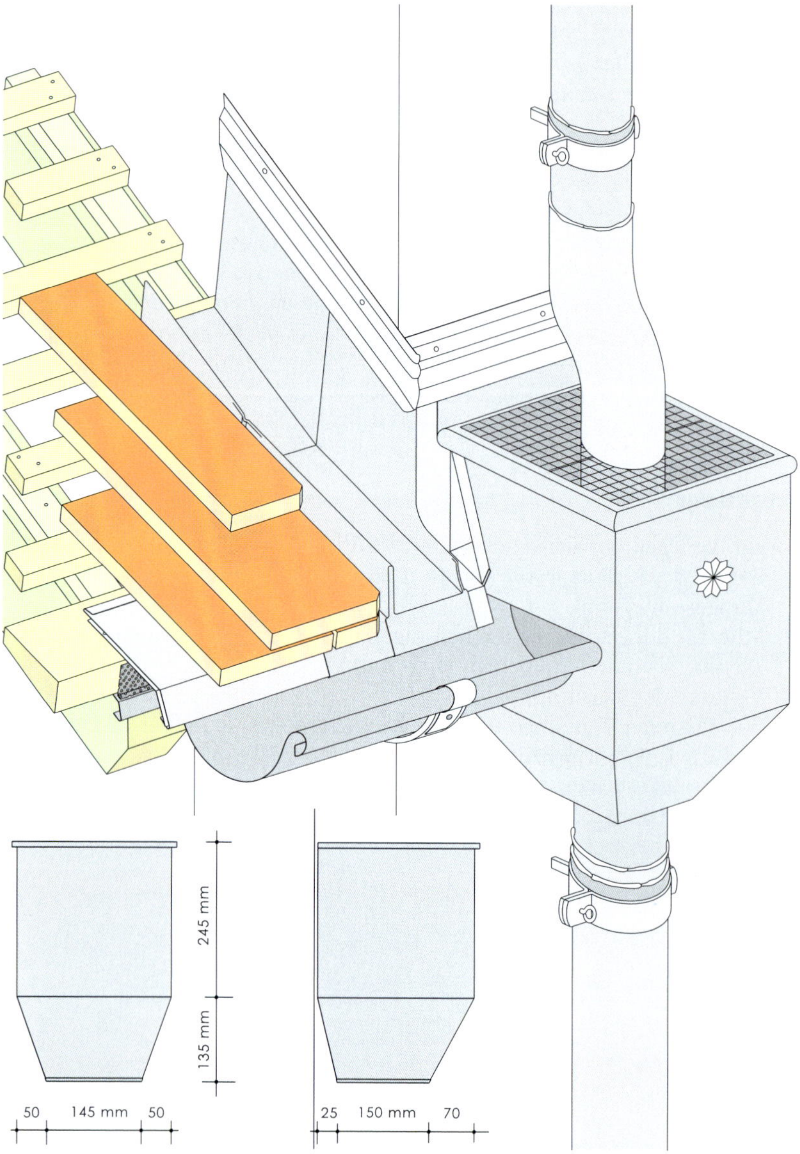

Beschreibung:

Dieser Sammelkasten kommt beim Anschluss beispielsweise zweier höhenversetzter Rinnen zum Einsatz, die an ein zentrales Fallrohr angeschlossen werden. Dieser „Fallrohrabzweig" ermöglicht den sicheren Abfluss des Niederschlagswassers auch bei plötzlichem Starkregen und kann bei Überlastung oder Verstopfung notfalls schadlos überlaufen. Darüber hinaus ermöglicht die Konstruktion bei Temperaturwechsel freien Dehnungsspielraum des Rinnenprofils. Die Form- und Abmessung des Sammelkastens ergibt sich aus den baulichen Gegebenheiten, Gestaltungswünschen sowie den anfallenden Niederschlagsmengen. Die obere Öffnung des Kastens ist mit einem Edelstahl-Drahtgeflecht abgedeckt, das als Nistschutz oder dem Schutz vor groben Verunreinigungen dient.

Arbeitsfolge:

1. Montage der Rinne
2. Verwahren des Traufenanschlusses mit Mauerecke
3. Montage des Sammelkastens
4. Herstellen des Wandanschlusses mit Überhangstreifen bzw. Kappleiste
5. Montage der Regenfallrohre

2.2.3 Sammelkasten für Lagerinne

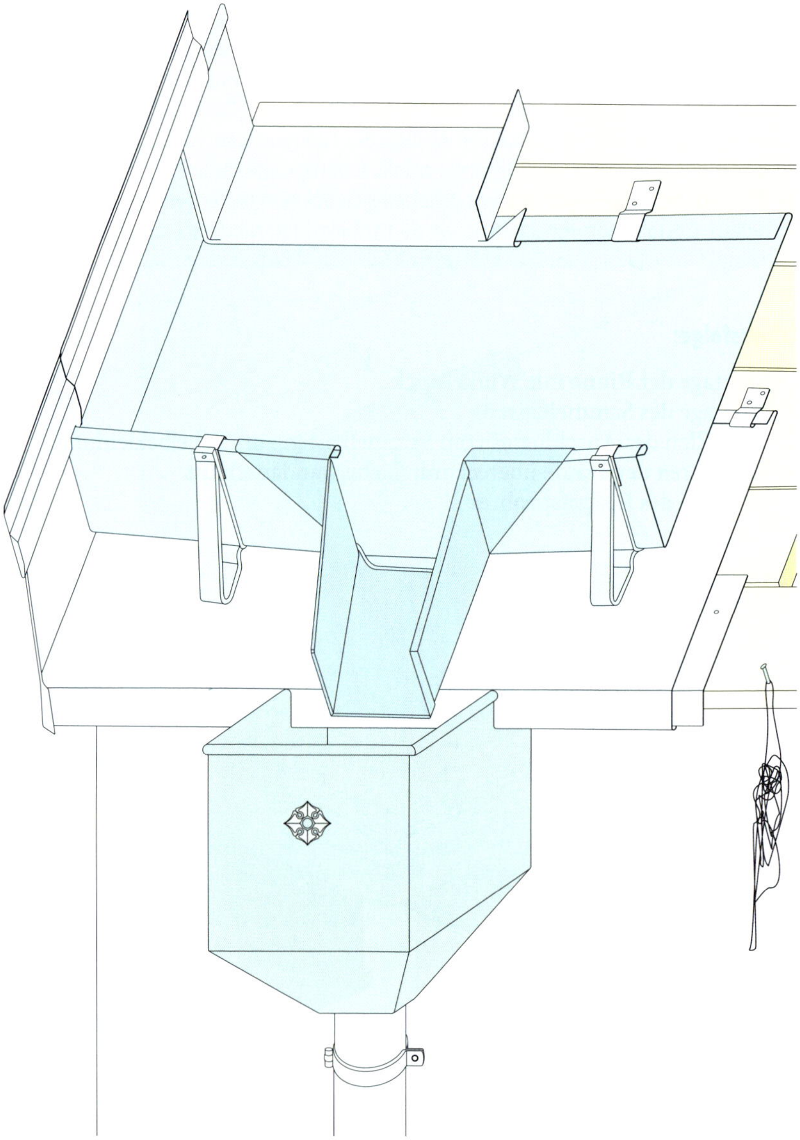

Beschreibung:

Die dargestellte Entwässerungssituation des nach oben offenen Speiers der Lagerinne, der in den Sammelkasten mündet, ermöglicht den rückstaufreien Abfluss des Niederschlagswassers in das Leitungssystem. Die Lagerinne mit dem U-förmigen Rinnenauslauf stellt auch bei Starkregen einen schadlosen Überlauf sicher. Die Form des Sammelkastens ergibt sich aus den baulichen Gegebenheiten und Gestaltungswünschen. Die Abmessungen des Sammlers und die Öffnungsmaße des Rinnenauslaufes sind abhängig von den anfallenden Niederschlagsmengen.

Arbeitsfolge:

1. Montage des Trauf- bzw. Tropfprofils mit Vorstoßblech
2. Verlegen der Rinnenträger und Lagerinne (optimal mit Gefälle)
3. Montage des Sammelkastens
4. Herstellen des Wandanschlusses mit Überhangstreifen bzw. Kappleiste

2.2.4a Fallrohrdurchführung Wandgesims

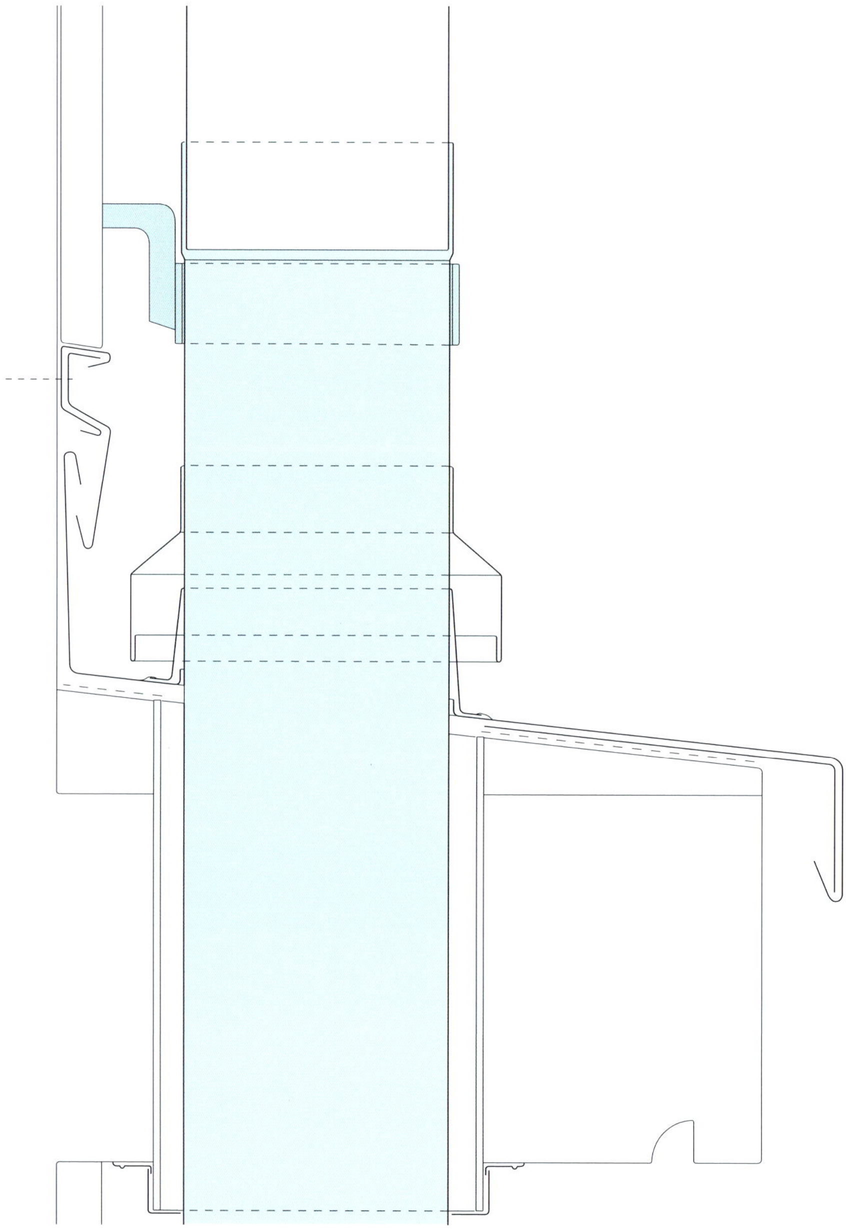

Beschreibung:

Bei Fallrohren, die durch Gesimse oder sonstige Mauerwerksteile geführt werden müssen, kommen sogenannte Futterrohre zum Einsatz, wie dieses Detail zeigt. Futterrohre dienen dem Korrosions- und Bauwerksschutz und ermöglichen schadlose Dehnungs- oder Bauwerksbewegungen. Die Gesimsabdeckung erhält an der durch das Futterrohr geschützten Bauwerksöffnung eine etwa 30 mm hohe Aufbördelung mit einem umlaufenden etwa 5 bis 10 mm größeren Querschnitt als das durchzuführende Rohr. Die Aufbördelung wird von einer Standrohrrosette überdeckt, die an das Fallrohr angelötet ist.

Arbeitsfolge:

1. Einmessen und Herstellen des Gesimsdurchbruches
2. ggf. Vorbereiten bzw. Herstellen eines geeigneten Untergrundes mit Gefälle
3. Einarbeiten des Futterrohres
4. Einmessen und Herstellen der Aufbördelung am Gesimsprofil
5. Montage des Gesimsprofils (Klempner- und/oder Klebetechnik)
6. Herstellen des Wandanschlusses mit Überhangstreifen/Kappleiste

2.2.4b Fallrohrdurchführung Traufengesims

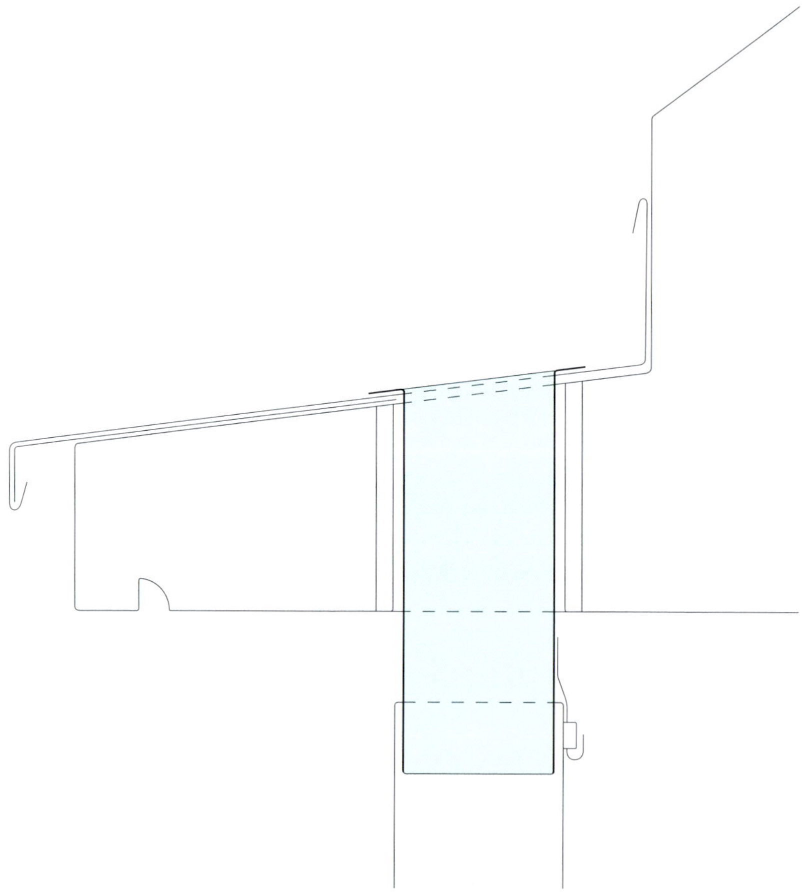

Beschreibung:

Das Detail zeigt die Rohrdurchführung mit Futterrohr an einem überkragenden Traufengesims. Bei dieser Variante wird ein Verbindungsrohr eingesetzt, das mit dem Gesimsprofil wasserdicht verbunden wird, beispielsweise durch Löten. Der Einsteckbereich (enges Fallrohrende) ragt so weit aus dem Gesims heraus, dass das Fallrohr fachgerecht angeschlossen werden kann. In die obere Gesimsöffnung wird der Rinnenstutzen lose eingesteckt.

Arbeitsfolge:

1. Einmessen und Herstellen des Gesimsdurchbruches
2. ggf. Vorbereiten bzw. Herstellen eines geeigneten Untergrundes mit Gefälle
3. Einarbeiten des Futterrohres
4. Montage des Gesimsprofils (in Klempner- und/oder Klebetechnik)
5. Einmessen, Herstellen und Montieren des Verbindungsrohres
6. Verlegen der Dachrinne und anschließend des Rinnenstutzens an das Verbindungsrohr

2.2.5 Fallrohr, unsichtbar befestigt

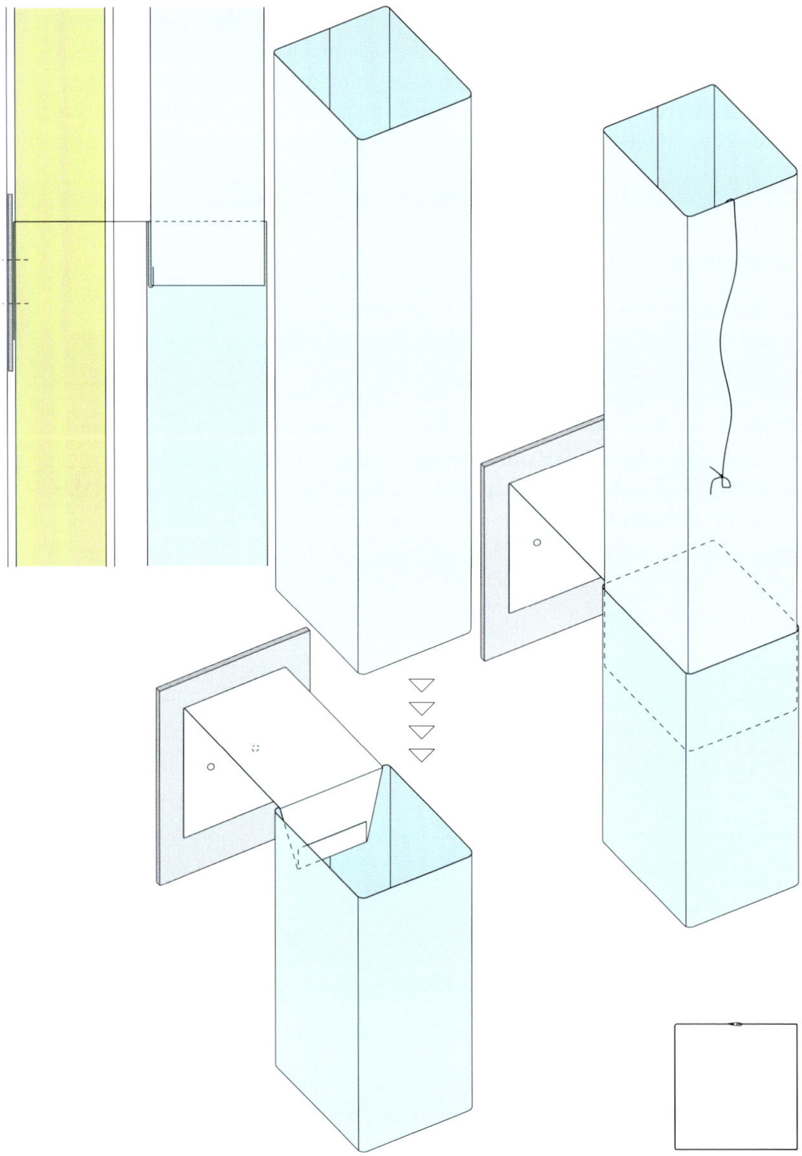

Beschreibung:

Aus gestalterischen Gründen sind sichtbare Befestigungen von Bauelementen insbesondere im Fassadenbereich oft nicht erwünscht. Typischerweise dort, an der „Schokoladenseite" eines Gebäudes, werden die Fallrohre für die Dachentwässerung angeordnet. Die handelsüblich verfügbaren Fallrohrschellen sind jedoch mit Schraub- oder Klappbügeln konstruiert, die um das Fallrohr gespannt und zumeist mit dicken Ösenschrauben fixiert werden – für Architekten und Bauherren oft ein Störfaktor.

Dieses Beispiel zeigt eine individuelle handwerkliche Befestigungslösung für das Fallrohr, bei der weder Spannbügel noch Schrauben sichtbar sind. Es handelt sich hierbei um ein stabiles U-Profil aus korrosionsgeschütztem oder korrosionsbeständigem Blech (passend zum Werkstoff des Fallrohres) mit einem langen und einem kurzen Schenkel. Der lange Schenkel wird mit geeigneten Befestigungsmitteln am Traggrund fixiert. Der kurze Schenkel liegt im Einsteckbereich des weiten Fallrohrendes und ist mit einem Umschlag als Einschubstopp versehen. Die Wandabstände des Halters sind, mit statischen Grenzen, variabel und mit einem Thermoelement auch bei Wärmedämmverbundsystemen einsetzbar.

Arbeitsfolge:

1. Zuschneiden und Kanten des Halterprofils nach baulichen Gegebenheiten/Anforderungen
2. exakt maßgerechtes Setzen der Halter
3. Montage des Fallrohres (nur von unten nach oben)
4. alternativ: sukzessive Montage Halter, Fallrohr, Halter, …

2.2.6a Fallrohr in Nischenkonstruktion

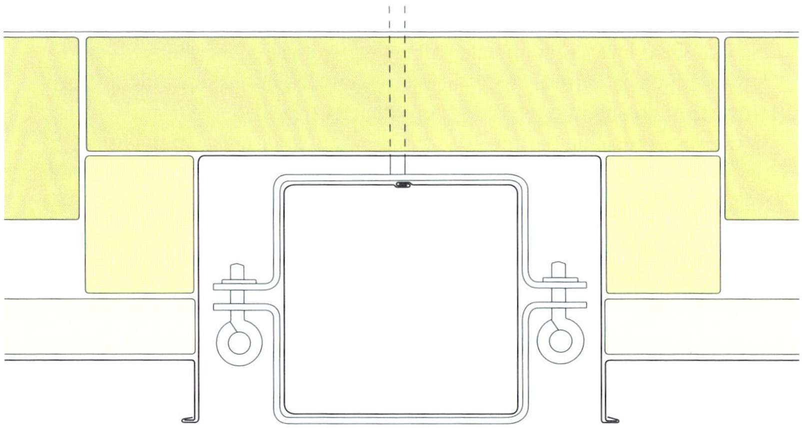

Beschreibung:

Fallrohrleitungen an Außenfassaden zählen zur erforderlichen Haustechnik, die von Architekten einerseits als Störfaktor angesehen, andererseits jedoch bewusst als Stilelement eingesetzt werden, beispielsweise an gestalteten Metallfassaden mit hochwertigem Design. Als interessante Variante können Fallrohre hierbei nahezu flächenbündig in das Fassadenraster integriert werden, wie das Detailbeispiel zeigt. Es handelt sich hierbei um eine mit Metall ausgekleidete Nische, bei der das Kastenfallrohr in der klempnertypischen Ausführung befestigt wird. Dies erfolgt je nach Untergrund mit den geeigneten Rohrschellen oder alternativ unsichtbar wie unter 2.2.5, Seite 86 beschrieben. Die Fassadenbekleidung im Winkelstehfalzsystem schließt an der Nische mit einem unterdeckenden Falz ab, auf denen das U-förmig gekantete Nischenprofil mit 2 überlangen Oberfalzen aufgefalzt wird. Die Nischentiefe ist so gewählt, dass die Winkelstehfalze mit der Fallrohrvorderseite flächenbündig abschließen.

Arbeitsfolge:

1. Herstellen der Fallrohrnische (Bauphysik beachten)
2. maßhaltiges Vorfertigen des Nischenprofils mit 6 Kantungen
3. Montage des Nischenprofils im Zuge der Fassadenbekleidung
4. Setzen der Fallrohrhalter
5. Montage des Fallrohres

2.2.6b Fallrohr in Nischenkonstruktion, durchdringungsfrei

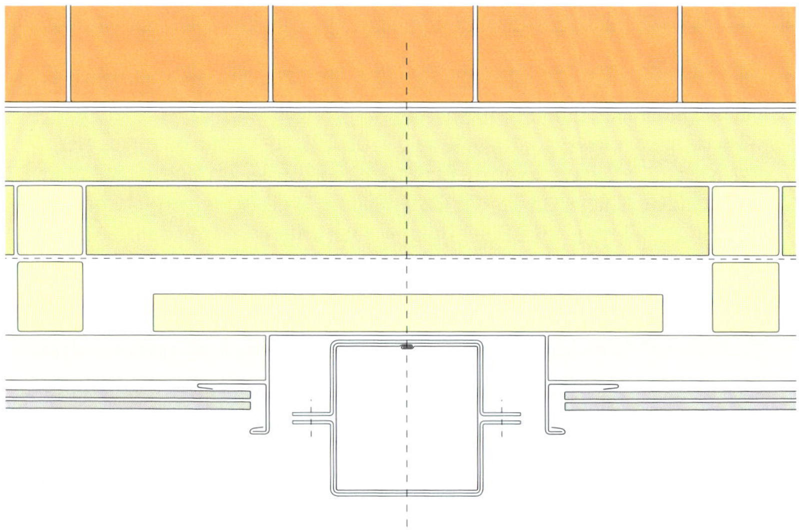

Beschreibung:

Auch bei dieser Variante werden Fallrohre in eine mit Metall ausgekleidete Nische gemäß Fassadenraster integriert. Die Besonderheit hierbei ist die wärmebrückenfreie Ausführung der Nischenkonstruktion, die zudem die Hinterlüftung der Fassade ermöglicht. Ein hinterlegtes Konstruktionsholz dient als Befestigungsgrund für die Fallrohrschelle. Diese wird aus handelsüblichen Schellen hergestellt, umgearbeitet oder als Sonderanfertigung ausgeführt. Alternativ ist auch eine unsichtbare Befestigung möglich wie unter 2.2.5, Seite 86 beschrieben. Die Fassadenbekleidung, hier aus Plattenwerkstoff, schließt an den vormontierten U-förmig gekanteten Abschlussprofilen der Nische ab. Das Nischenprofil mit 2 überlangen Oberfalzen wird auf die Anschlussprofile aufgefalzt. Aufgrund der begrenzten Nischentiefe ragt das Fallrohr um ca. den halben Querschnitt aus der Fassadenebene hervor.

Arbeitsfolge:

1. Herstellen der Fallrohrnische
2. maßhaltiges Vorfertigen des Nischenprofils mit 6 Kantungen
3. maßhaltiges Vorfertigen der Abschlussprofile mit 3 Kantungen
4. Montage der Anschlussprofile und der Nischenauskleidung
5. Vorbereiten und Setzen der Fallrohrhalter
6. Montage des Fallrohres

3 Metallanschlüsse Steildach

Steildächer mit ihrer Vielfalt an Dachformen und Deckungsarten ergeben eine ebenso große Vielfalt an Anschlusssituationen. Deren fachgerechte Ausführung ist für den Feuchteschutz der Baukonstruktion von großer Bedeutung. Denn wenn es Leckagen am Dach gibt, sind diese meist an Graten, Firsten, Kaminen oder Gauben zu finden – also an den Schnittstellen zu angrenzenden und durchdringenden Bauwerksteilen. In diesem Kapitel wird anhand zahlreicher typischer und komplizierter Bausituationen gezeigt, wie Anschlüsse handwerklich sicher ausgeführt werden können und das Bauwerk nachhaltig schützen.

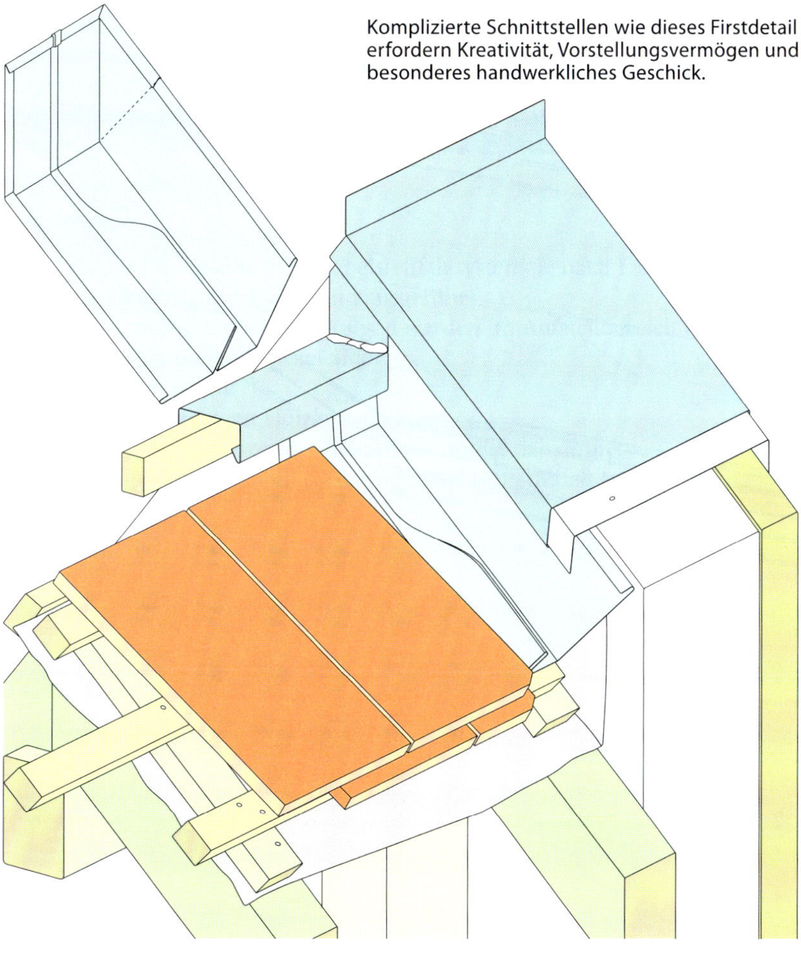

Komplizierte Schnittstellen wie dieses Firstdetail erfordern Kreativität, Vorstellungsvermögen und besonderes handwerkliches Geschick.

3.1.2 Gaubenanschluss Metalldach/Steildach/Seitenwange

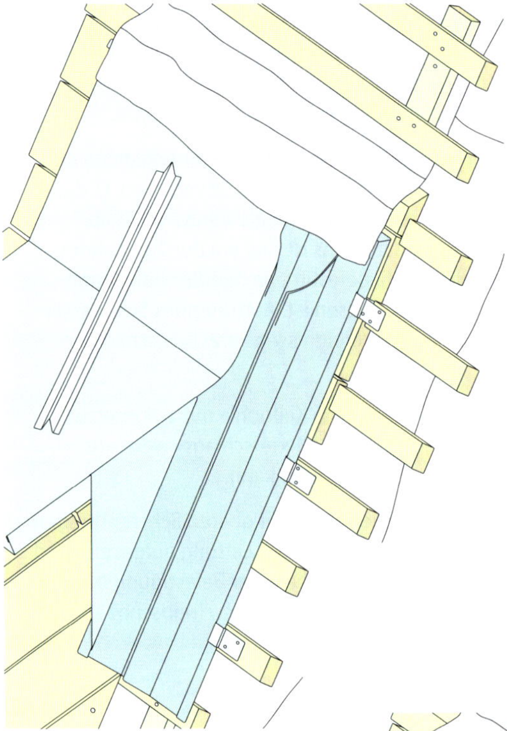

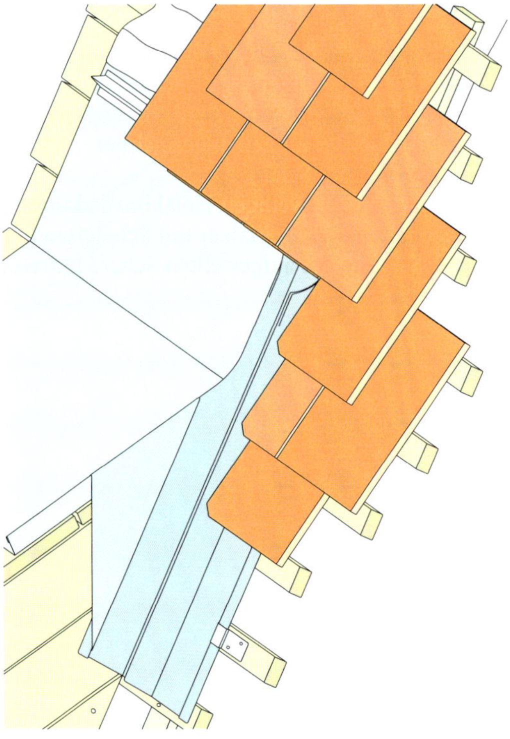

Beschreibung:

Dieses Detail zeigt den Übergang des Gaubendaches zur Seitenwange aus Metall mit Anschluss an eine Biberdeckung der Hauptdachflächen. Das Gaubendach im Doppelstehfalzsystem ist mit Gefälle zur Traufe konstruiert und an den Ortgängen mit einer Aufkantung versehen. Der Anschluss der Seitenwangen an die Biberdeckung erfolgt mittels abgewinkelten Anschlussprofils mit Mittelsteg. Dies bietet einen freien Wasserlauf zwischen Aufkantung und Steg von ca. 40 mm, wobei die Deckung bis zum Steg herangeführt wird. Die Umfalzungen des Profils dienen zur Befestigung mittels Haften und dachseitig zur Wasserführung. Die Bekleidungen der Seitenwangen im Winkelstehfalzsystem werden unten in den Rückfalz des Anschlussprofils und oben in die Aufkantung der Dachschare eingefalzt. Der obere Scharabschluss der Gaubendeckung und der Anschluss an die Biberdeckung erfolgen mittels Rückfalz, der zur Befestigung mit Haften sowie zum Schutz vor auftreibendem Wasser oder Flugschnee dient. Als Auflage der Biberdeckung und Zuluftmöglichkeit dient ein gelochtes Dreikantblech.

Arbeitsfolge:

1. Decken der Dachgaube im Doppelstehfalzsystem. Je nach Dachneigung wird die Deckung mit Dichtband ausgeführt.
2. Die Falze der oberen Scharendungen werden niedergelegt und die Schare mit einem Rückfalz versehen.
3. Als Auflage der Biberdeckung und Zuluftmöglichkeit wird ein gelochtes Dreikantblech im Überdeckungsbereich befestigt.
4. Montage des seitlichen Anschlussprofils, Verbindung mit der Gaubendeckung in Falztechnik

3.1.3 Gaubenanschluss Metalldach/Kehlenauslauf

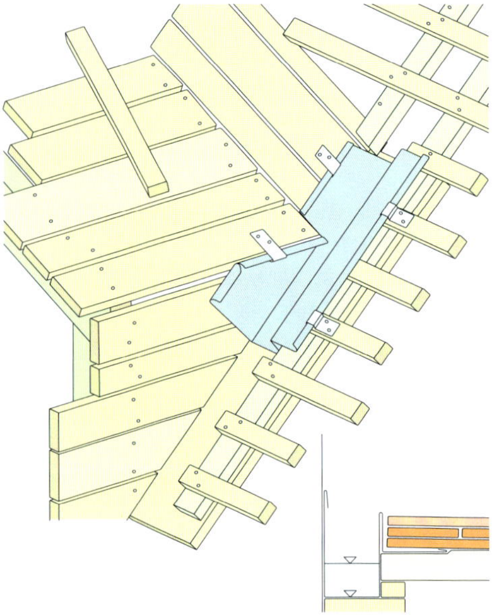

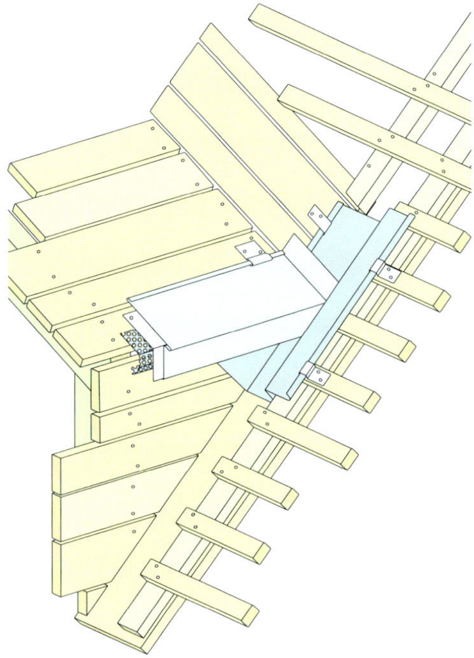

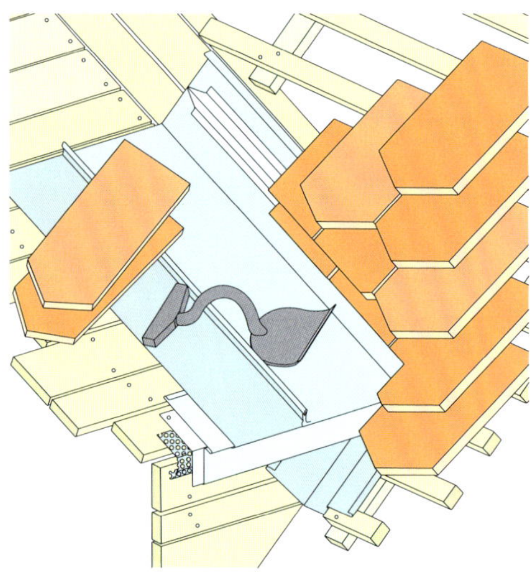

Beschreibung:

Dieses Detail zeigt den Übergang des Gaubendaches zur Seitenwange aus Metall mit Anschluss an eine Biberdeckung der Hauptdachflächen. Das Gaubendach im Doppelstehfalzsystem ist mit Gefälle zur hinterlüfteten Gaubenwange konstruiert und dort mit einer Traufausbildung bestehend aus Lochblech (Kleintierschutz), Vorstoßblech und Traufen-Einhangstreifen ausgeführt. Der Anschluss der Seitenwangen an die Biberdeckung erfolgt mittels abgewinkelten Anschlussprofils mit Mittelsteg. Die Umfalzungen des Profils dienen zur Befestigung mittels Haften und dachseitig zur Wasserführung. Die Bekleidungen der Seitenwangen im Winkelstehfalzsystem werden unten in den Rückfalz des Anschlussprofils eingefalzt und schließen oben im Überdeckungsbereich des Traufen-Einhangbleches mit einer Rückkantung ab. Der Anschluss an die Biberdeckung erfolgt mittels Kehlschar mit Stehfalz zum Gaubendach und Rückfalz zum Hauptdach. Der Rückfalz dient zur Befestigung der Kehlschar mit Haften sowie zum Schutz vor auftreibendem Wasser oder Flugschnee. Als Auflage der Biberdeckung und Zuluftmöglichkeit dient ein gelochtes Dreikantblech. Die Kehlschare sind am Gaubendachfirst mit einem handwerklich hergestellten Doppelstehfalz zusammengeführt wie nachfolgend unter 3.1.4, Seite 101 beschrieben.

Arbeitsfolge:

1. Montage des seitlichen Anschlussprofils
2. Bekleiden der Seitenwangen im Winkelstehfalzsystem
3. Herstellen der Traufausbildung bestehend aus Lochblech, Vorstoßblech und Traufen-Einhangstreifen
4. Verlegen der Kehlschare mit Zusammenführung am First als Doppelstehfalz und Traufenanschluss
5. Als Auflage für die Biberdeckung und Zuluftmöglichkeit wird ein gelochtes Dreikantblech an der Kehlschar befestigt.
6. Decken der Dachgaube im Doppelstehfalzsystem

3.1.4 Gaubenanschluss Metalldach/Zusammenführung Kehlen

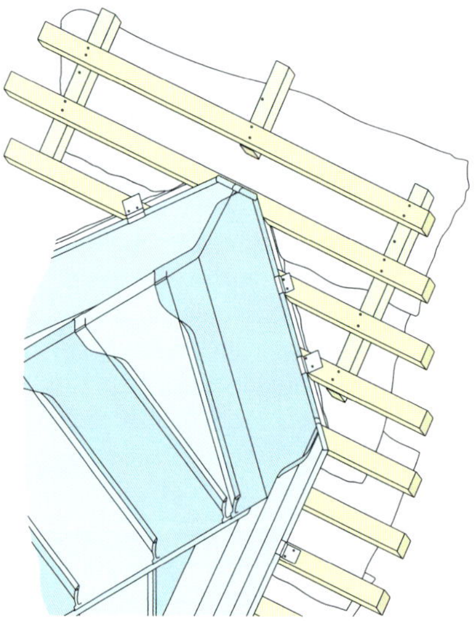

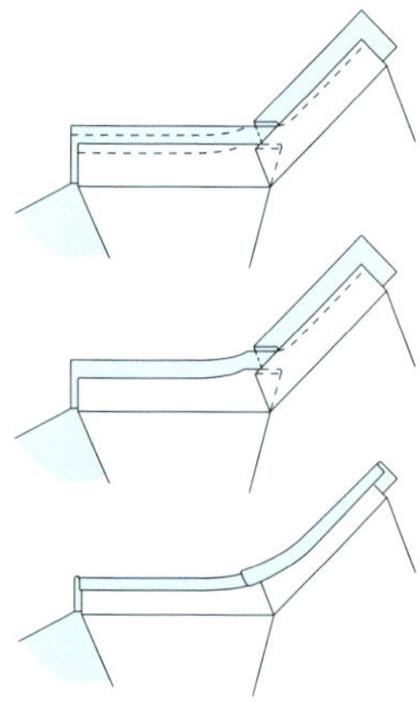

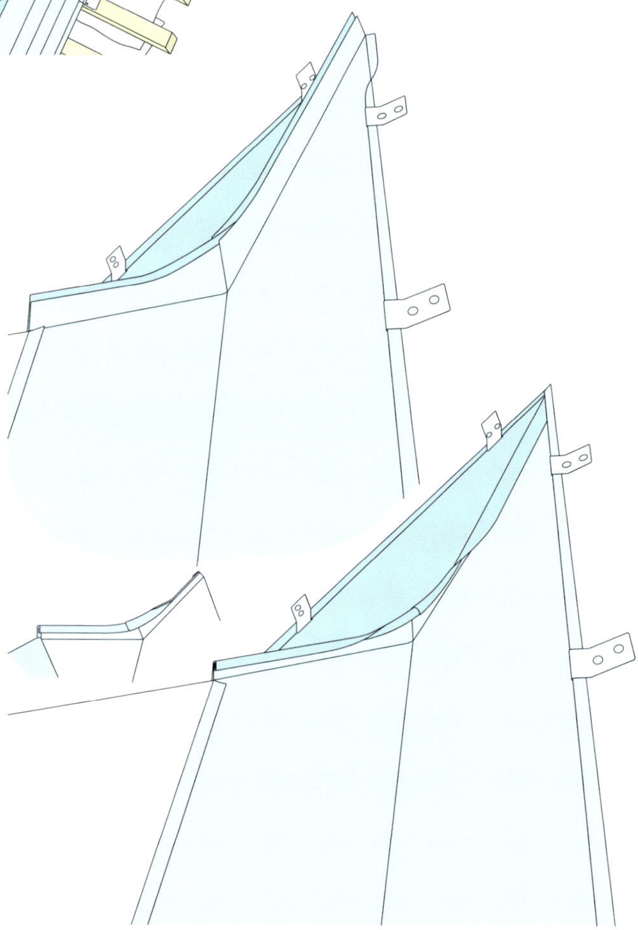

Beschreibung:

Zusammenführungen von Kehlscharen werden am Gaubenfirst vorzugsweise in handwerklicher Falztechnik hergestellt und sind anspruchsvoll in der Ausführung. Vorteil der Falztechnik gegenüber einer Lötverbindung ist insbesondere bei diesem Detail die Aufnahme von Dehnungsbewegungen im Falzgrund – denn Rissbildungen starrer Lötverbindungen bei Kehlwinkeln sind keine Seltenheit. Mit der schrittweisen Anleitung und etwas handwerklichem Geschick in der Blechbearbeitung ist diese sichere dehnungsfördernde Detaillösung jedoch sehr gut zu bewerkstelligen.

Arbeitsfolge:

1. Anlegen der Kehlschare und Übertragen der Firstlinie mit Falzzugaben auf das Profil
2. Zuschneiden der Kehlschare und Herstellen der Falzaufkantungen. Der Knickpunkt der Firstlinie erfolgt als Quetschfalz.
3. Anzeichnen der Traufenanschlüsse am Profil, Zuschneiden und Vorbereiten der Umkantungen
4. passendes Anlegen der Kehlschare, Einhängen/Einfalzen im Traufenbereich und indirektes Befestigen mit Haften
5. Zusammenfalzen der Aufkantungen des vorbereiteten Doppelstehfalzes

3.1.5 Gaubenanschluss Fenster/Steildach

Beschreibung:

Bei Fenstereinfassungen in handwerklicher Klempnertechnik zeigt sich der Leistungsstatus des Handwerkers und des Handwerksunternehmens. Wie bei allen optisch anspruchsvollen Bekleidungen im Fassadenbereich sind die präzise Detailplanung und spannungsarme Ausführung dabei von besonderer Bedeutung. Doch bleiben die Details zumeist dem Klempner und Spengler überlassen, da wenige Architekten über klempnertechnisches Know-how verfügen. Die folgenden 2 Beispiele zeigen typische Fenstereinfassungen dachintegrierter Gauben, die als Zimmermannskonstruktion aus Vollholz errichtet sind. Weitere Fenstereinfassungen mit Metall sind in 7 „Fassadendetails" beschrieben.

Beispiel 1:

Diese Fenstereinfassung im Winkelstehfalzsystem vereint die Schnittstellen zum seitlichen Anschluss der Gaubenwange, zum Fensterpfosten, zur seitlichen Fensterleibung sowie zur zweiteiligen Fensterbank. Die Fensterpfosten sind als zentrales Bauteil mit 2 Unterfalzen (Unterdecker) hergestellt. Hiermit verfalzt sind das seitliche Anschlussprofil und die erste Schar der Gaubenwangenbekleidung sowie Fensterbank und Fensterleibung. Das senkrechte Pfostenprofil verläuft vom Knickpunkt aus mit der Dachschräge und schließt bündig mit dem Seitenprofil und der Vorderkante der Fensterbankausbildung ab. Die zweiteilige Fensterbank deckt die mit leichtem Gefälle ausgeführte Holzunterkonstruktion ab. Die mit der Fensterbank zusammengefalzte Blende dient der regensicheren Überdeckung der Dachdeckung – hier einer Biberdeckung. Ein Vorstoßblech dient der Lagesicherung.

Aufgrund der weiten Auskragung ist die Fensterbank im Doppelstehfalzsystem ausgeführt und mittels Quetschfalz am Fensterrahmen aufgekantet. Die Aufkantung wird mit einem Rückfalz versehen und vom bauseitigen Fensteranschlussblech überdeckt. Die Innenecken sind ohne gelötete Einschnitte wasserdicht als Tasche gefalzt. Der Anschluss der Leibungen an den Fensterrahmen erfolgt mittels Steckprofil, die Verbindung zum Pfostenprofil mit einem Winkelfalz.

Hinweis: Eine kraftschlüssige Auflage der Fensterbank, eine geeignete Trennlage, Schallschutzfolie oder die fachgerechte Verklebung der Fensterbank minimieren mögliche Prall- und Trommelgeräusche bei Niederschlägen.

Arbeitsfolge:

1. Verlegen der Deckung bis an die Fensterbankkonstruktion
2. Montage des seitlichen Anschlussprofils zur Gaubenwange
3. Einbau des Pfostenprofils
4. indirekte Montage der Fensterbank mittels Vorstoßblech
5. Befestigen der Einschub- bzw. Steckprofile
6. Montieren der Seitenleibungen

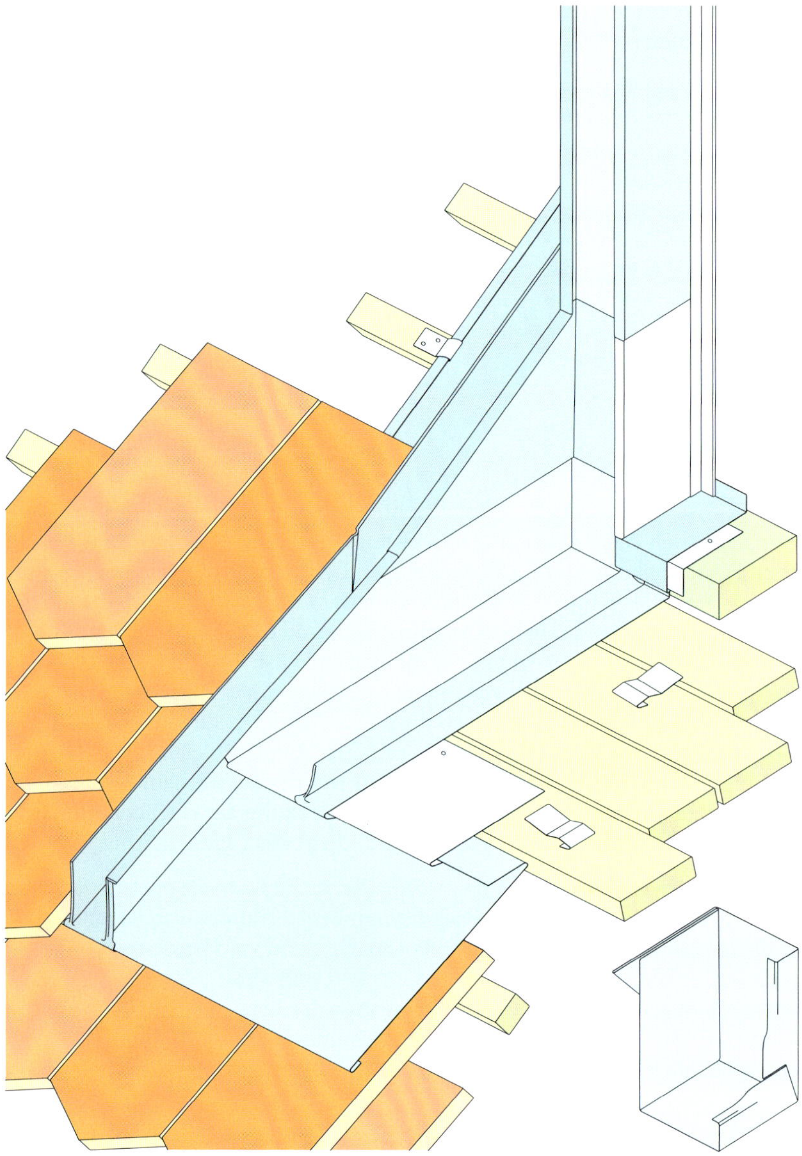

Beispiel 2:

Auch diese Variante vereint die Schnittstellen vom seitlichen Anschluss bis zur Fensterbankausbildung. Aufgrund der flachen Dachneigung ergibt sich jedoch eine extrem tiefe Fensternische, deren Bekleidung in dreiteiliger Ausführung gelöst ist. Sie besteht aus einer kleinen Fensterbank in der Breite der Seitenleibung und einer Verlängerung aus Doppelstehfalzscharen mit zusätzlicher Blende. Diese dient als regensichere Überdeckung der Dachdeckung; ein Vorstoßblech sorgt für die Lagesicherung. Die Fensterpfosten sind auch hier zentrales Bauteil, jedoch enden sie am Übergang zur Dachschräge und formen sich zur Leibung der Fensternischen. Die Anschlussschare der Nischenleibungen sind aufgekantet, mit einem Rückfalz versehen und von der kleinen Fensterbank überdeckt. Die Innenecken der Schare zum Anschluss an die Nischenleibungen und Fensterflächen sind ohne gelötete Einschnitte wasserdicht als Tasche gefalzt. Der Anschluss der Leibungen an den Fensterrahmen erfolgt mittels Steckprofil, die Verbindung zum Pfostenprofil als Winkelfalz.

Arbeitsfolge:

1. Verlegen der Deckung bis an die Fensterbankkonstruktion
2. Montage des seitlichen Anschlussprofils zur Gaubenwange
3. indirekte Montage der Doppelstehfalzscharen mit Blende zur Verlängerung der Fensterbank
4. Einbau des Pfostenprofils
5. Montage der Fensterbank mit Vorstoßblech
6. Befestigen der Einschub- bzw. Steckprofile
7. Montieren der Seitenleibungen

3.2.2 Ortgang mit Firstanschluss

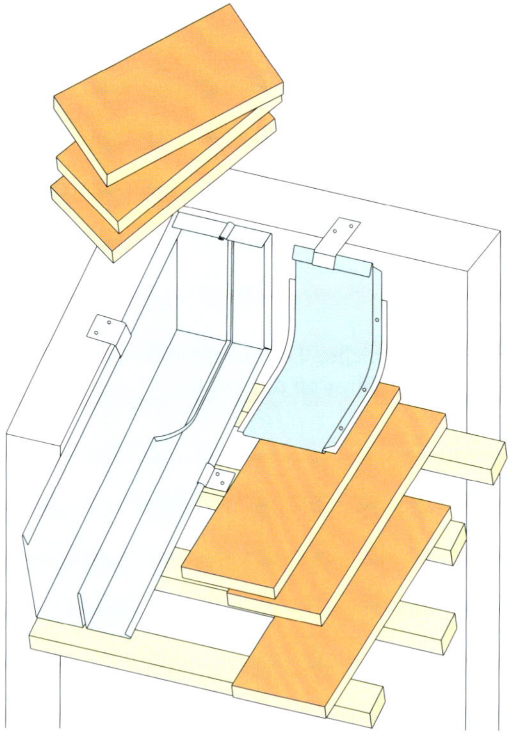

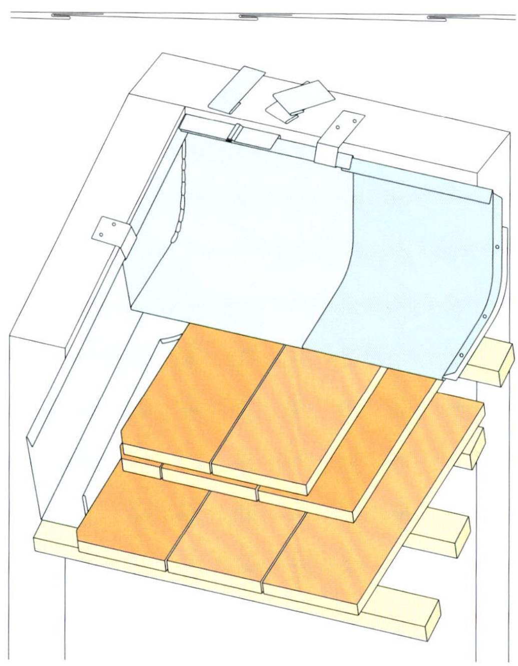

Beschreibung:

Das Detail zeigt die Ortgangausbildung einer Biberdeckung mit Firstanschluss. Das Ortgangprofil mit Mittelsteg endet am First mit einer Aufkantung, die Deckung ist bis zum Steg und an den First herangeführt. Als Firstanschluss dient ein rund geformtes Profil, das in den Verbindungsfalzen an der Lattung und am oberen Rückfalz mit Haften befestigt ist. Um das Profil aufkanten zu können, muss der Mittelsteg bis auf die Blechebene heruntergeformt werden. Hierzu kann das Blech vor dem Kanten mit einer passenden Schablone angezeichnet und anschließend zugeschnitten werden (siehe Abbildung unten). Nach dem Kanten ergibt sich eine Rundung mit dem vorbereiteten Einfachfalz, der nun handwerklich hergestellt und im Knickpunkt niedergelegt wird. Mit dem Aufkanten wird die Innenecke ohne gelötete Einschnitte wasserdicht als Tasche gefalzt. Die Abdeckung des Ortganges erfolgt nach den baulichen Gegebenheiten bei indirekter Befestigung und mit durchlaufenden Haftblechen.

Arbeitsfolge:

1. Montage des seitlichen Ortgangprofils mit Anschluss an den First
2. Anlegen der Dachdeckung
3. Montage des Firstanschlusses
4. Montage der Ortgangabdeckung

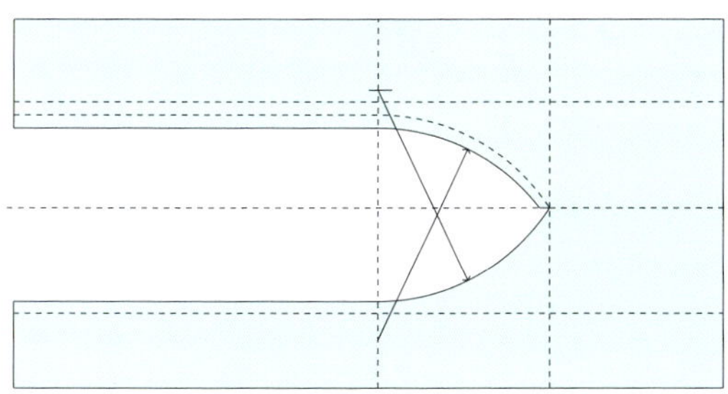

Um den Mittelsteg für den aufgehenden Anschluss zu formen, wird das Blech vor dem Kanten mit einer passenden Schablone angezeichnet und anschließend zugeschnitten. Nach dem Kanten kann der Einfachfalz handwerklich hergestellt und am Knickpunkt niedergelegt werden.

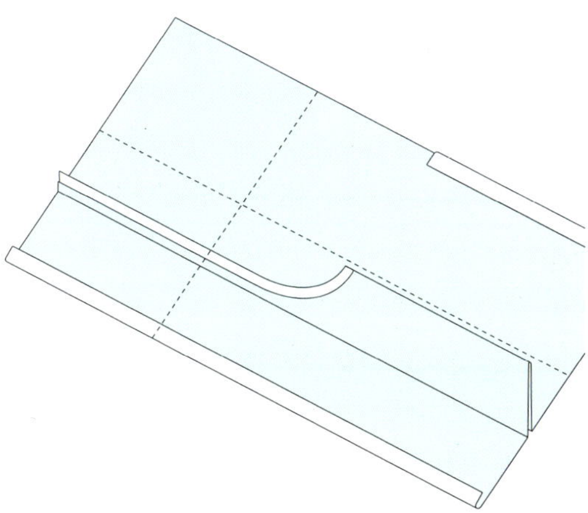

3.2.3 Ortgang mit Giebelschalung und Traufenanschluss

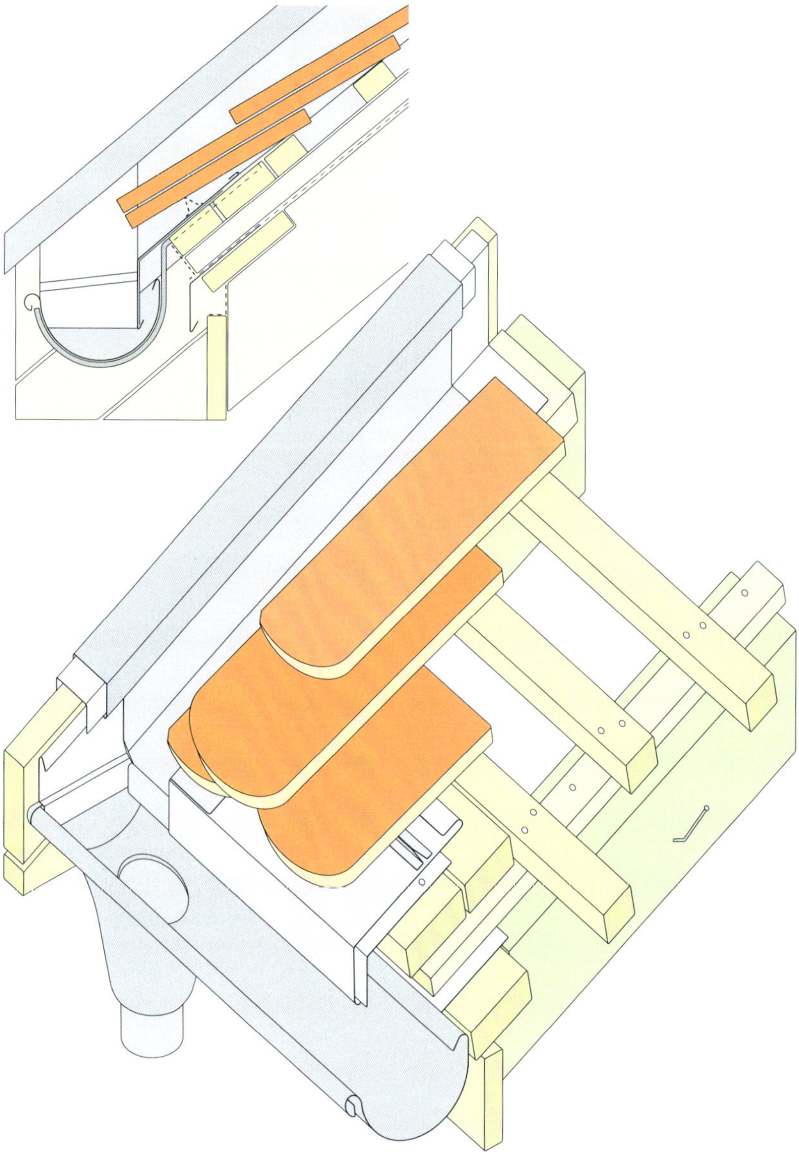

Beschreibung:

Das Detail zeigt die Ortgangausbildung an einer Giebelschalung mit Anschluss an die Dachentwässerung. Sie besteht aus 2 Bauelementen, einer Ortgangrinne und einer Ortgangabdeckung mit durchgehendem Vorstoß- bzw. Haftblech zur Lagesicherung. Die Ortgangrinne bietet einen freien Wasserlauf zwischen Ortgangaufkantung und Deckung, wobei diese mit etwa 20 mm Überstand am Ortgang-Rinnenprofil verlegt ist. Das Rinnenendstück der Hauptentwässerung überdeckt ein Z-förmiges Verbindungsblech, das bis zur Oberkante des Ortgangs hochgeführt und mit Haften befestigt wird. Dies wird von der Ortgangrinne regensicher überlappt. Die Abdeckung des Ortganges erfolgt nach den baulichen Gegebenheiten bei indirekter Befestigung und mit durchlaufenden Haftblechen.

Arbeitsfolge:

1. Verlegen der Rinne mit Traufblech
2. Montieren des Verbindungsbleches über dem Rinnenendstück
3. Montage der Ortgangrinne mit Anschluss an die Hauptentwässerung
4. Montage der Ortgangabdeckung
5. Verlegen der Dachdeckung

3.2.4 Ortgang/Traufe mit Giebelschalung für Dachstein-/Ziegeldeckung

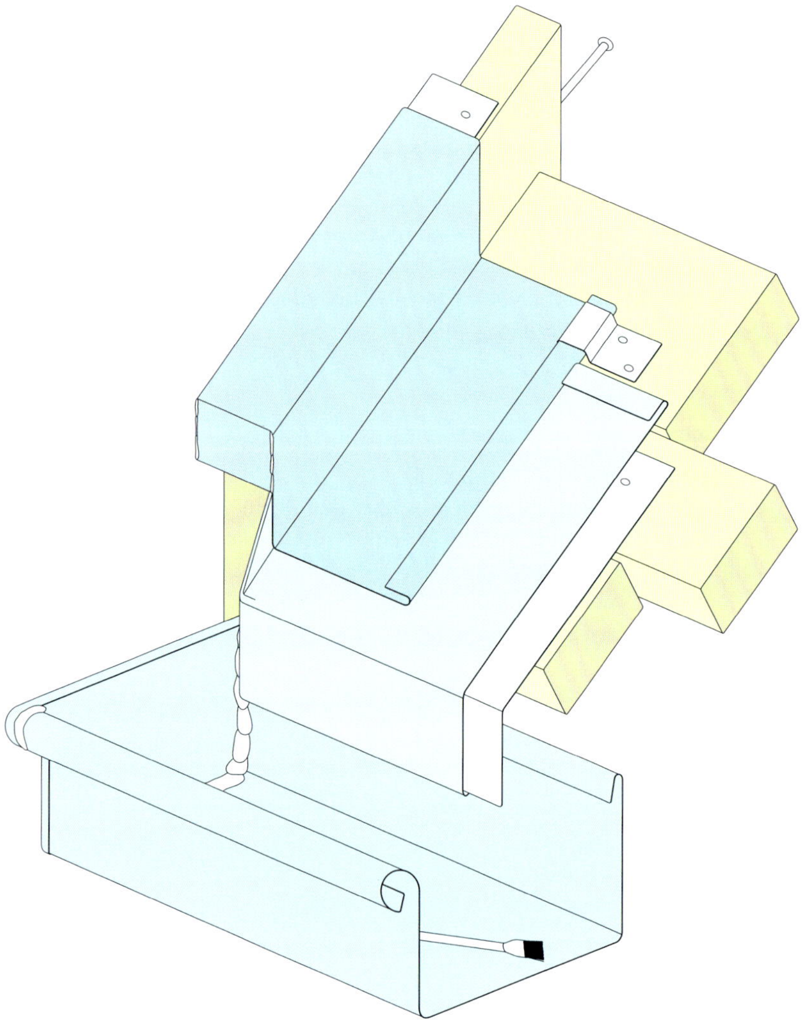

Beschreibung:

Das Detail zeigt die Ortgangausbildung an einer Giebelschalung mit Anschluss an die Dachentwässerung. Das Ortgangprofil ist einteilig mit 5 Kantungen ausgeführt. Zur Lagesicherung sind am Dachrand Vorstoßbleche angeordnet, der aufliegende Anschluss an die Dachdeckung ist mit Haftstreifen indirekt befestigt. Die Dachdeckung mit Ziegeln oder Dachsteinen wird bis an den Ortgang geführt.

Arbeitsfolge:

1. Verlegen der Rinne mit Traufblech
2. Montage der einteiligen Ortgangabdeckung
3. Verlegen der Dachdeckung

3.2.5 Ortgang/First mit Giebelschalung für Dachstein-/Ziegeldeckung

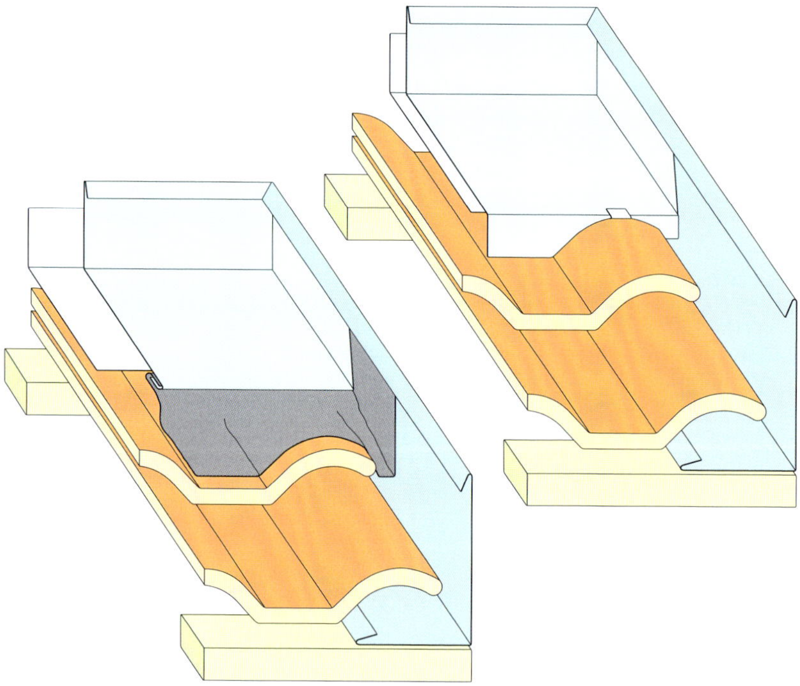

Beschreibung:

Das Detail zeigt die Ortgangausbildung einer Dachstein- oder Ziegeldeckung mit Firstanschluss. Das Ortgangprofil ist an den First herangeführt und mit einer Rückkantung versehen. Der Anschluss an den First oder an eine aufgehende Wand erfolgt nach der Eindeckung der Dachfläche mit einem Z-förmig gekanteten, der Kontur der Deckung angepassten Profil oder zweiteilig mit überdecktem, angeformtem Weichblech. Die Eckausbildung des Firstanschlussprofils ist ohne gelötete Einschnitte als wasserdicht gefalzte Tasche ausgeführt. Die Abdeckung des Ortganges erfolgt nach den baulichen Gegebenheiten bei indirekter Befestigung und mit durchlaufenden Haftblechen.

Arbeitsfolge:

1. Montage des seitlichen Ortgangprofils mit Anschluss an den First
2. Eindeckung der Dachfläche
3. Montage des Firstanschlussprofils (konturiert oder mit Weichblech)
4. Verlegen der Ortgangabdeckung

3.2.6 Ortgangrinne mit Giebelblende für versetzte Dachstein-/Ziegeldeckung

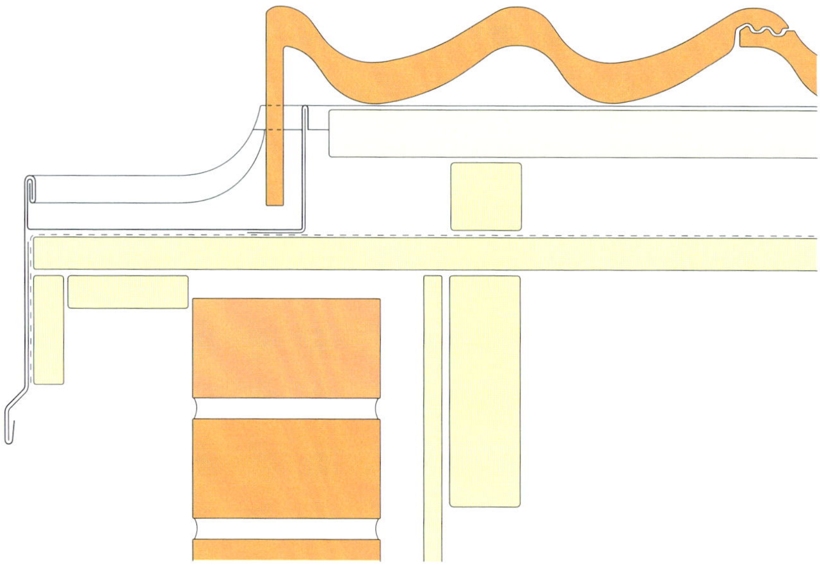

Beschreibung:

Diese Ortgangausführung ist eine architektonische Gestaltungsvariante mit versetztem Giebelabschluss der Dachdeckung. Der angedeutete Stehfalz stellt die Zusammenführung der Einzellängen am Firstpunkt dar. Optischer Effekt hierbei ist, dass die Deckung mit Dachsteinen in der Giebelansicht unauffällig bzw. nicht sichtbar ist. Erzielt wird dieser Effekt mit einer metallischen Ausführung in der Art einer breiten Ortgangrinne mit aufgefalzter Giebel- bzw. Ortgangblende auf der entsprechend vorbereiteten Holzunterkonstruktion. Die Befestigung der Ortgangprofile erfolgt indirekt mittels durchlaufender Vorstoßbleche und Haftstreifen. Die Einzellängen werden innerhalb der Nahtverbindungen gegen Abrutschen gesichert.

Arbeitsfolge:

1. Befestigung der Vorstoßbleche und Haftstreifen
2. Verlegen der Ortgangrinne
3. Montage der Ortgangblende

3.2.7 Ortgangrinne mit Giebelblende für Dachstein-/Ziegeldeckung

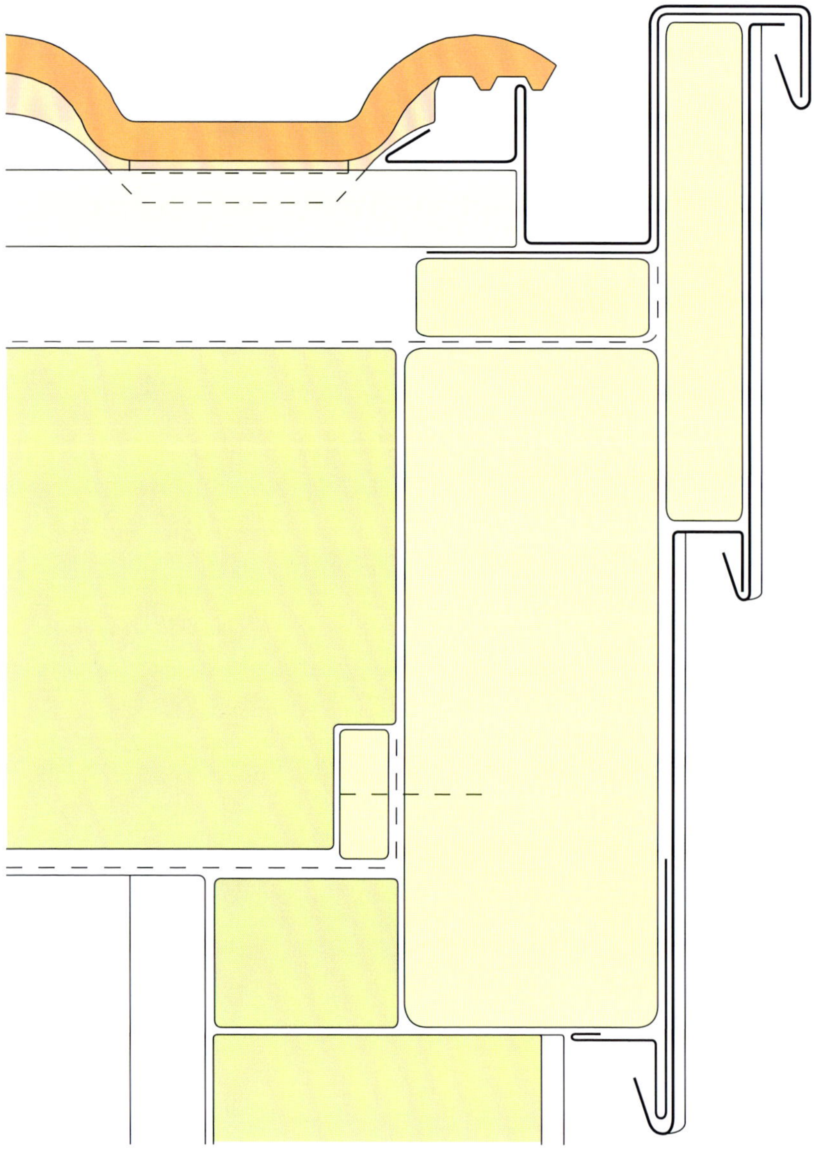

Beschreibung:

Diese Ortgangausbildung besteht aus einem achtfach gekanteten Profil, das Abdeckung, Ortgangrinne und den Anschluss an die Dachdeckung kombiniert. Es ist indirekt befestigt: dachseitig mit Haftstreifen und an der Giebelseite mit durchlaufenden Haftblechen. Das Profil ist innerhalb der Nahtverbindungen gegen Abrutschen gesichert. Die zweiteilige Giebelblende aus Metall wird am Fußpunkt in ein Traufprofil eingehakt. Das obere Ende der ersten Blende ist U-förmig gekantet, sodass die zweite Blende in die Umkantung eingehakt werden kann. Diese ist im Überdeckungsbereich der Ortgangabdeckung mit einer 90-Grad-Kantung zur Versteifung und zum Schutz vor Flugschnee versehen.

Arbeitsfolge:

1. Bekleidung der Giebelblenden
2. Verlegen des Ortgangprofils einschließlich Haftblechen
3. Eindeckung der Dachfläche

3.2.8 Ortgangabdeckung mit Giebelblende für Dachstein-/Ziegeldeckung

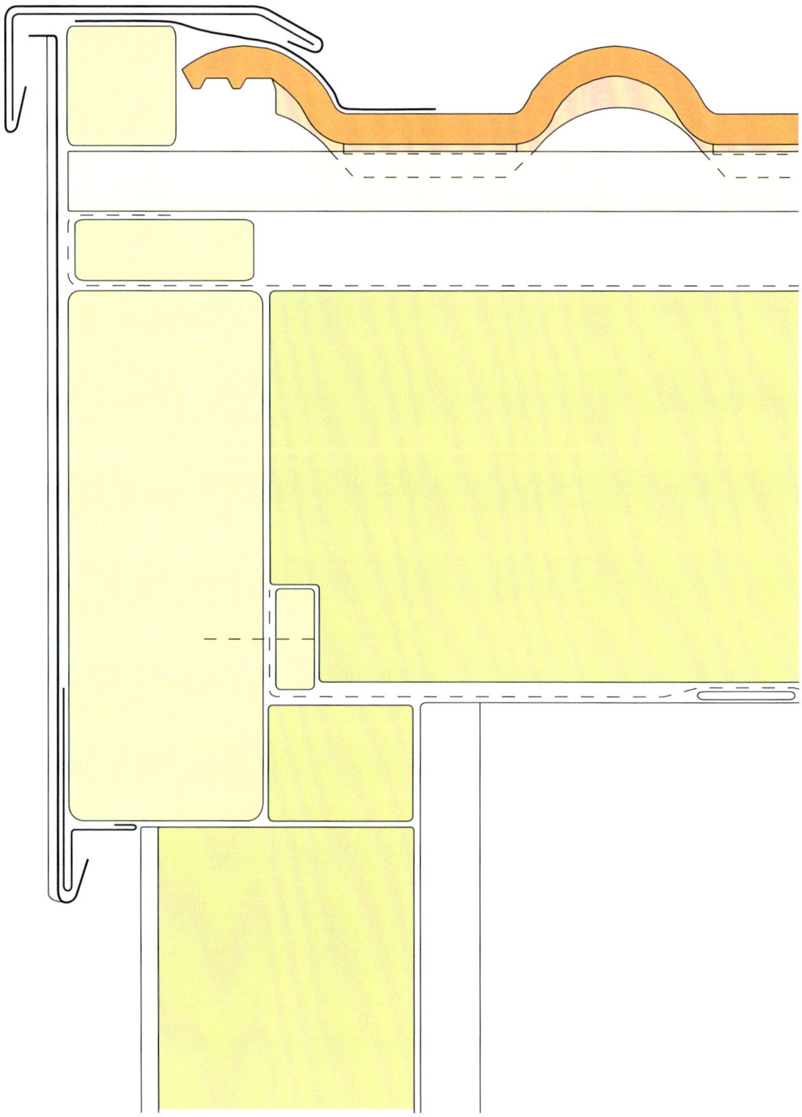

Beschreibung:

Das Detail zeigt die typische Ortgangausbildung einer Dachstein- oder Ziegeldeckung mit Giebelblende. Sie besteht aus Ortgangabdeckung, Vorstoßblechen, Weichblechstreifen und Blendenbekleidung. Als Unterkonstruktion dient eine Lattung, deren Höhe mindestens der Kontur des Dachziegels/Dachsteins entspricht. Der Weichblechstreifen wird auf der Lattung befestigt, an die konturierte Deckung angeformt und sorgt für die notwendige Regensicherheit. Die Abdeckung des Ortganges ist indirekt mit durchlaufenden Haftblechen befestigt und innerhalb der Nahtverbindungen gegen Abrutschen gesichert.

Die Giebelblende aus Metall wird am Fußpunkt in ein Traufprofil eingehakt und erhält am oberen Ende eine 90-Grad-Kantung zur Versteifung des Bleches und zum Schutz vor Flugschnee. Die Verbindungen der Einzellängen in ihrer Art und Anordnung erfolgt nach gestalterischen Kriterien. Es kommen beispielsweise die Winkelstehfalztechnik oder flache Steckfalze zur Anwendung, die zumeist lotrecht oder im rechten Winkel zur Dachneigung ausgerichtet sind.

Arbeitsfolge:

1. Montage der Ortganglattung als Befestigungsgrund
2. Eindeckung der Dachfläche
3. Bekleidung der Giebelblende
4. Befestigen der Weichblechstreifen und Anformen an die Dachdeckung
5. Montage des Haftbleches und der Ortgangabdeckung

3.3.2 Dachübergang Mansarddach, flach geneigt, Metall-/Biberdeckung

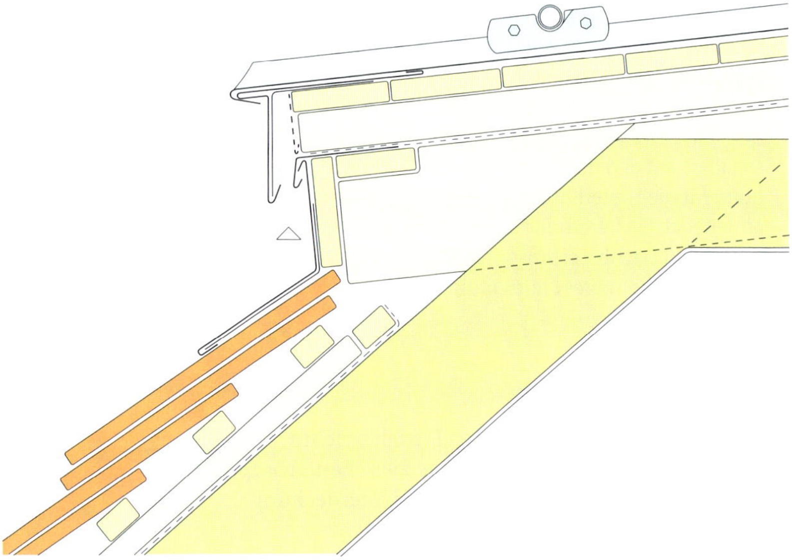

Beschreibung:

Der Mansardenknickpunkt dieser Dachkonstruktion ist mit 5 Metallprofilen für eine sichere Dachentwässerung und Kleintierschutz ausgerüstet. Der für Dachsteine oder Dachziegel zu flach geneigte obere Dachbereich ist mit einer Doppelstehfalzdeckung ausgeführt, die frei auf den darunterliegenden steilen Dachbereich mit Biberdeckung entwässert. Der untere Abschluss der Metalldeckung ist an ein Traufen-Einhangblech angeschlossen, das mit einem zusätzlichen durchlaufenden Vorstoßblech für die Lagesicherung auch bei starken Windsoglasten sorgt. Temporär anfallendes Tauwasser kann über eine zweite Entwässerungsebene und das angeschlossene Tropfblech schadlos auf den darunterliegenden Dachbereich abgeleitet werden. Die Zuluftöffnung für die Hinterlüftungsebene ist mit einem Lochblech als Kleintierschutz abgedeckt. Ein Verbindungsblech zwischen dem Tropfprofil und der Deckung des steilen Dachbereiches sorgt für einen regensicheren Übergang. Die Befestigung erfolgt indirekt mittels durchlaufender Vorstoßbleche und Haftstreifen.

Arbeitsfolge:

1. Eindecken des unteren, steilen Dachbereiches
2. Montage des Verbindungsbleches zwischen Tropfprofil und Deckung
3. Verlegen des Tropfbleches und der Unterdeckung
4. Montage der Konterlattung und der Schalung
5. Abdecken der Lüftungsöffnungen als Kleintierschutz, z. B. Lochblech
6. Montage des Traufen-Einhangbleches einschließlich Vorstoßprofil zur Lagesicherung sowie eventuell erforderlicher Trennlagen
7. Eindecken des oberen, flach geneigten Dachbereiches in Doppelstehfalzdeckung

3.3.3 Dachübergang Mansarddach, steil geneigt, Metall-/Biberdeckung

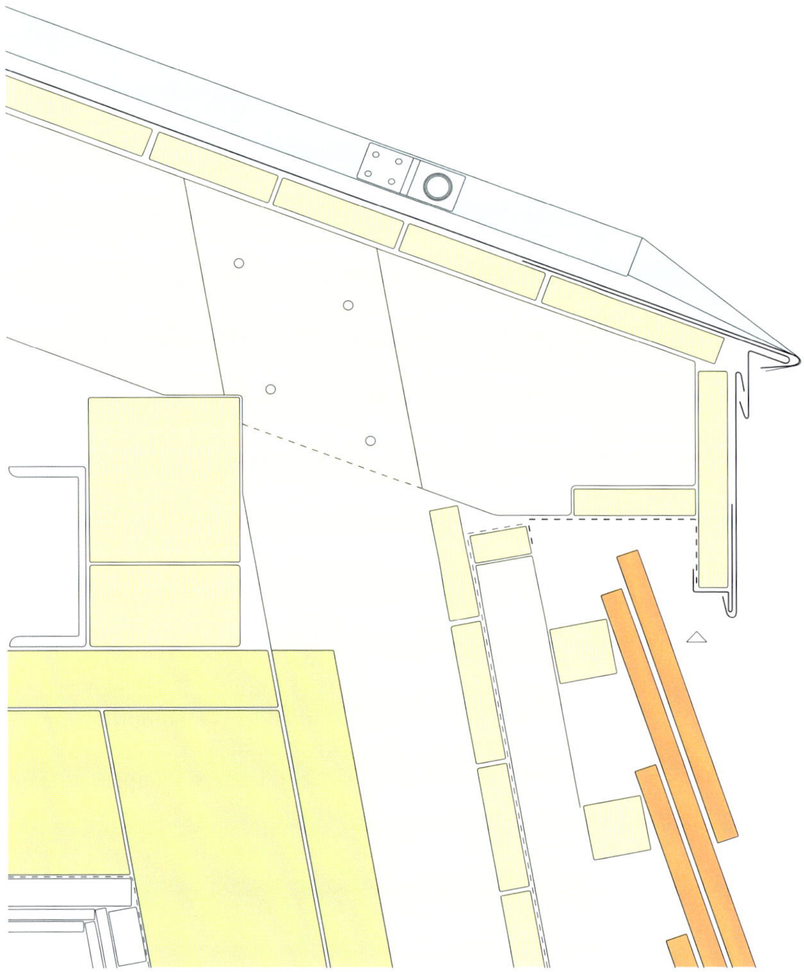

Beschreibung:

Der leicht überkragende Übergang dieser Dachkonstruktion mit unterschiedlichen Neigungsbereichen ist mit 4 Metallprofilen für eine sichere Dachentwässerung und Kleintierschutz ausgerüstet. Der für Dachsteine oder Dachziegel zu flach geneigte obere Dachbereich ist mit einer Doppelstehfalzdeckung ausgeführt, die frei auf den darunterliegenden steilen Dachbereich mit Biberdeckung entwässert. Der untere Abschluss der Metalldeckung ist an das Traufen-Einhangprofil angeschlossen; die Sparrenköpfe werden von einer mit Metall bekleideten Stirnblende verdeckt. Sie wird vom Traufblech regensicher überdeckt. Die waagerecht unterhalb der Sparrenköpfe angeordnete Zuluftöffnung für die Hinterlüftungsebene ist mit einem Lochblech als Kleintierschutz abgedeckt.

Arbeitsfolge:

1. Herstellen einer waagerecht unterhalb der Sparrenköpfe angeordneten Zuluftöffnung mit Holzschalung und Lochblech
2. Eindecken des unteren, steilen Dachbereiches
3. Herstellen der Holzverschalung der Sparrenköpfe
4. Montage der Stirnblende mit Einhangprofil
5. Montage des Traufen-Einhangprofils einschließlich Vorstoßblech
6. Eindecken des oberen, flach geneigten Dachbereiches in Doppelstehfalzdeckung einschließlich ggf. erforderlicher Trennlagen

3.3.4 Gratausbildung Metall-/Biberdeckung

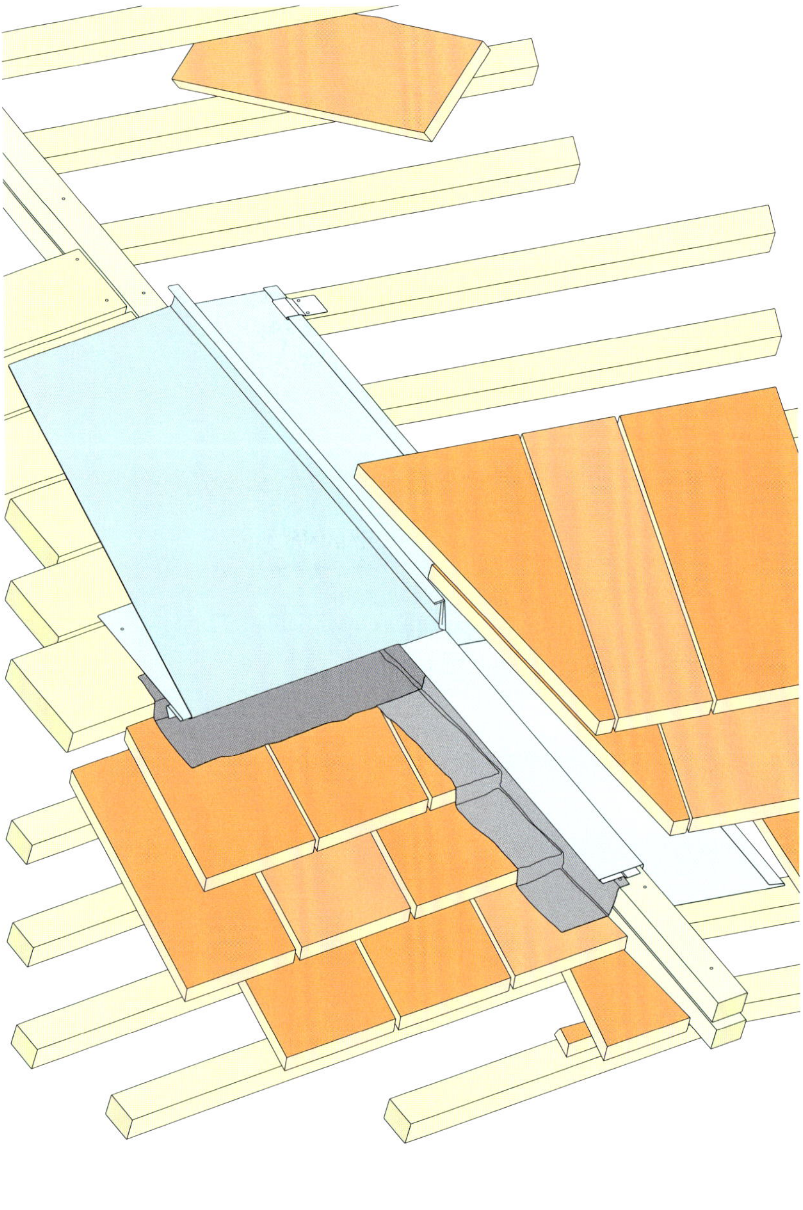

Beschreibung:

Dieses Detail zeigt die Lösung eines Systemwechsels von einer Metall- zur Biberdeckung an der Gratausbildung. Eine Besonderheit hierbei ist, dass die Biberdeckung im Traufbereich unterhalb der Metalldeckung aus optischen Gründen weitergeführt wird. Die rechte Dachseite ist mit Gefälle in Richtung Grat in Biberdeckung ausgeführt, der mit einer erhöhten Gratleiste konstruiert ist. Im Prinzip einer Ortgangausbildung leitet ein unterdeckendes Anschlussprofil das Niederschlagswasser in die Dachrinne ab. Auf der linken Dachseite wird die Biberdeckung am Grat sowie am höhenversetzten Übergang zur Metalldeckung mit einem angeformten Weichmetallstreifen regensicher überdeckt. Oberhalb des Traufenbereiches sind die Anschlussschare der Metalldeckung und das unterdeckende Anschlussprofil der Biberdeckung in Winkelstehfalztechnik miteinander verbunden.

Arbeitsfolge:

1. Montage der Gratleiste
2. Montage des überdeckenden Weichmetallstreifens
3. Eindecken des Traufbereiches der Biberdeckung (linke Dachseite)
4. Verlegen der Metalldeckung
5. Montage des unterdeckenden Anschlussprofils (rechte Dachseite)
6. Verlegen der Biberdeckung

3.3.5 Gefälleknickpunkt Biberdeckung

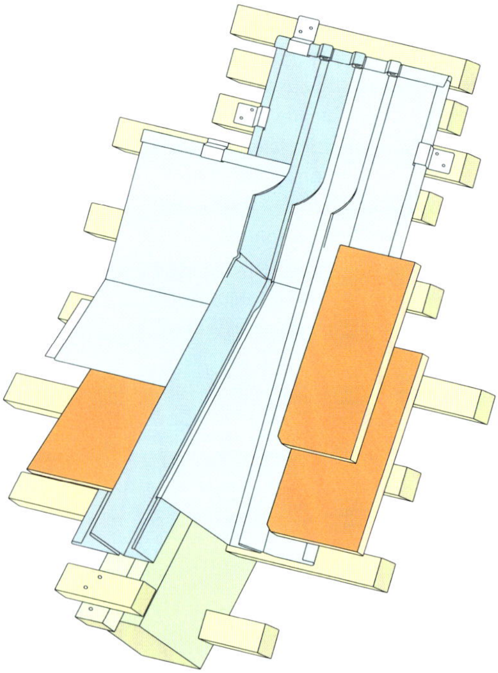

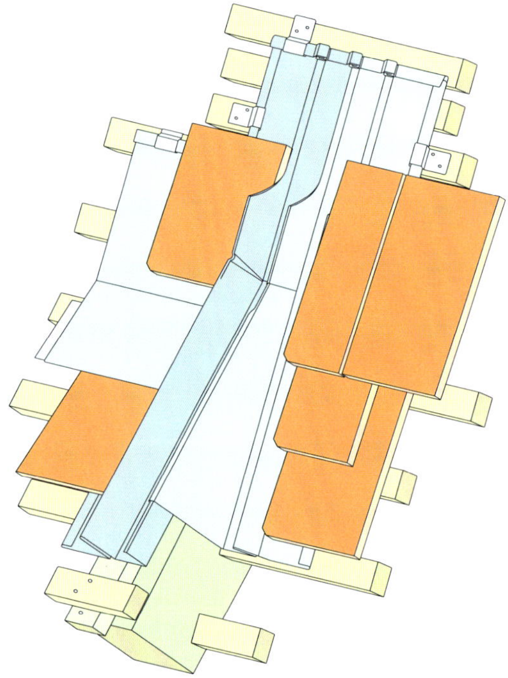

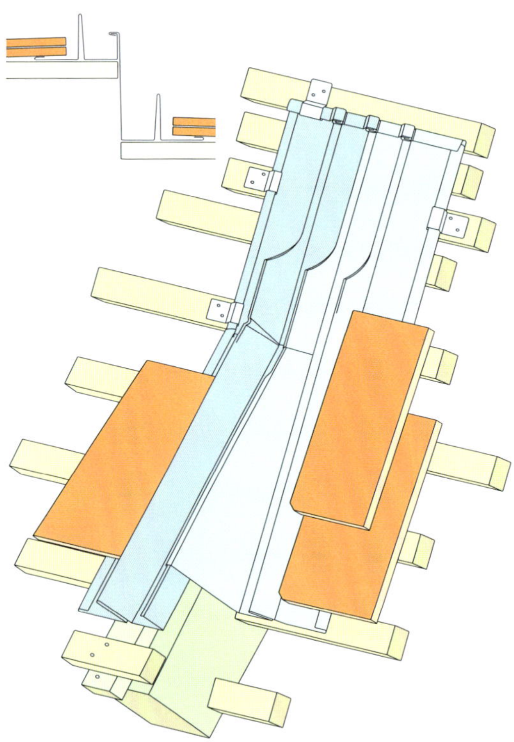

Beschreibung:

Die regensichere Verwahrung des Gefälleknickpunktes einer Biberdeckung ist mit 2 unterdeckenden Anschlussprofilen mit Mittelsteg gelöst. Die Verbindung der Profile erfolgt als Winkel- oder Doppelstehfalz, die Befestigung indirekt mittels Haftstreifen auf der Lattung. Die Deckung wird bis zum Steg herangeführt.

Arbeitsfolge:

1. Montage der unterdeckenden Anschlussprofile
2. Verlegen der Dachdeckung

3.4 Firstausbildungen

3.4.1 Lüfterfirst für Dachstein-/Ziegeldeckung

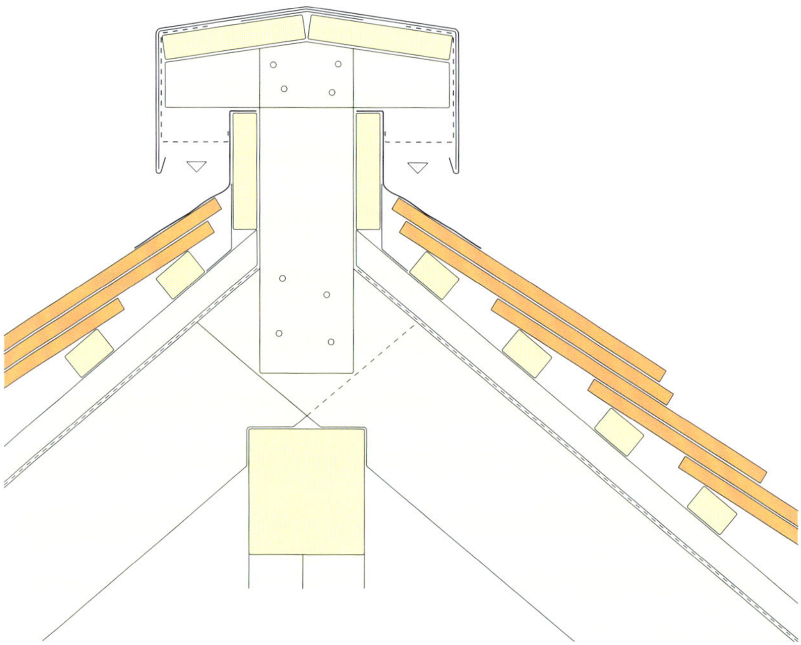

Beschreibung:

Das Detail zeigt eine typische Firstausbildung mit Entlüftungsfunktion und Anschluss an eine Dachstein-, Ziegel- oder Biberdeckung. Die Ausführung besteht aus einer Holzunterkonstruktion mit Knaggen, die am Sparren befestigt sind, Stirnbrettern für den Anschluss der Deckung und einer Vollschalung für die Firsthaube aus Metall. Die sichere Funktion dieser Konstruktion ermöglicht ein variabel umzusetzender Lüftungsquerschnitt. Darüber hinaus können bei großzügig vorgesehenem Montageraum beispielsweise Lüftungsleitungen in der Firstkonstruktion zusammengeführt und somit Durchdringungen innerhalb der Dachfläche minimiert werden. Für die notwendige Regensicherheit des Anschlusses werden Weichblechstreifen an den Stirnbrettern befestigt und an die konturierte Deckung angeformt. Die Firsthaube ist indirekt mit durchlaufenden Haftblechen befestigt. Die Verbindungen der Einzellängen erfolgen regensicher in Falztechnik oder mit hinterlegten Riffelblechen, sodass Dehnungsbewegungen schadlos erfolgen können.

Arbeitsfolge:

1. Montage der Knaggen, Lochbleche und Stirnbretter für den regensicheren Dachanschluss
2. Eindeckung der Dachfläche
3. Befestigen und regensicheres Anformen des Weichblechstreifens an die Dachdeckung
4. Montieren der Vollschalung und Vorstoßbleche zur Befestigung der Firsthaube
5. Verlegen der Firsthaube

3.4.2 Lüfterfirst mit Dachgefälle für Dachstein-/Ziegeldeckung

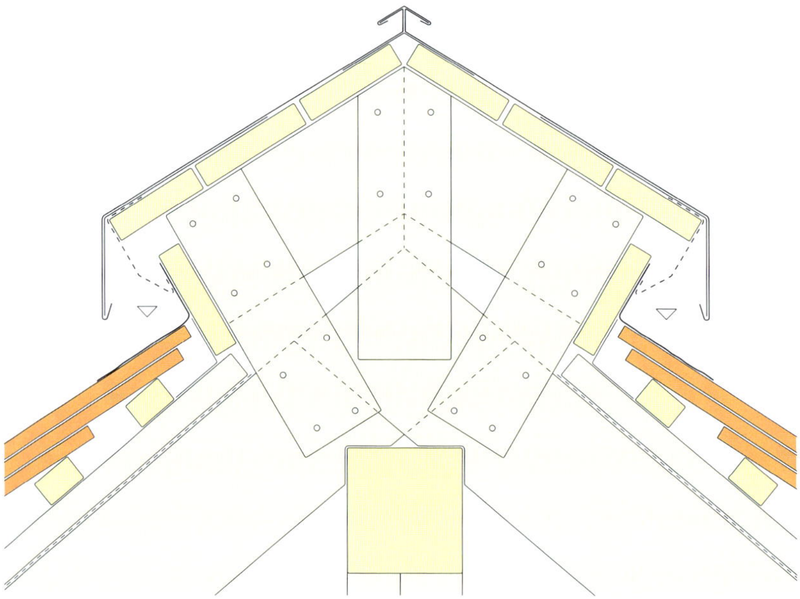

Beschreibung:

Die Ausführung dieses Lüfterfirstes ist wegen seiner recht markanten Konstruktion entsprechend der Dachneigung wie ein Sattel geformt. Die Ausführung besteht aus einer Holzunterkonstruktion mit Knaggen, die am Sparren befestigt sind, Stirnbrettern für den Anschluss der Deckung und einer Vollschalung für die Firsthaube aus Metall. Die sichere Funktion dieser Konstruktion ermöglicht ein variabel umzusetzender Lüftungsquerschnitt. Darüber hinaus können bei großzügig vorgesehenem Montageraum beispielsweise Lüftungsleitungen in der Firstkonstruktion zusammengeführt und somit Durchdringungen innerhalb der Dachfläche minimiert werden. Für die notwendige Regensicherheit des Anschlusses werden Weichblechstreifen an den Stirnbrettern befestigt und an die konturierte Deckung angeformt. Die zweiteilige Firsthaube ist indirekt mit durchlaufenden Haftblechen befestigt und am Scheitelpunkt mit einem Leistenfalz zusammengefügt. Die Verbindungen der Einzellängen erfolgen regensicher in Falztechnik oder mit hinterlegten Riffelblechen, sodass Dehnungsbewegungen schadlos erfolgen können.

Arbeitsfolge:

1. Montage der Knaggen, Lochbleche und Stirnbretter für den regensicheren Dachanschluss
2. Eindeckung der Dachfläche
3. Befestigen und regensicheres Anformen des Weichblechstreifens an die Dachdeckung
4. Montieren der Vollschalung und Vorstoßbleche zur Befestigung der Firsthaube
5. Verlegen der Firsthaube

3.5 Wandanschlüsse/Durchdringungen

3.5.1 Wandanschluss für Dachstein-/Ziegeldeckung, überdeckend

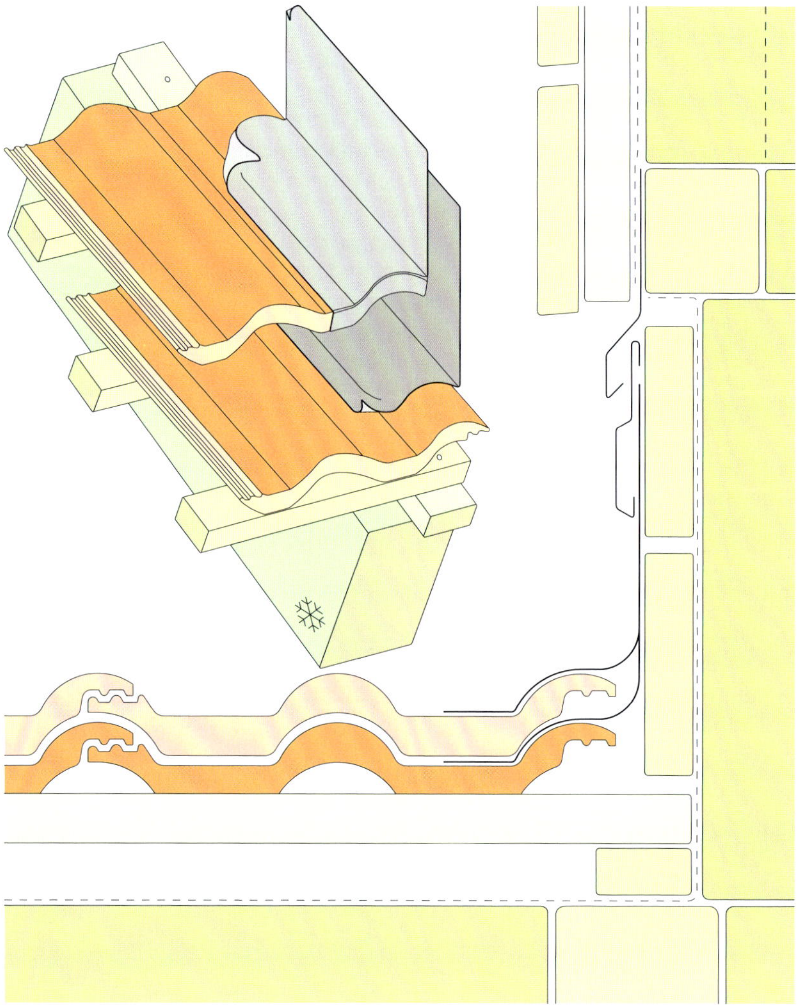

Beschreibung:

Typischer Wandanschluss einer Dachstein-/Ziegeldeckung zu einer hinterlüfteten Fassadenkonstruktion mit überdeckenden Weichmetallstreifen als Nocken. Der regensichere Anschluss der Nockenbleche erfolgt mit einem Wandanschlussprofil/einer Kappleiste. Dies wird von einem zusätzlichen Tropfprofil überdeckt, das Tau- oder Treibwasser aus der Fassadenkonstruktion schadlos auf das Dach ableitet.

Arbeitsfolge:

1. Verlegen der Dachdeckung und Anformen der Nockenbleche
2. Montage der Kappleiste und des Fassaden-Tropfprofils
3. Montage der Fassadenkonstruktion

3.5.2 Wandanschluss für Dachstein-/Ziegeldeckung, unterdeckend vertieft

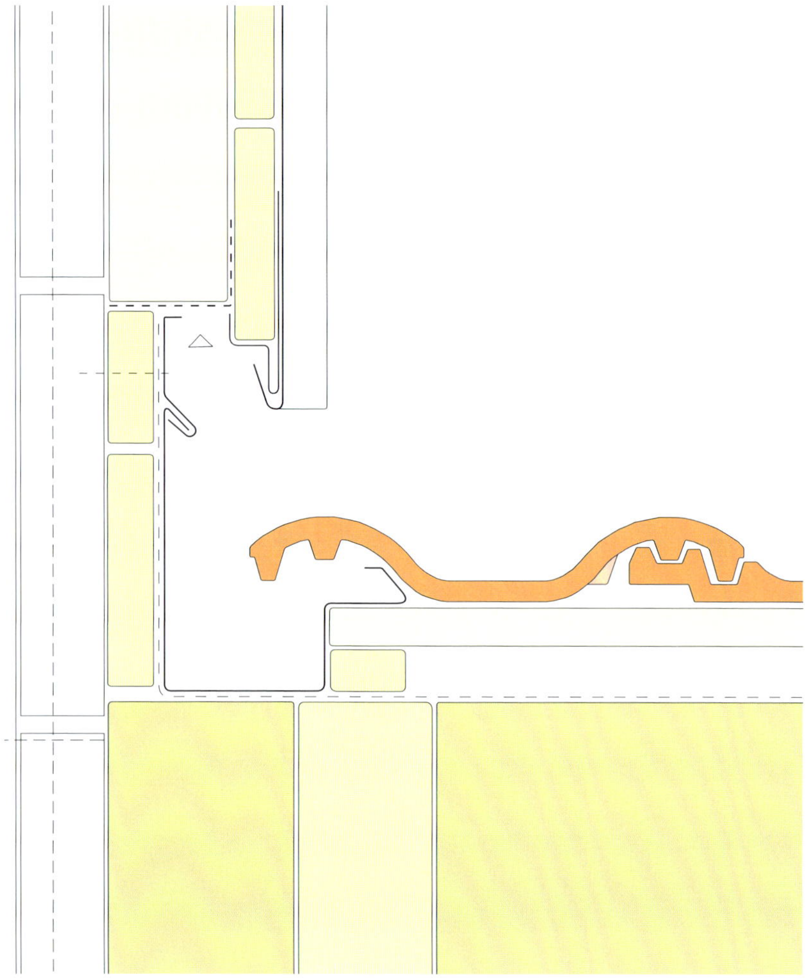

Beschreibung:

Der Wandanschluss für eine Dachstein-/Ziegeldeckung ist mit einem unterdeckenden Profil im Prinzip einer vertieften Ortgangrinne ausgeführt. Er bildet den Übergang zu einer hinterlüfteten Metall-Fassadenkonstruktion. Der regensichere Abschluss erfolgt mit einem Wandanschlussprofil/einer Kappleiste, das/die unter Zuluftöffnung der Fassade endet. Das sechsfach gekantete Profil ist indirekt mittels Haftstreifen an der Holzunterkonstruktion befestigt.

Arbeitsfolge:

1. Verlegen des Wandanschlussprofils
2. Montage der Kappleiste
3. Verlegen der Dachdeckung

3.5.3 Wandanschluss für Dachstein-/Ziegeldeckung, unterdeckend, rund

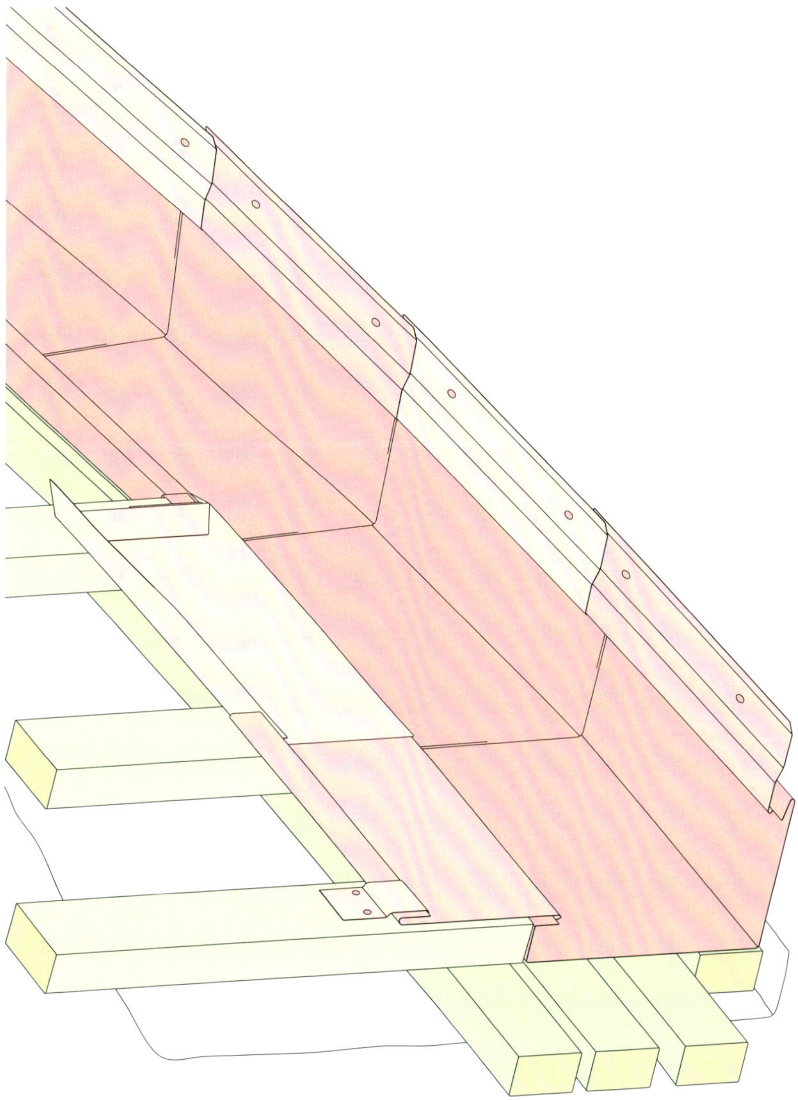

Beschreibung:

Der gerundete Wandanschluss für eine Dachstein-/Ziegeldeckung ist mit einem segmentierten unterdeckenden Profil im Prinzip einer vertieften Ortgangrinne ausgeführt. Er bildet den Übergang zu einer Außenwand, dessen regensicherer Abschluss mit einem eingefalzten Wandanschlussprofil erfolgt. Das sechsfach gekantete Profil ist indirekt mittels Haftstreifen an der Holzunterkonstruktion befestigt.

Arbeitsfolge:

1. Verlegen des Wandanschlussprofils
2. Montage der Kappleiste
3. Verlegen der Dachdeckung

3.5.4 Kaminverwahrung traufseitiger Anschluss

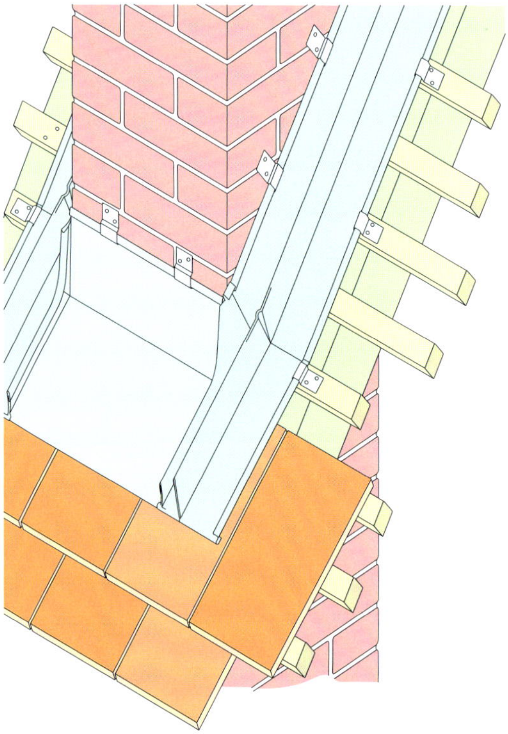

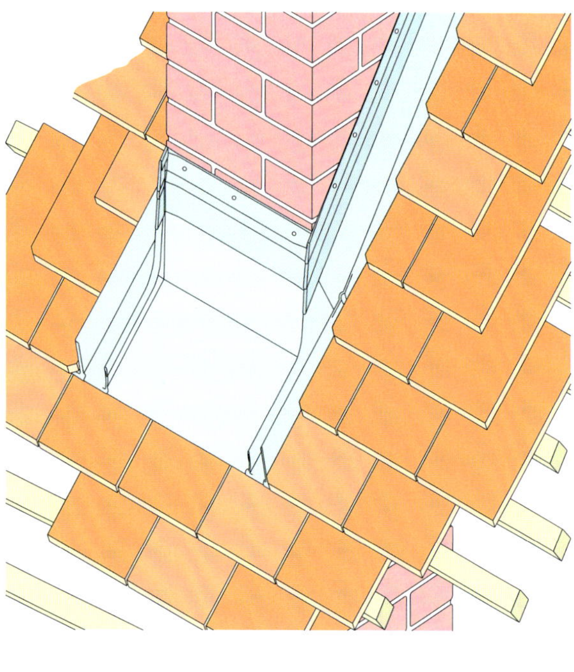

Beschreibung:

Dieses Detail zeigt den traufseitigen und seitlichen Anschluss der Verwahrung eines gemauerten Kamins. Der Anschluss der Seitenbleche an die Biberdeckung erfolgt mit einem Anschlussprofil mit Mittelsteg. Dies bietet einen freien Wasserlauf zwischen Aufkantung und Steg von ca. 40 mm, wobei die Deckung bis zum Steg herangeführt wird. Die Umfalzungen des Profils dienen zur Befestigung mit Haften und dachseitig zur Wasserführung. Die regendicht befestigten Kappleisten werden in den Rückfalz des Anschlussprofils eingefalzt oder überdecken diesen. Brust- und Seitenbleche schließen bei Überdeckung der Biberdeckung bündig ab. Deren Verbindung erfolgt im handwerklichen Doppelstehfalzsystem und mittels Quetschfalz im Knickpunkt – ohne Einschnitte und Löttechnk.

Arbeitsfolge:

1. Eindecken der Dachflächen bis zum aufgehenden traufseitigen Anschluss des Kamins
2. Montage von Brust-, Seiten- und Kehlblechen
3. regendichte Überdeckung der Verwahrung mittels Kappleiste
4. Fortsetzen der Dacheindeckung

3.5.5 Mauerecke traufseitiger Anschluss

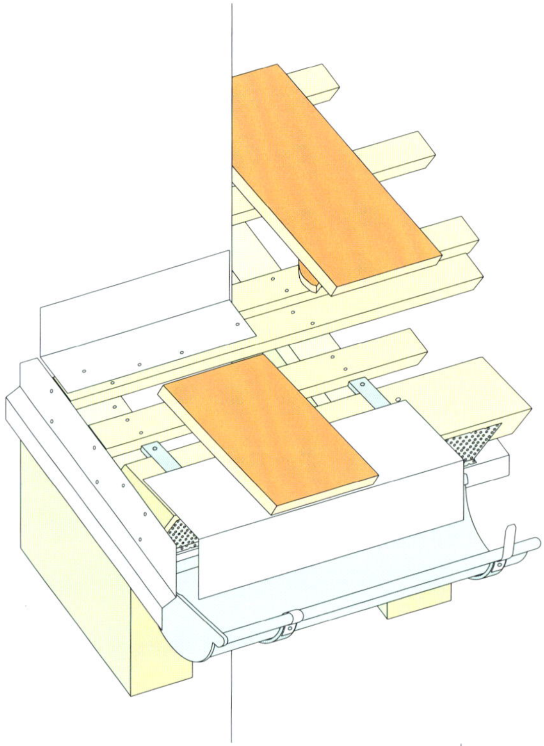

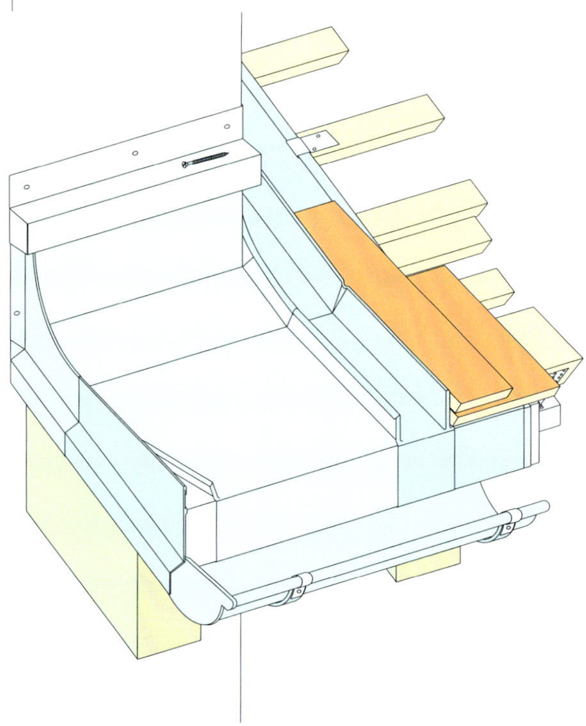

Beschreibung:

Dieses Detail zeigt die traufseitige und seitliche Verwahrung einer Mauerecke mit Traufen- und Ortgangabschluss. Der Anschluss des Seitenbleches an die Biberdeckung (rechts) erfolgt mit einem Anschlussprofil mit Mittelsteg. Dies bietet einen freien Wasserlauf zwischen Aufkantung und Steg von ca. 40 mm, wobei die Deckung bis zum Steg herangeführt wird. Die Umfalzungen des Profils dienen zur Befestigung mit Haften und dachseitig zur Wasserführung. Das zweite Seitenblech (links) ist als Ortgangblende ausgeführt. Die regendicht befestigten Kappleisten werden in den Rückfalz des Anschlussprofils eingefalzt oder überdecken diesen. Brust- und Seitenblech schließen bündig am bzw. als Traufblech ab. Deren Verbindung erfolgt im handwerklichen Doppelstehfalzsystem und mittels Quetschfalz im Knickpunkt – ohne Einschnitte und Löttechnik.

Arbeitsfolge:

1. Montage der Rinne
2. Eindecken der Dachflächen bis zum aufgehenden traufseitigen Anschluss der Mauerecke
3. Montage von Brust-, Seiten-, Ortgang- und Kehlblechen
4. regendichte Überdeckung der Verwahrung mittels Kappleiste
5. Fortsetzen der Dacheindeckung

4 Metallanschlüsse Flachdach

Ob großflächige Gewerbeobjekte, Bungalows, Balkone oder Dachterrassen – Flachdachabdichtungen sind in der Bautechnik heute Standard und zählen für die meisten Dachhandwerker zum Leistungsspektrum. Dabei kommen an Randabschlüssen, aufgehenden Wänden, Rinnentraufen und sonstigen Durchdringungen vielfach Metallprofile zum Einsatz. In diesem Kapitel wird anhand verschiedener Bausituationen dargestellt, wie Metallanschlüsse richtig eingesetzt werden können und schadlos Dehnungsbewegungen aufnehmen.

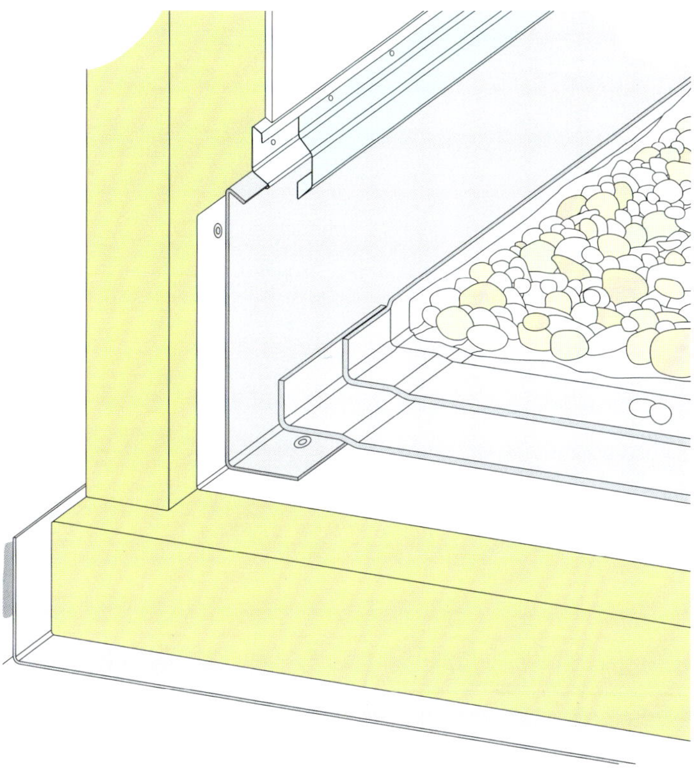

Zur Herstellung regendichter Flachdachanschlüsse werden meistens Metallprofile eingesetzt. Dabei kommt es auf die schadlose Aufnahme von Dehnungsbewegungen an.

4.1 Flachdachübergänge

4.1.1 Übergang Steildach/Flachdach

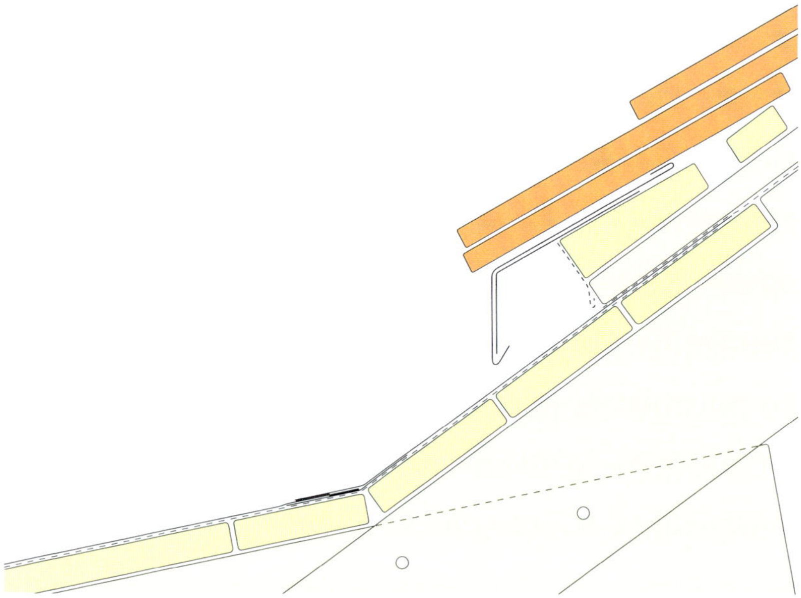

Beschreibung:

Aufgrund eines Neigungswechsels in einen sehr flach geneigten Bereich, beispielsweise einer Dachgaube, ergibt sich dieser Übergang vom Steildach zur Flachdachabdichtung. Die Abdichtung ist bis weit unter der Lattung hochgeführt und wird von einer Unterspann- bzw. Unterdeckbahn überlappt. Die Steildachdeckung endet mit einem Traufblech, das mit einem Vorstoßblech stabilisiert ist. Die Zuluftöffnung ist mit einem Lochblech als Kleintierschutz abgedeckt.

Arbeitsfolge:

1. Verlegen der Dachabdichtung
2. Montage der Lattungen, Unterspann- bzw. Unterdeckbahnen und Traufbohlen
3. Montage der Loch- und Traufbleche
4. Verlegen der Steildachdeckung

4.1.2 Übergang Steildach/Flachdach, senkrechter Anschluss

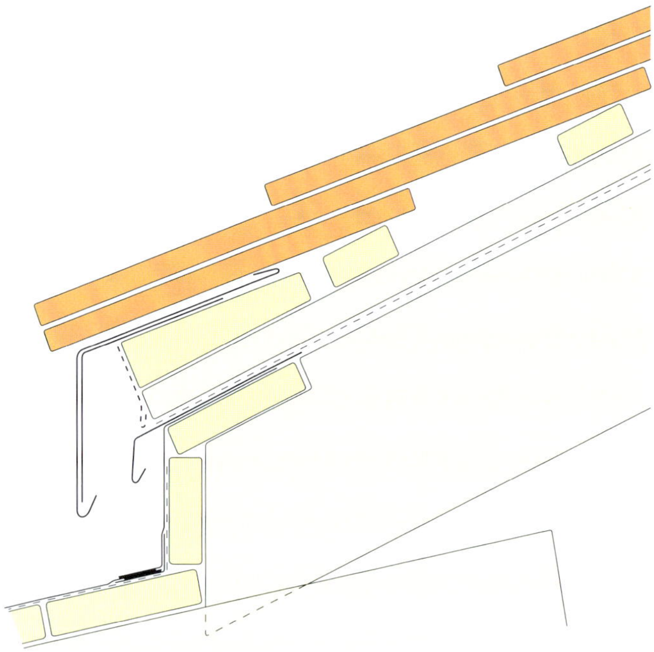

Beschreibung:

Ebenfalls aufgrund eines Neigungswechsels in einen sehr flach geneigten Bereich, beispielsweise einer Dachgaube, ergibt sich dieser Übergang vom Steildach zur Flachdachabdichtung, jedoch mit einer senkrechten Aufkantung am Sparrenkopf. Die Abdichtung ist hieran hochgeführt und endet auf der Traufenschalung. Darauf befestigt ist ein Tropfblech, an das die Unterspann- bzw. Unterdeckbahn angeschlossen ist; es folgen die für die Deckung erforderlichen Lattungen und Traufbohlen. Die Steildachdeckung endet mit einem Traufblech, das mit einem Vorstoßblech stabilisiert ist. Die Zuluftöffnung ist mit einem Lochblech als Kleintierschutz abgedeckt.

Arbeitsfolge:

1. Verlegen der Dachabdichtung und der Tropfbleche
2. Verlegen der Unterspann- bzw. Unterdeckbahnen mit Anschluss an das Tropfblech
3. Montage der Lattungen und Traufbohlen
4. Montage der Trauf- und Lochbleche
5. Verlegen der Steildachdeckung

4.1.3 Übergang Flachdach/Metalldach

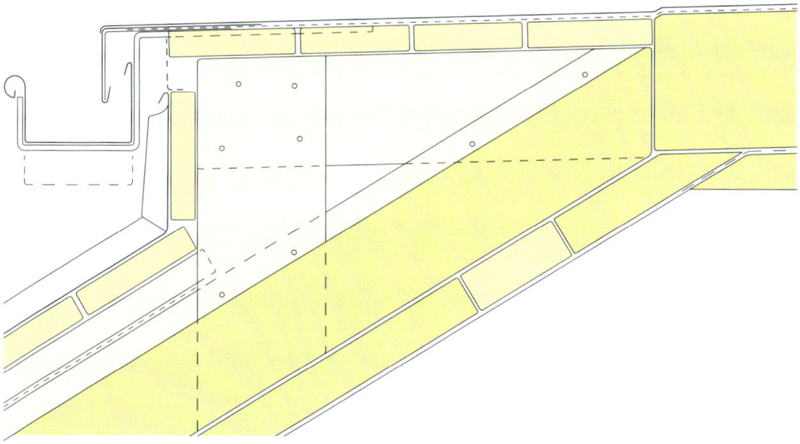

Beschreibung:

Diese Flachdachabdichtung entwässert nicht direkt auf die darunter angeordnete Metalldeckung, sondern in eine Kastenrinne. Das Dachwasser wird hierüber kontrolliert in eine Regenfallleitung abgeleitet. Somit werden im Niederschlagswasser mitgeführte Verunreinigungen oder korrosionsfördernde Stoffe kontrolliert in das Leitungssystem geführt. Der wasserdichte Anschluss der Abdichtung erfolgt an ein Traufblech, bei Kunststoffbahnen an ein Verbundblech. Die steil geneigte Metalldeckung ist mittels Quetschfalz an einem Stirnbrett bis zur Be- bzw. Entlüftungsöffnung hochgeführt und schließt mit einer Kantung als Schutz vor Flugschnee ab. Die Lüftungsöffnung ist mit einem Lochblech als Kleintierschutz abgedeckt.

Arbeitsfolge:

1. Montage des Kleintierschutzes
2. Verlegen der Metalldeckung mit ggf. erforderlichen Trennlagen
3. Montage der Dachrinnen mit eingelassenen Rinnenträgern
4. Verlegen der Dachabdichtung mit wasserdichtem Anschluss an das Traufblech

4.1.4 Übergang Flachdach/Steildach

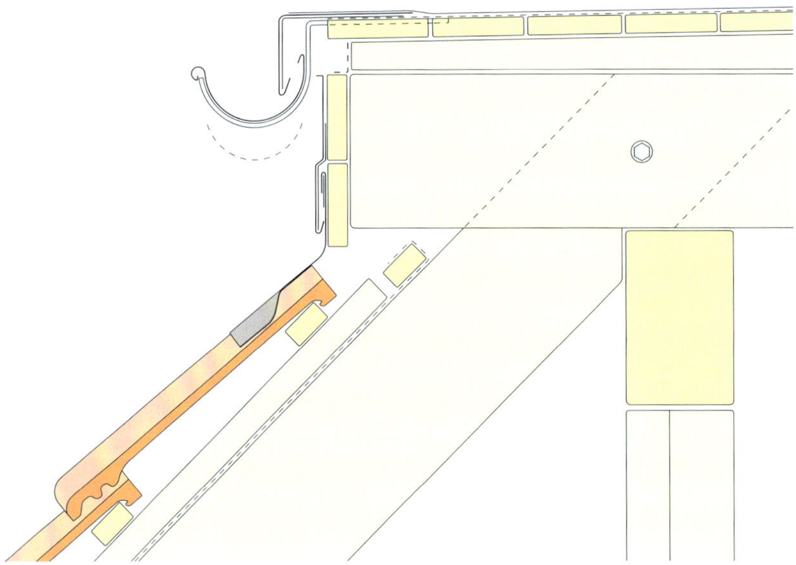

Beschreibung:

Die Flachdachabdichtung entwässert nicht direkt auf die darunter angeordnete Deckung aus Dachsteinen/Metalldeckung, sondern in eine halbrunde Dachrinne. Das Dachwasser wird hierüber kontrolliert in das Leitungssystem geführt. Der wasserdichte Anschluss der Abdichtung erfolgt an ein Traufblech, bei Kunststoffbahnen an ein Verbundblech. Die steil geneigte Dachdeckung endet an einem Stirnbrett und ist mit einem daran befestigten und an die Dachdeckung angeformten Weichmetallstreifen überdeckt. Das Stirnbrett ist mit einer indirekt mittels Haften und Vorstoßblechen befestigten Blende bekleidet und bis zur Be- bzw. Entlüftungsöffnung hochgeführt. Sie schließt mit einer Kantung als Schutz vor Flugschnee ab; die Lüftungsöffnung ist mit einem Lochblech als Kleintierschutz abgedeckt.

Arbeitsfolge:

1. Verlegen der Dachdeckung
2. Montage des Kleintierschutzes, Weichmetallstreifens und der Stirnblende
3. Montage der Dachrinnen mit eingelassenen Rinnenträgern
4. Verlegen der Dachabdichtung mit wasserdichtem Anschluss an das Traufblech

4.1.5 Übergang Flachdach(-Ortgang)/Steildach

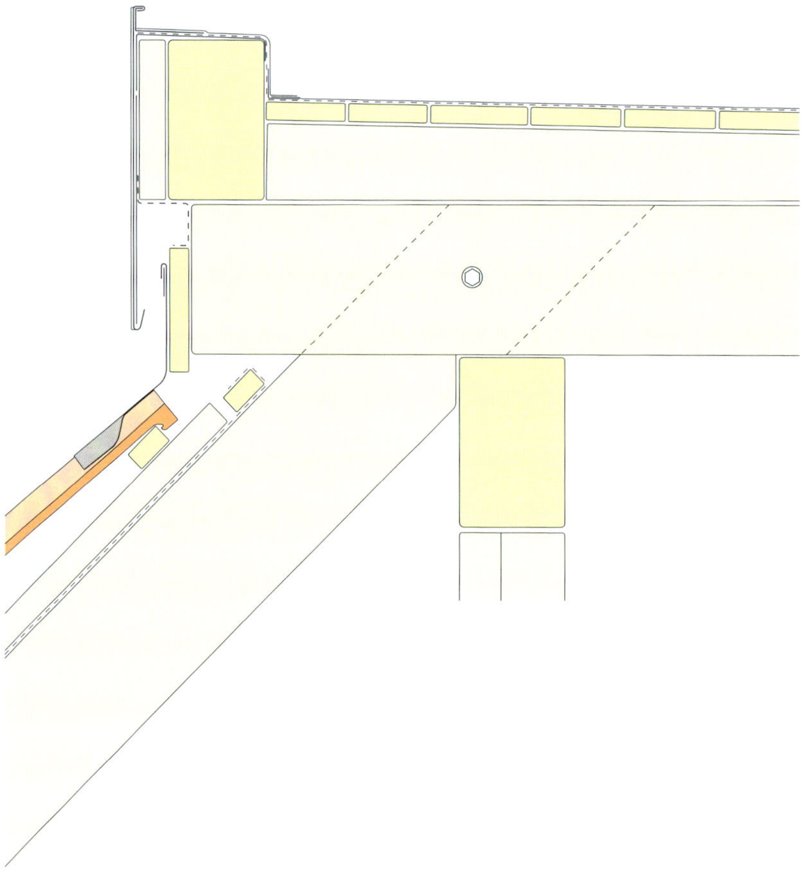

Beschreibung:

Bei dieser Variante eines Übergangs zum Steildach entwässert die Flachdachabdichtung in einen Gully mit Innenentwässerung. Der wasserdichte Anschluss der Abdichtung an den Dachrand erfolgt mittels Verbundblech, dessen Außenkante als unterdeckender Winkelstehfalz geformt ist. Das Ortgangbrett ist mit einer indirekt mittels Haften und Vorstoßblechen befestigten Blende bekleidet und mit dem Verbundblech der Abdichtung verfalzt.

Die steil geneigte Dachdeckung endet an einem Stirnbrett und ist mit einem daran befestigten und an die Dachdeckung angeformten Weichmetallstreifen überdeckt. Die darüber angeordnete Be- bzw. Entlüftungsöffnung ist mit einem Lochblech als Kleintierschutz abgedeckt.

Arbeitsfolge:

1. Verlegen der Dachdeckung
2. Montage des Kleintierschutzes und Weichmetallstreifens
3. Verlegen der Dachabdichtung mit wasserdichtem Anschluss an das Ortgang-Verbundblech
4. Montage der Ortgangblende

4.2 Flachdach-Randausbildungen

4.2.1 Maueranschluss Umkehrdach

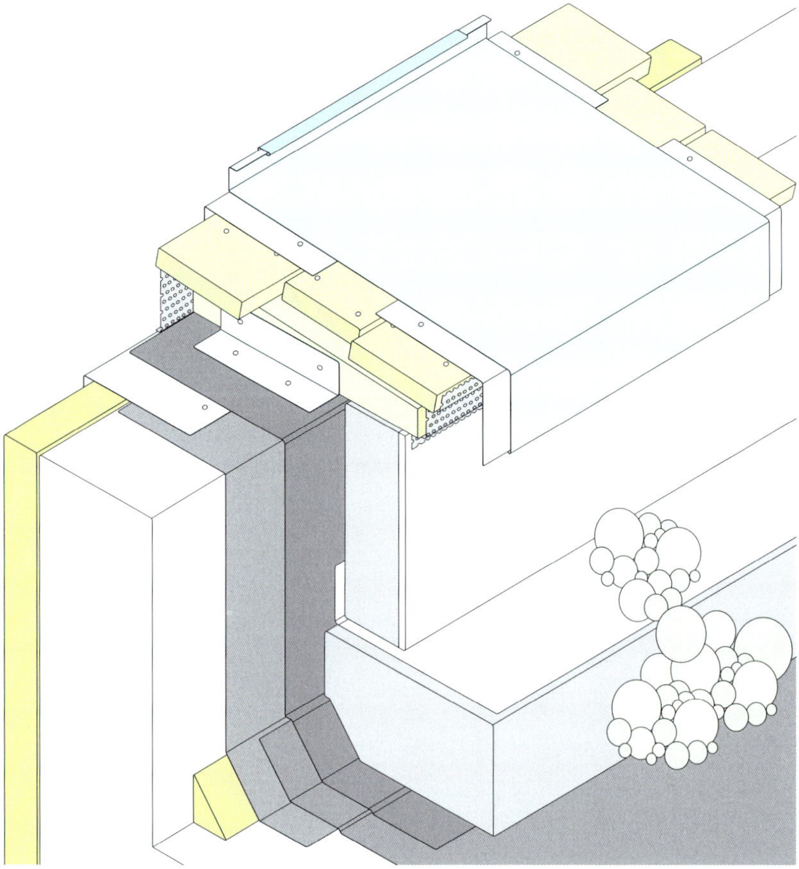

Beschreibung:

Das Detail zeigt den Maueranschluss einer Flachdachabdichtung mit darüber angeordneter Dämmung und weiteren Funktionsschichten (Umkehrdach). Die Abdichtung ist bis zum Anschlussprofil der Mauerkrone geführt und hiermit wasserdicht verbunden. Das Anschlussprofil überkragt die Dämmung der Außenwand und dient zugleich als Einhang für das Lochblech, das die Hinterlüftungsöffnung zur Mauerabdeckung überdeckt. Die Holzunterkonstruktion ist mit Gefälle-Knaggen und Schalungsbrettern erstellt und die Knaggen mit Stahlblechwinkeln auf dem Traggrund fixiert. Auch flachdachseitig dient ein Lochblech zwischen Dämmung und Holzkonstruktion als Kleintierschutz.
Die Mauerabdeckung ist zweiteilig ausgeführt, bestehend aus dachseitiger Abdeckung mit angeformtem, unterdeckendem Winkelstehfalz und außenwandseitiger Blende als überdeckendem Profil. Durchlaufende Vorstoßbleche dienen zur indirekten Befestigung der Mauerabdeckung, die freie temperaturbedingte Dehnungsbewegungen ermöglichen.

Arbeitsfolge:

1. Dachabdichtung mir wasserdichtem Anschluss des Verbundbleches
2. Verlegen der Dämmung und sonstiger Funktionsschichten
3. Herstellen der Unterkonstruktion mit Gefälle zum Flachdach
4. Montage der Mauerabdeckung

4.2.2 Mauerabdichtung mit Verbundblech

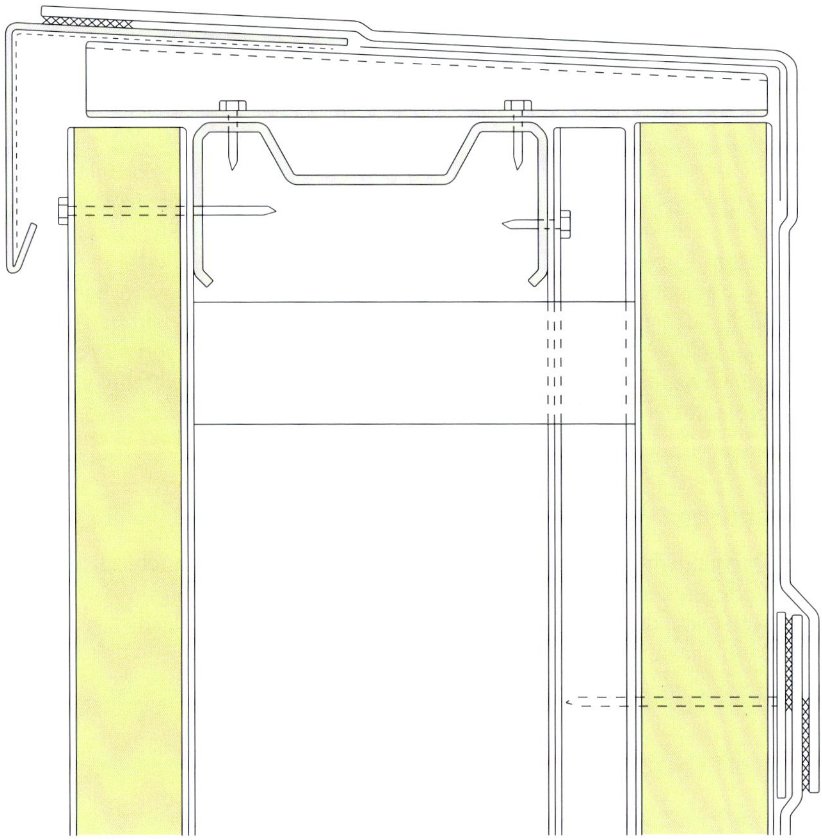

Beschreibung:

Diese Abdeckung der Mauerkrone einer Metall-Leichtbauwand ist in die Flachdachabdichtung integriert. Dabei erfolgte der wasserdichte Anschluss der Dichtungsbahnen an das außenwandseitig überdeckende Dachrandprofil aus Verbundblech. Auch die Unterkonstruktion besteht aus Metallprofilen und ist mit Gefälle zum Dach ausgeführt.

Arbeitsfolge:

1. Erstellen der Außenwände mit allen Funktionsschichten
2. Herstellen der Gefällekonstruktion für die Mauerabdeckung
3. Montage des überdeckenden Dachrandprofils aus Verbundblech
4. Herstellen der Dachabdichtung, wasserdichter Anschluss an das Dachrandprofil

4.2.3 Mauerabdichtung mit Dachrand-Klemmprofil

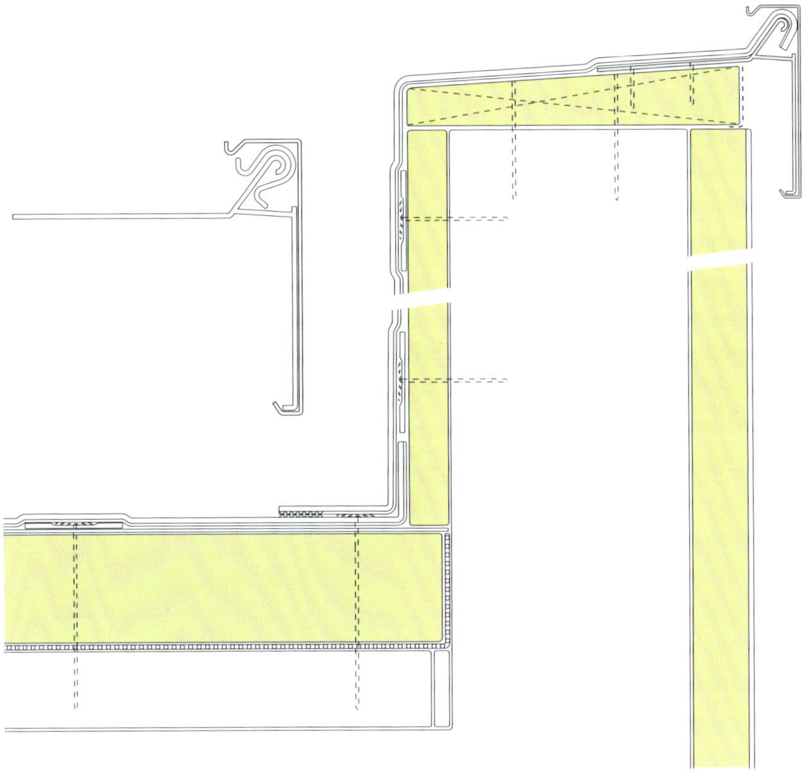

Beschreibung:

Wie in 4.2.2 beschrieben, ist auch diese Abdeckung der Mauerkrone in die Flachdachabdichtung integriert. Dabei erfolgte jedoch der wasserdichte Anschluss der Dichtungsbahnen an ein zweiteiliges, außenwandseitig überdeckendes Dachrand-Klemmprofil. Die Abdichtungsbahn wird, beispielsweise bei dieser Variante, über einen hochstehenden Wulst gerollt und mit dem Aufstecken der Blende durch Einklemmen fixiert. Dieses und ähnliche Systeme werden von unterschiedlichen Herstellern angeboten. Vorzugsweise erfolgt die Befestigung der Profile oder deren Systemhalterungen, je nach Ausführung, auf einer Holzunterkonstruktion.

Arbeitsfolge:

1. Erstellen bzw. Bekleiden der Außenwände mit allen Funktionsschichten
2. Herstellen der Gefällekonstruktion für die Mauerabdeckung
3. Montage des überdeckenden Dachrand-Klemmprofils
4. Herstellen Dachabdichtung, Anschluss an das Klemmprofil

4.3 Dachrand-Dehnungselemente

4.3.1 Einkopf-Dehnelement (industriell)

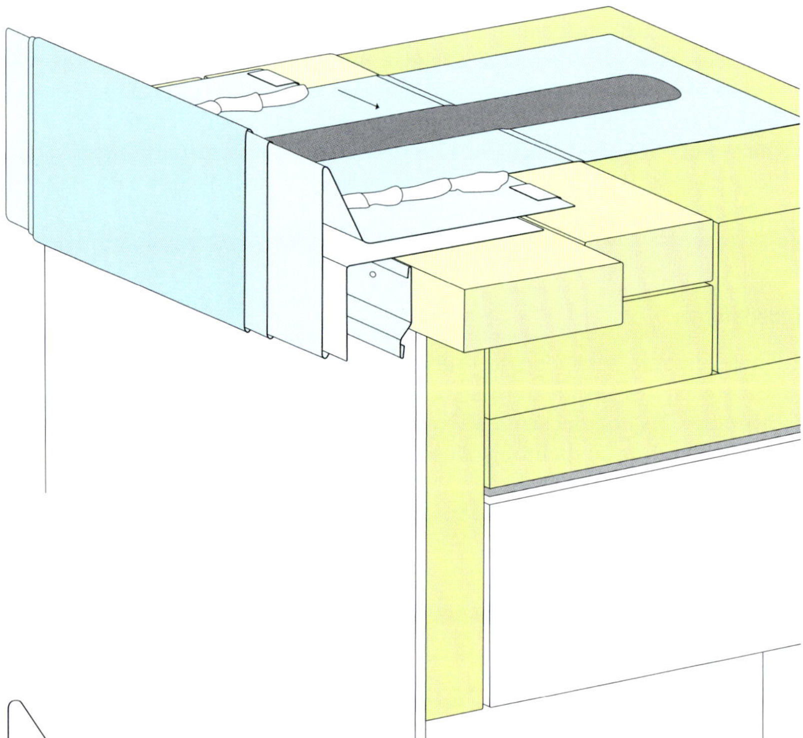

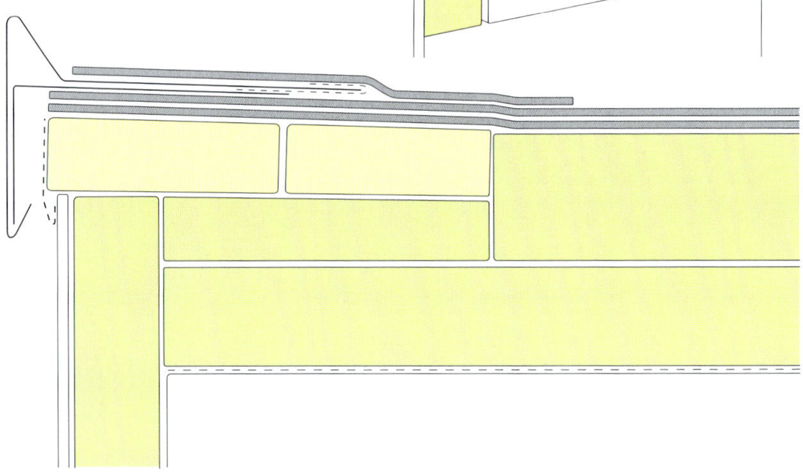

Beschreibung:

Um die schadlose Aufnahme von Dehnungsbewegungen an Dachrandprofilen für Flachdachabdichtungen sicherzustellen, kommen auch industriell hergestellte Einkopf-Dehnungselemente zum Einsatz, wie dieses Beispiel eines Dachrandabschlusses zeigt. Die in das Blech integrierte Dehnungseinlage des Elementes, zumeist Neopren, besitzt ein mit Blech geschlossenes Ende, das als Anschlussflansch für die Dichtungsbahn vorgesehen ist. Beim Einbau und Eindichten der Bewegungsausgleicher darf keine Wärme auf die Neopreneinlage übertragen werden. Der Kontakt mit offener Flamme ist zu vermeiden. Das Dehnungselement ist wie das Dachrandprofil gekantet und verbindet 2 getrennte Einzellängen. Die Kantungen sollten vorzugsweise mittels Segmentbiegemaschinen hergestellt werden, deren Biegewangen den Neoprenbereich aussparen. Die Befestigung am Dachrand erfolgt indirekt mittels durchlaufender Vorstoßbleche und dachseitig mit Haften. Die Neoprene sind aus optischen Gründen mit einer Blendenkappe überdeckt.

Arbeitsfolge:

1. Montage der Vorstoßbleche
2. Planen und Festlegen der Dehnungsabstände
3. Verlegen der Dachrandprofile
4. Einbau der Dehnungselemente
5. Montage der Abdeckkappen an Dehnungselemente
6. Verlegen der Flachdachabdichtung

4.3.2 Einkopf-Dehnelement (handwerklich), schräge Ausführung ohne Steg

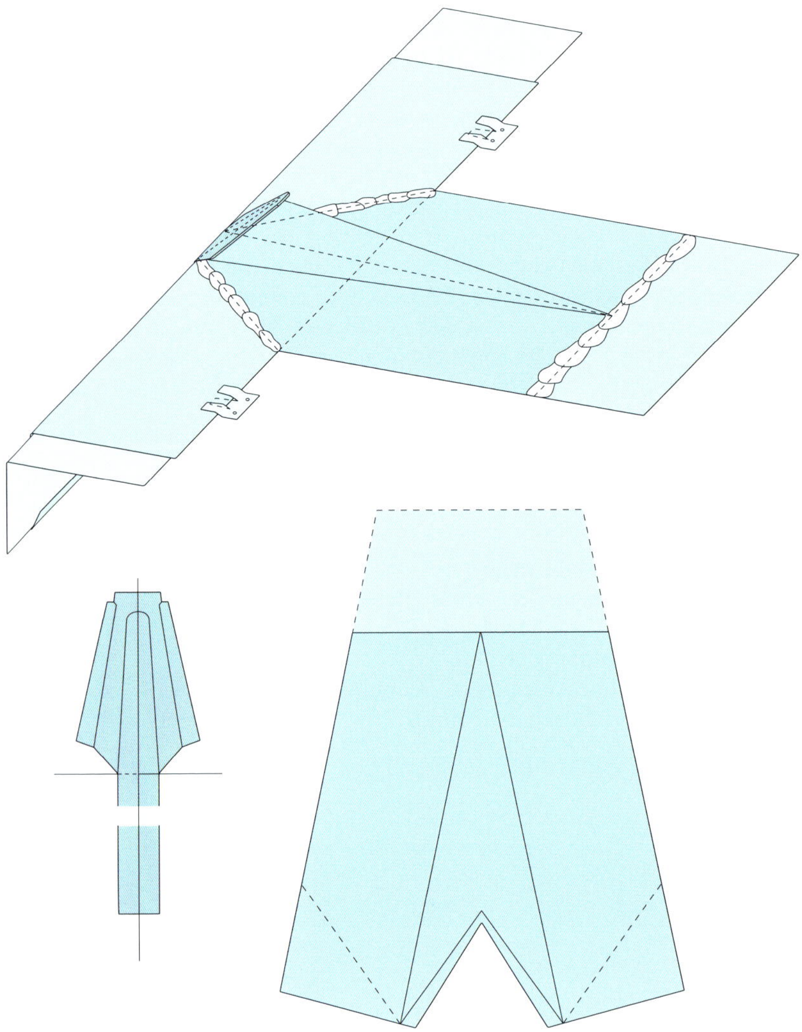

Beschreibung:

Dieses Bauteil zeigt einen handwerklich hergestellten Einkopf-Dehnungsausgleicher für eine Dachrandausbildung ohne Steg sowie deren Abwicklung als Herstellungshilfe. Diese Ausführung stellt mit seinem Dreikant als Federsteg die schadlose Aufnahme von Dehnungsbewegungen an Dachrandprofilen sicher. Der Glattblechbereich um den Dreikant dient als Anschlussfläche für die Dichtungsbahnen der Flachdachabdichtung. Beim Eindichten der Bewegungsausgleicher ist darauf zu achten, dass sie durch Lötverbindungen nicht überhitzt werden und sich lösen. Das Dehnungselement ist wie das Dachrandprofil gekantet und verbindet 2 getrennte Einzellängen. Die Befestigung am Dachrand erfolgt indirekt mittels durchlaufender Vorstoßbleche und dachseitig mit Haften. Der offene Federsteg ist mit einer Kappe abdeckt.

Arbeitsfolge:

1. Montage der Vorstoßbleche
2. Planen und Festlegen der Dehnungsabstände
3. Verlegen der Dachrandprofile
4. Einbau der Dehnungselemente
5. Verlegen der Flachdachabdichtung

4.3.3 Einkopf-Dehnelement (handwerklich), senkrechte Ausführung mit Steg

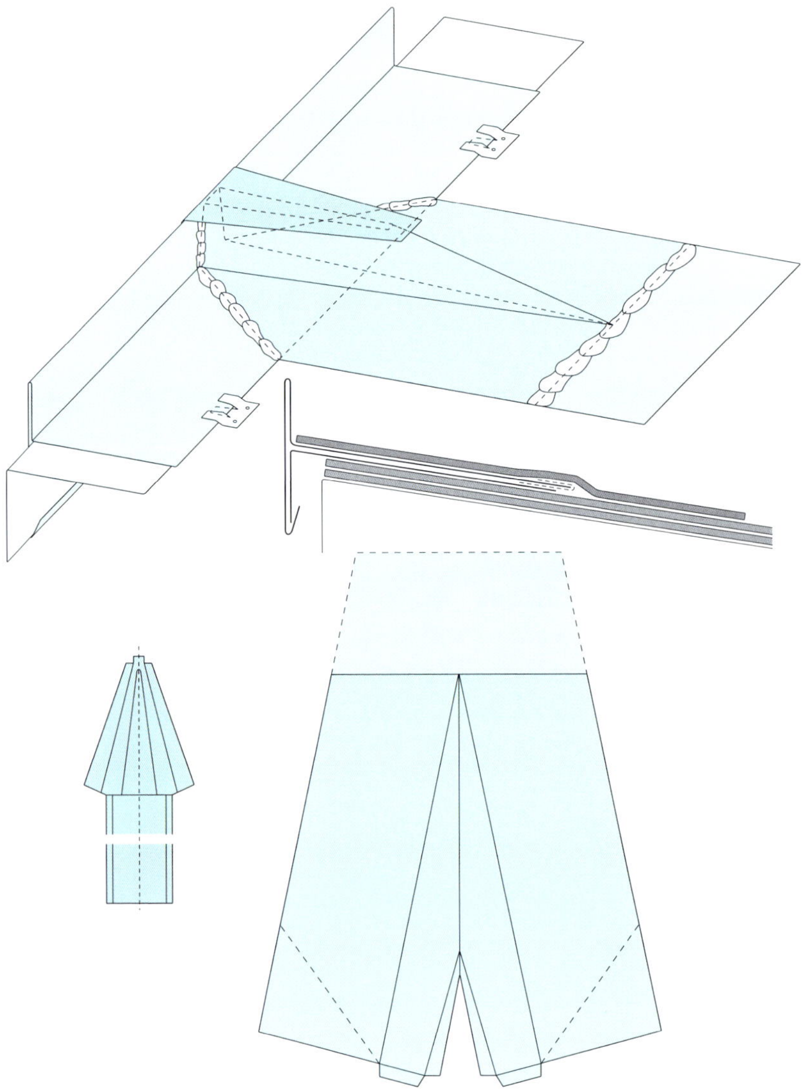

Beschreibung:

Dieses Bauteil zeigt einen handwerklich hergestellten Einkopf-Dehnungsausgleicher für eine Dachrandausbildung mit Steg sowie deren Abwicklung als Herstellungshilfe. Diese Ausführung stellt mit seinem Dreikant als Federsteg die schadlose Aufnahme von Dehnungsbewegungen an Dachrandprofilen sicher. Der Glattblechbereich um den Dreikant dient als Anschlussfläche für die Dichtungsbahnen der Flachdachabdichtung. Beim Eindichten der Bewegungsausgleicher ist darauf zu achten, dass sie durch Lötverbindungen nicht überhitzt werden und sich lösen. Das Dehnungselement ist wie das Dachrandprofil gekantet und verbindet 2 getrennte Einzellängen. Die Befestigung am Dachrand erfolgt indirekt mittels durchlaufender Vorstoßbleche und dachseitig mit Haften. Der offene Federsteg ist mit einer Kappe abdeckt.

Arbeitsfolge:

1. Montage der Vorstoßbleche
2. Planen und Festlegen der Dehnungsabstände
3. Verlegen der Dachrandprofile
4. Einbau der Dehnungselemente
5. Verlegen der Flachdachabdichtung

4.4 Flachdach-Wandanschlüsse

4.4.1 Wandanschluss an WDVS

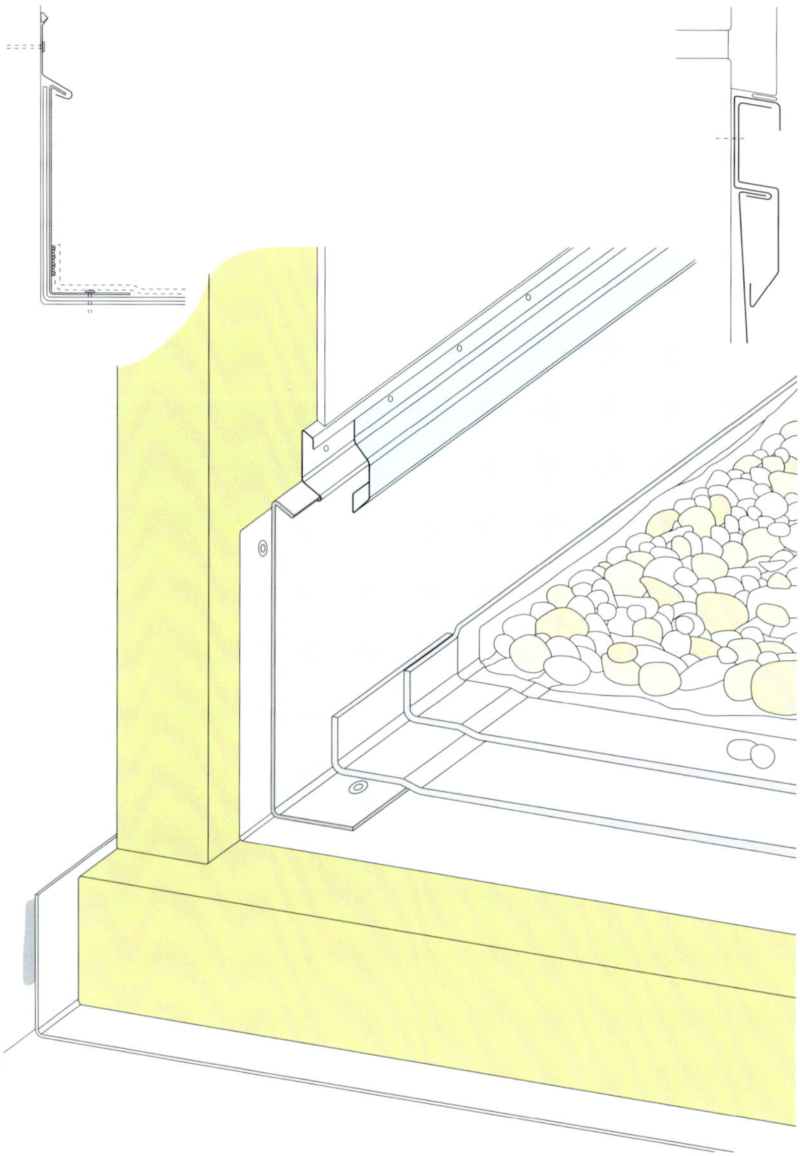

Beschreibung:

Dieser Wandanschluss einer Flachdachabdichtung grenzt an eine Außenwand mit Wärmedämmverbundsystem (WDVS). Die Abdichtung besteht aus einer Kunststoffbahn, die wasserdicht an ein senkrechtes Verbundblech angeschlossen ist. Die regensichere Überdeckung des Verbundbleches erfolgt mit einem systemkompatiblen, eingeputzten Aluminium-Strangpressprofil, in das eine passende Kappleiste aus Dünnblech eingesteckt wird.

Arbeitsfolge:

1. Montage des Verbundbleches
2. Verlegen der Flachdachabdichtung
3. Setzen der Wandanschlussschiene

4.4.2 Wandanschluss an verputztem/gefugtem Mauerwerk

Beschreibung:

Der Dachaufbau der begrünten Flachdachabdichtung grenzt an eine Außenwand mit verputztem Mauerwerk. Die Abdichtung besteht aus einer Kunststoffbahn, deren untere Lage mit einem winkligen Verbundblech verklebt bzw. verschweißt ist. Die zweite Lage ist an die aufgehende Wand geführt und mit der unteren Bahn verbunden. In Beispiel 1 erfolgt die Fixierung mithilfe eines an der Wand befestigten und abgedichteten Verbundbleches, an das die Bahn angeklebt bzw. angeschweißt ist. Ein beidseitig mit einem Umschlag versehenes vorgestelltes Blech schützt die Bahn vor Beschädigungen. Für die regensichere Überdeckung sorgt eine eingeputzte Kappleiste.

Bei Variante 2 ist die aufgehende Bahn, innerhalb einer Nische hochgeführt, an einem Verbundblech gegen Abrutschen gesichert. Die überdeckende Kappleiste ist hier in die Mauerfuge eingelassen und abgedichtet.

Arbeitsfolge:

1. Montage der Verbundbleche
2. Verlegen der Flachdachabdichtung mit Anschluss an das Winkelprofil
3. Verlegen der senkrechten Anschlussbahn
4. Aufstellen der Schutzbleche
5. Befestigen und Abdichten der Kappleisten

4.4.3 Wandanschlüsse/Kappleisten

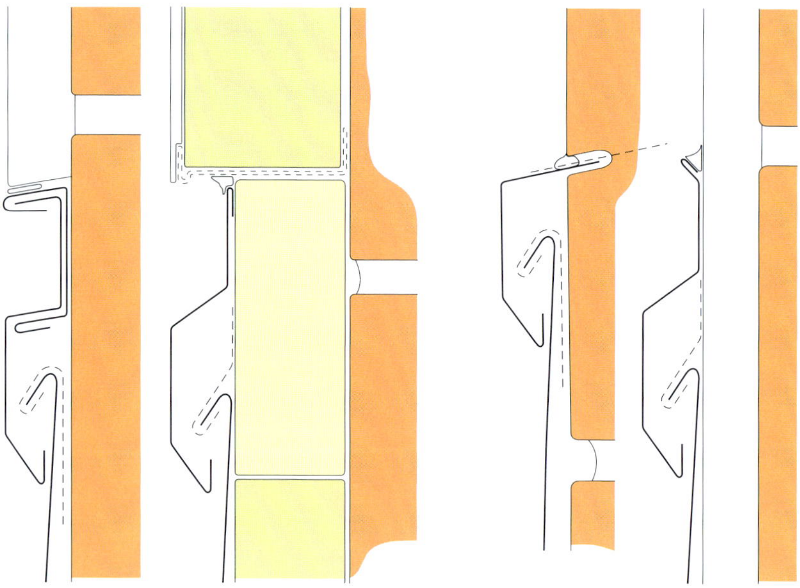

1) 2) 3) 4)

Beschreibung:

Diese Detailabbildungen zeigen unterschiedliche Einbausituationen von Wandkappleisten für die regensichere Überdeckung aufgehender Anschlüsse aus Abdichtungsbahnen oder aus Metall.

Varianten (von links):

1. Systemkappleiste für WDVS, eingeputzt
2. Kappleiste für WDVS in einer Nische
3. Kappleiste in gefrästem Mauerschlitz
4. Aufgesetzte Wandkappleiste

4.5 Flachdach-Entwässerungen

4.5.1 Flachdach-Notüberlauf

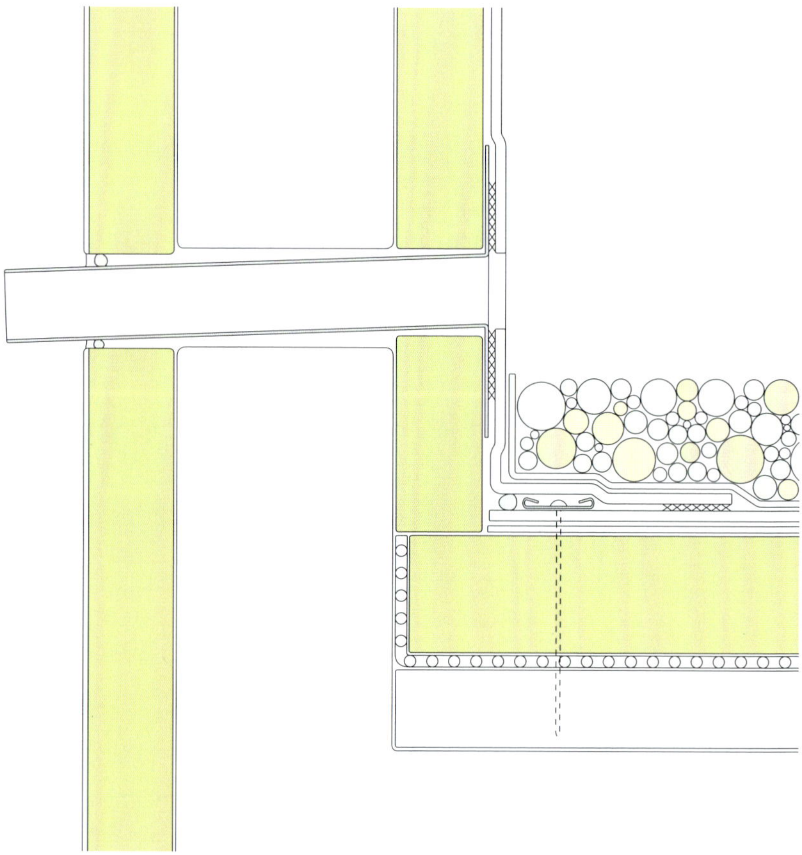

Beschreibung:

Dieses Detail zeigt den Anschluss der Flachdachabdichtung an eine gedämmte Außenwand mit Notüberlauf. Das normengerecht dimensionierte kastenförmige Rohr entwässert auf schadlos überflutbare Flächen. Die Einfassung erfolgt mithilfe eines Rohrflansches mit wasserdichtem Anschluss an die Flachdachabdichtung.

Arbeitsfolge:

1. normengerechtes (auf Grundlage der DIN EN 12056-3 in Verbindung mit DIN 1986-100) Planen und Anordnen der erforderlichen Notüberläufe
2. Herstellen der Maueröffnungen
3. Herstellen des Dach- und Wandaufbaus mit den erforderlichen Funktionsschichten und Abdichtungsbahnen

4.5.3 Balkon-/Terrassenentwässerung außen liegend

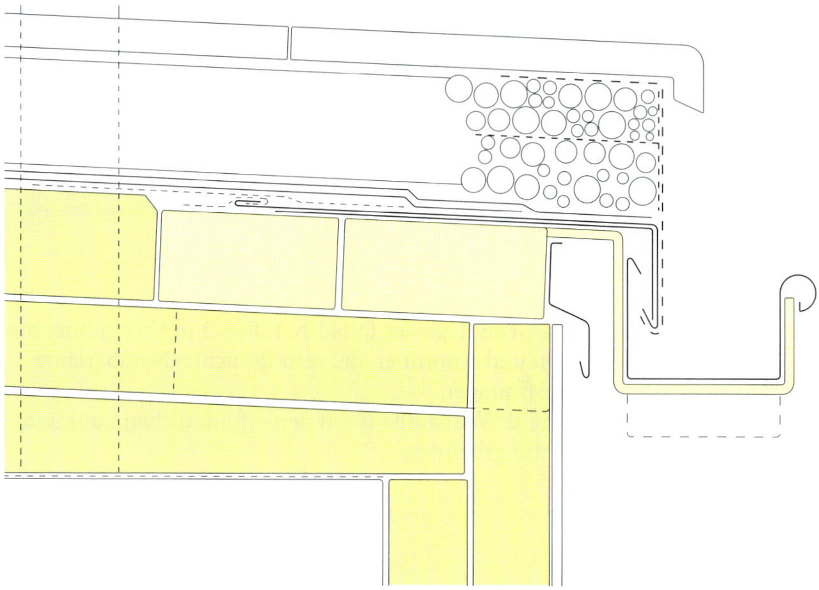

Beschreibung:

Dieses begehbare Flachdach eines Anbaus besteht aus den Funktionsschichten Dampfsperre, Dämmung, Abdichtung, Distanzkonstruktion und einem Plattenbelag. Die Entwässerung erfolgt über ein Traufblech mit Vorstoßwinkel in eine vorgehängte Kastenrinne. Die Abdichtung ist wasserdicht an das Traufblech angeschlossen. Die Dämmebene ist unterhalb der Kastenrinne mit einem Metallprofil als Sicht- und Marderschutz abgedeckt. Ein Lochprofil zwischen Traufblech und Plattenbelag deckt die Distanzkonstruktion optisch ab und ermöglicht dabei den Wasserabfluss aus dem Flachdachaufbau.

Arbeitsfolge:

1. Verlegen der Dampfsperre und der Dämmung
2. Ausbilden des Traufbereiches mit ca. 10 mm abgesenkter Traufbohle
3. Montage des Metallprofils als Abdeckung der Dämmung
4. Montage der Dachrinne
5. Montage der Distanzkonstruktion mit Traufenabschluss (Lochprofil)
6. Verlegen des Plattenbelages

4.5.4 Balkon-/Terrassenentwässerung unter Geländer

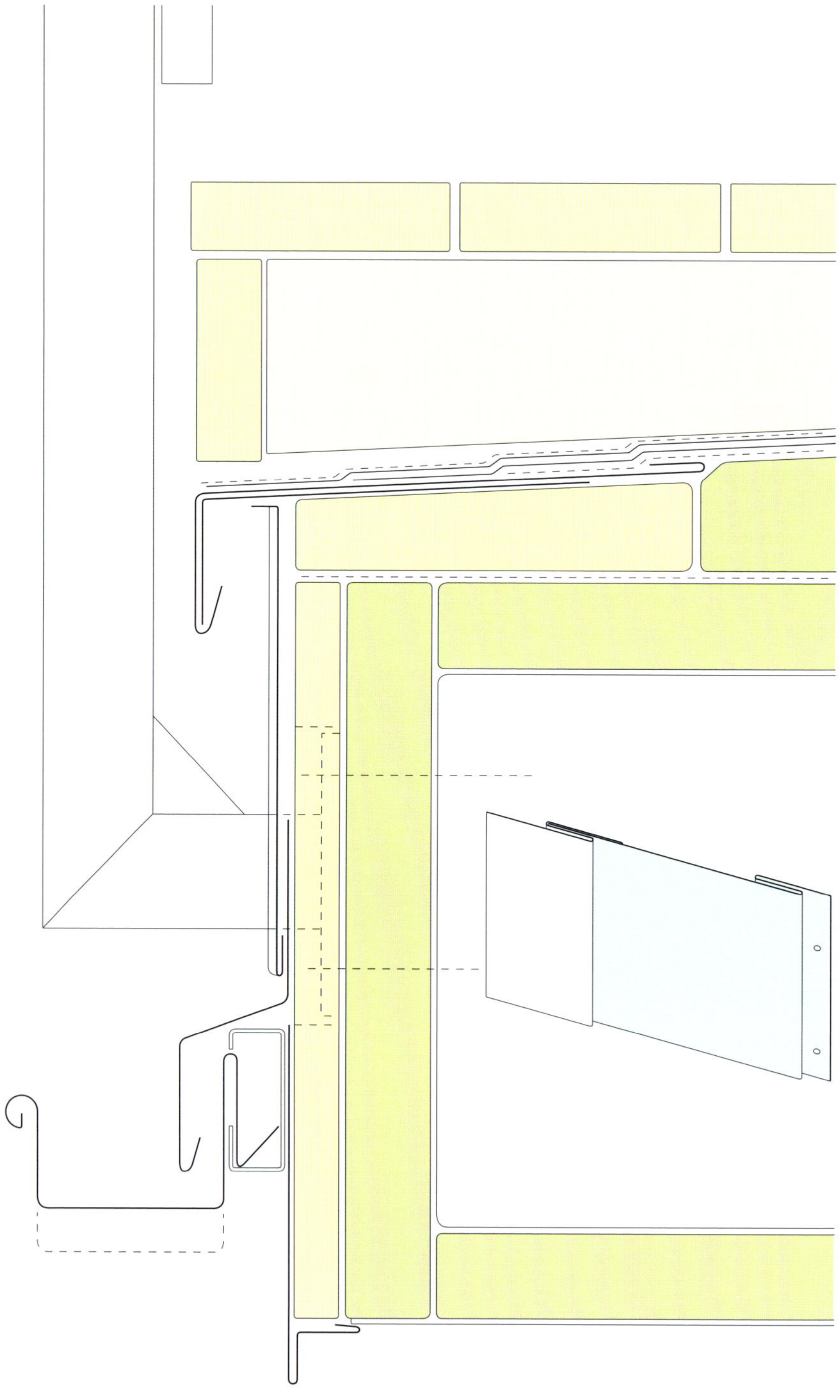

Beschreibung:

Diese Balkon-/Terrassenabdichtung besteht aus den Funktionsschichten Dampfsperre, Dämmung und Abdichtung mit offener Distanzkonstruktion sowie einem begehbaren Belag als Holzkonstruktion. Die Entwässerung erfolgt über ein Traufblech mit Vorstoßwinkel in eine vorgehängte Kastenrinne, die unterhalb eines Schutzgeländers angeordnet ist. Das Geländer ist zugunsten eines durchdringungsfreien Dachaufbaus an der senkrechten Balkonblende befestigt. Die Abdichtung ist wasserdicht an das Traufblech angeschlossen. Zwischen Flachdachtraufe und Kastenrinne sind eine Metallblende sowie ein Rinnen-Einlaufprofil angeordnet.

Arbeitsfolge:

1. Montage der Geländerstützen
2. Verlegen der Dampfsperre und der Dämmung
3. Ausbilden des Traufbereiches mit ca. 10 mm abgesenkter Traufbohle
4. Verlegen der Abdichtungsbahnen mit Traufenanschluss
5. Montage der Dachrinne (hier: mit Halterschiene)
6. Montage des Rinnen-Einlaufprofils und der Steckfalzblende

5.1 Abdeckungen

5.1.1 Abdeckung in Stehfalztechnik

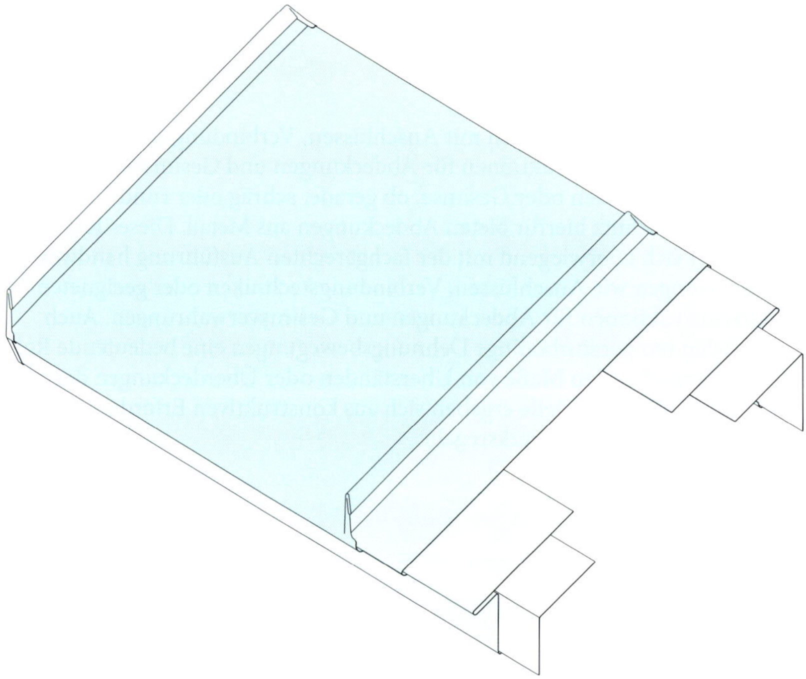

Beschreibung:

Optisch gestaltete oder gerundete Mauerabdeckungen können problemlos in handwerklicher Stehfalztechnik umgesetzt werden, wie in diesem Beispiel dargestellt. Die kleinteilige Segmentierung besteht aus schmalen Stehfalzscharen mit beidseitig stehend geradem Scharabschluss. Die Umfalzungen greifen wie an Dachtraufen in ein Traufen-Einhangblech, das mit einer für die Bausituation erforderlichen Abkantung versehen ist. Sie muss die zu schützenden Bauwerksteile technisch und optisch fachgerecht überdecken. Zur Lagesicherung dienen durchlaufende Vorstoßbleche, die auf dem jeweiligen leicht geneigten Untergrund, idealerweise Massivholz, fixiert werden. Bei gerundeten Mauerkronen kann die Montage segmentförmig mit konisch gekanteten Scharen erfolgen.

Arbeitsfolge:

1. (ggf.) Herstellung der Unterkonstruktion
2. Montage der Vorstoßbleche; erforderliche Überstände beachten!
3. Montage der Traufen-Einhangbleche
4. Verlegen der Schare, z. B. mit stehend geradem Scharabschluss

5.1.2 Abdeckungen, Randausbildungen

1)

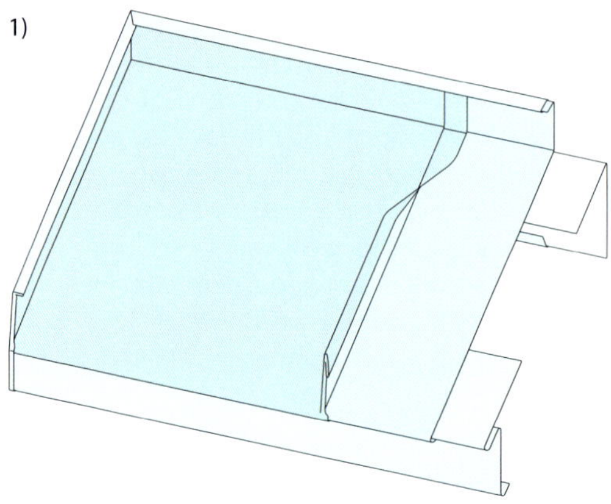

2)

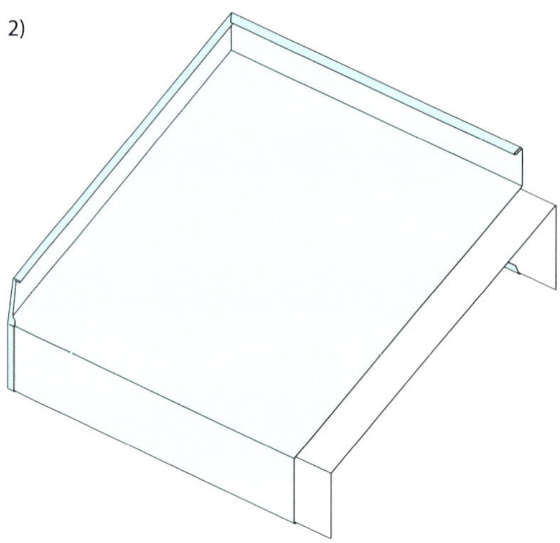

3)

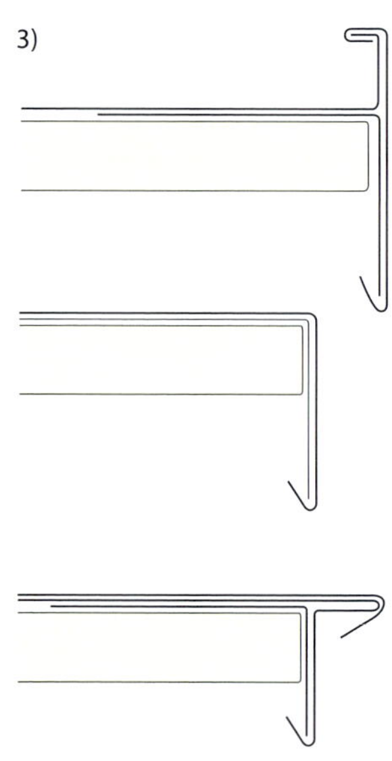

Beschreibung:

Anders als bei industriellen Lösungen können Klempner und Spengler mit ihren Möglichkeiten auch besondere Wünsche schnell und problemlos umsetzen – dies gilt auch für Variationen bei der Ausführung von Mauerabdeckungen. Ergänzend zur geneigten Abdeckung unter 5.1.1, Seite 186 zeigen diese Beispiele **verschiedene Profilvariationen** der Abkantungen:

1) Traufseitiger Einhang, firstseitige Aufkantung mit Blende

2) Traufseitige Abkantung, firstseitige Aufkantung

3) (von oben): Firstseitige Aufkantung mit Blende, first- und/oder traufseitige Abkantung, first- und/oder traufseitiger Einhang

Zur Lagesicherung aller Varianten dienen durchlaufende Vorstoßbleche, die auf dem jeweiligen Untergrund, idealerweise Massivholz, fixiert werden. Bei gerundeten Mauerkronen kann die Montage segmentförmig erfolgen. Grundsätzlich sind auch große Baulängen möglich, bei deren Befestigungs- und Verbindungstechniken jedoch die temperaturbedingten Dehnungsbewegungen besonders zu berücksichtigen sind. Siehe hierzu auch Beispiele unter 5.1.3, Seite 190.

Arbeitsfolge:

1. (ggf.) Herstellung der Unterkonstruktion
2. Montage der Vorstoßbleche; erforderliche Überstände beachten!
3. Montage der Traufen-Einhangbleche (zu 1))
4. Montage der Abdeckung

5.1.3 Verbindungsstöße

1)

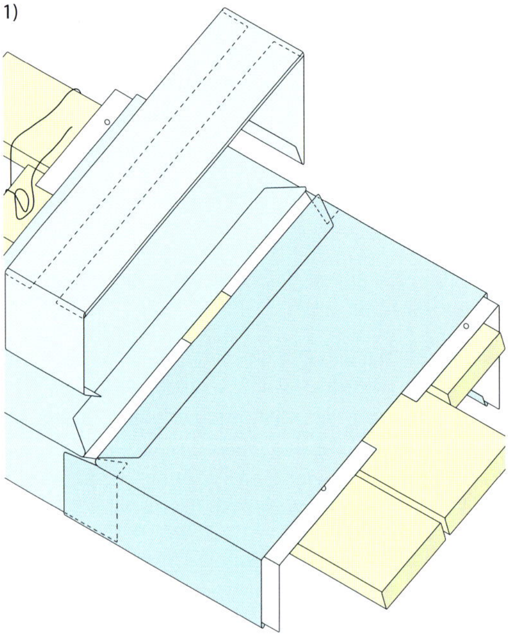

2)

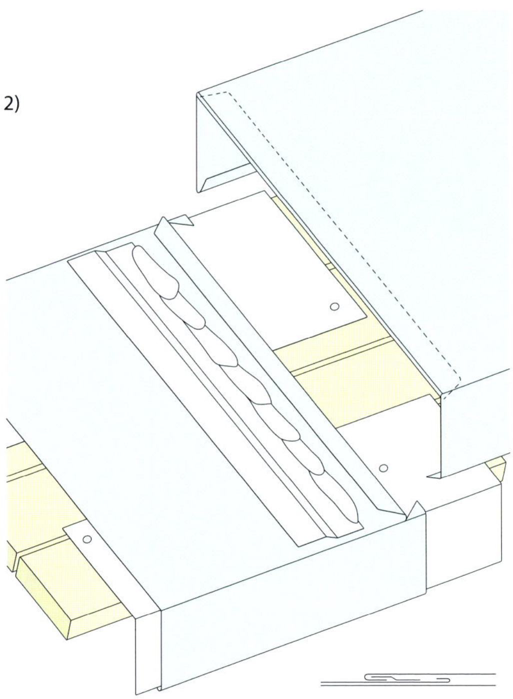

Beschreibung:

In der handwerklichen Ausführung von Mauerabdeckungen aus Dünnblechen werden deren Verbindungsstöße überwiegend gefalzt. Hierzu stehen unterschiedliche Ausführungen zur Verfügung. Abbildung 1) zeigt die Verbindung mit einer Leistenkappe für geneigte, indirekt befestigte Abdeckungen mit Vorstoßblechen. Die Enden des Abdeckungsprofils werden hierbei an der aufliegenden Seite um ca. 170 Grad zurückgebogen, montiert und mit verbleibendem Dehnungsspielraum zusammengeschoben. Bei großen Gebäudelängen sollte eine Seite der Abdeckung in der Naht mit Haften fixiert werden. So können sich die Abdeckprofile nur im Bereich der Verbindung hin und her bewegen und beginnen nicht zu „wandern“. Die Leistenkappe ist aufgrund der Materialaufdopplung um wenige Millimeter größer hergestellt als die Abdeckung. Für die Montage wird ein abgekanteter Schenkel gerade gestellt, sodass die Verbindungskappe mit ihren Umschlägen auf die vorbereiteten Rückfalze der Abdeckung aufgeschoben werden kann. Mittels Setzholz wird die Kappe bei Bedarf etwas angelegt. Die 15-bis-20-mm-Überstände der senkrechten Schenkel werden abschließend um die Abkantungen des Mauerprofils gefalzt.

Abbildung 2) zeigt eine Falzverbindung mit Zusatzfalz für geneigte oder waagerecht ausgeführte Abdeckungen. Hierzu müssen die Einzellängen steckbar gekantet werden mit einem weiten und einem engen Ende, also konisch. Bei der Montage wird das überdeckende Profil mit weitem Ende aufgelegt und die Rückfalze werden durch Ziehen miteinander verhakt.

Weitere Verbindungstechniken für Abdeckungen sind in der nachstehenden Tabelle dargestellt.

Verbindungen von Abdeckungen

Verbindung in Falztechnik bei kurzen Einzellängen	
	verschiedene Stehfalze in Abdeckungen
Verbindungen bei Maximallängen	
	geschlossene Stoßverbindungen mit Falzstreifen
	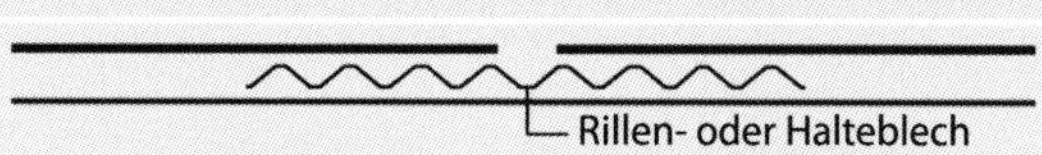
	offene Stoßverbindungen mit unterlegtem Blech
	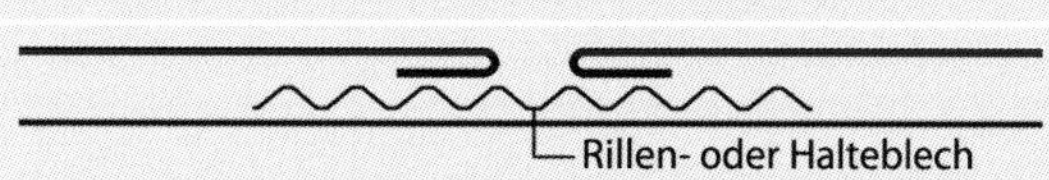
	offene Stoßverbindungen mit Umkantung und unterlegtem Blech
	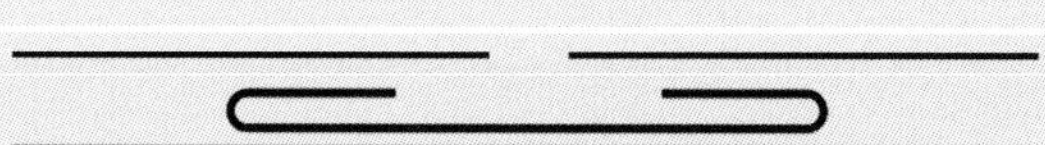
	offene Stoßverbindungen mit umkantetem Unterlagsblech

Quelle: Fachregel für Metallarbeiten im Dachdeckerhandwerk, Ausgabe Juni 2017

5.1.4 Gefällekonstruktion, gedämmt

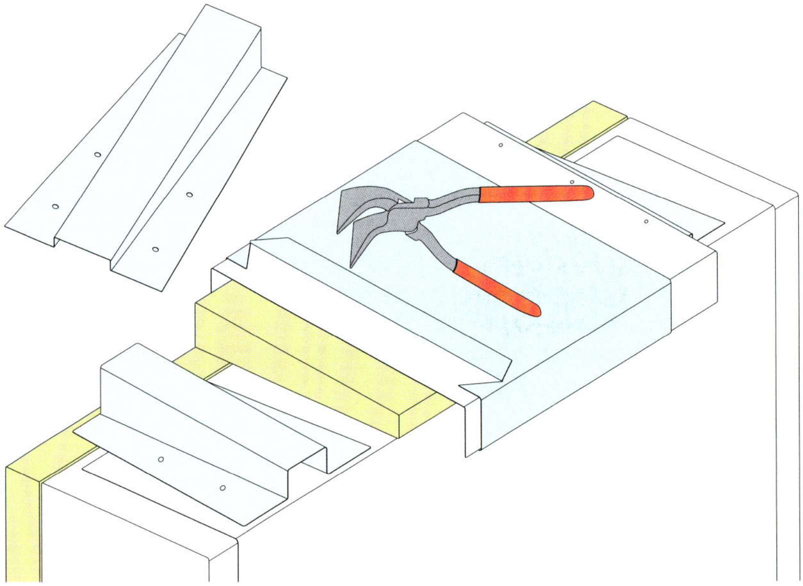

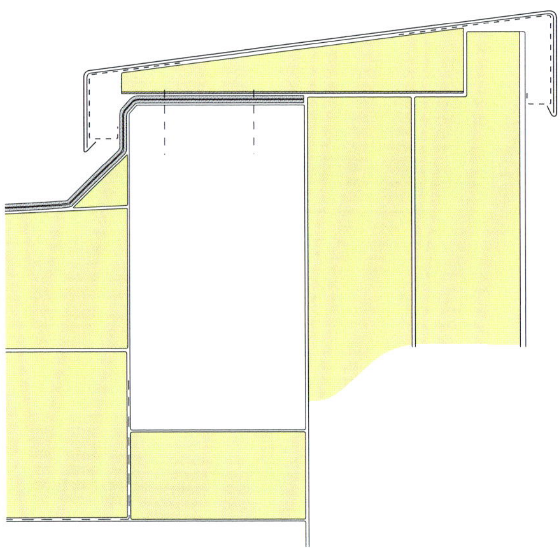

Beschreibung:

In Rahmen energetischer Sanierungsmaßnahmen werden Bauwerksteile heute zum Teil bis unter die Mauerabdeckung gedämmt. Dieses Detail zeigt hierzu die handwerkliche Lösung einer Gefällekonstruktion mit integrierten Dämmkeilen. Die Unterkonstruktion für die nicht selbsttragende Abdeckung besteht aus konisch gekanteten Hutprofilen, passend geformten Dämmkeilen und einem vollständig unterstützenden, U-förmig gekanteten Haftblech zur Lagesicherung. Im ersten Schritt werden die Hutprofile auf der zuvor hochgeführten Abdichtungsbahn des Flachdaches befestigt und die Dämmung aufgebracht. Der entstandene Hohlraum der Hutprofile wird ebenfalls mit vorbereiteten Dämmstoffstreifen ausgefüllt. Es folgen die Montage der Haftbleche, die mit Nieten an den Hutprofilen befestigt werden, und abschließend die Abdeckung – hier mit first- und traufseitiger Abkantung. Für den Luftzugang zum Austrocknen temporär auftretender Feuchte sind Lochbleche im Bereich des Überstandes der Mauerabdeckung angeordnet. Sie bieten der Dämmung zudem Schutz vor Mardern und sonstigen Kleintieren.

Arbeitsfolge:

1. Hochführen der Flachdachabdichtung bis auf die Mauerkrone
2. Herstellung der Unterkonstruktion einschließlich Dämmung
3. Montage der Abdeckung

5.1.5 Abdeckung mit Blende, gedämmt

Beschreibung:

Bei dieser Mauerkrone mit Flachdachanschluss besteht die Unterkonstruktion aus einer geeigneten Holzplatte (z. B. wasserfestes Mehrschichtholz) und einer formstabilen Gefälledämmung (z. B. PU-/PIR-Hartschaum). Sie ist auf der abgedichteten Brüstung aus Beton, Mauerwerk oder Metall-Leichtbauweise fixiert. Die Abdeckung ist mit firstseitiger Aufkantung und Winkelstehfalzblende sowie mit traufseitigem Einhangprofil ausgeführt und die Einzellängen sind im Doppelstehfalzsystem miteinander verbunden. Zum Anschluss an die Blende kann der Stehfalz entweder stehend mittels Quetschfalz oder niedergelegt ausgeführt werden (siehe kleine Abbildung mit glatter Blende). Hinweis: Niedergelegte Falze lassen kaum Dehnungsbewegungen zu, sodass bei Bauteillängen über 10 m der Einbau von Dehnungselementen erforderlich sein kann.

Arbeitsfolge:

1. Hochführen der Flachdachabdichtung bis auf die Mauerkrone
2. Herstellung der Unterkonstruktion einschließlich Dämmung
3. Montage der Abdeckung

5.1.6 Abdeckung Metallfassade/Flachdach

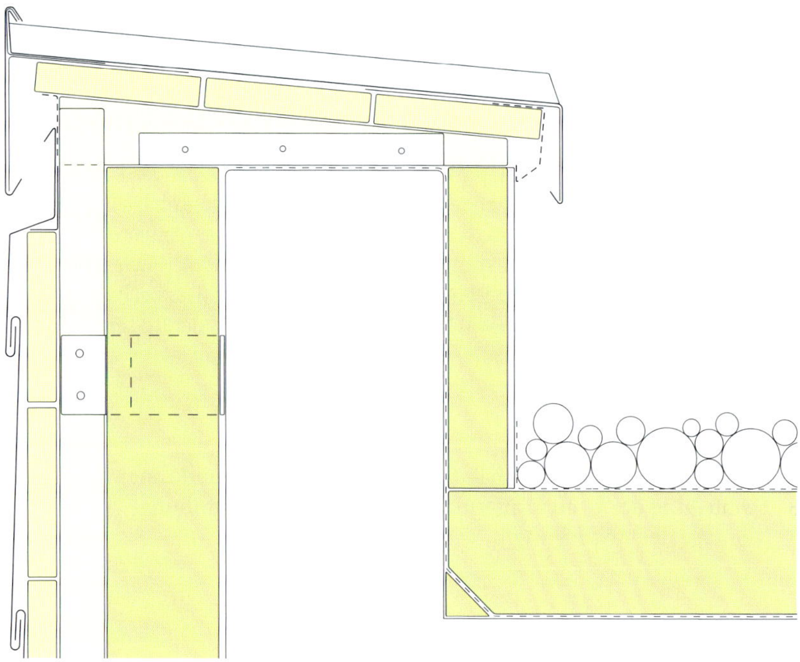

Beschreibung:

Das Detail zeigt die Brüstungskonstruktion zwischen Flachdachabdichtung und Außenwand mit vorgehängter hinterlüfteter Metallfassade. Der Aufbau der Brüstungsabdeckung besteht aus einer hinterlüfteten Holzkonstruktion aus Massivholz mit dachseitigem Gefälle. Die Hinterlüftungsöffnungen sind mit Lochblechen als Kleintierschutz abgedeckt. Die Brüstungsabdeckung ist mit firstseitiger Aufkantung und einfach aufgefalzter Blende sowie mit traufseitiger Abkantung ausgeführt. Die Einzellängen sind im Doppelstehfalzsystem miteinander verbunden. Für die Aufkantung des Blendenanschlusses ist der Stehfalz stehend mittels Quetschfalz ausgeführt, die traufseitige Abkantung mit stehend rundem Abschluss.

Arbeitsfolge:

1. Hochführen der Flachdachabdichtung bis auf die Mauerkrone
2. Herstellung der Unterkonstruktion einschließlich Kleintierschutz
3. Montage der Abdeckung mit Blende

5.1.7 Abdeckung WDVS/Flachdach

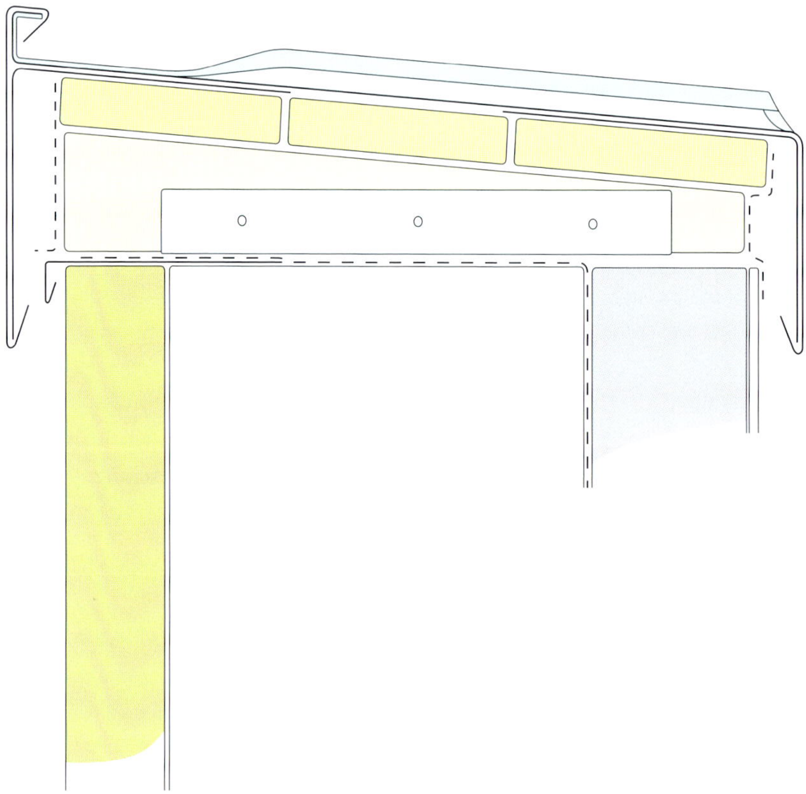

Beschreibung:

Mit dieser Abdeckung werden der Dachrand eines Umkehrdaches und die Außenwand mit einem Wärmedämmverbundsystem (WDVS) geschützt. Die Abdichtung ist bis zum Abschlussprofil des WDVS geführt und hiermit wasserdicht verbunden. Der Aufbau der Brüstungsabdeckung besteht aus einer hinterlüfteten Holzkonstruktion aus Massivholz mit dachseitigem Gefälle. Die Hinterlüftungsöffnungen sind mit Lochblechen als Kleintierschutz abgedeckt. Die Brüstungsabdeckung ist mit firstseitiger Aufkantung im Winkelstehfalzsystem mit aufgefalzter Blende sowie mit traufseitiger Abkantung ausgeführt. Die Einzellängen sind im Doppelstehfalzsystem miteinander verbunden. Für die Aufkantung des Blendenanschlusses ist der Stehfalz niedergelegt, die traufseitige Abkantung mit stehend rundem Abschluss ausgeführt.

Arbeitsfolge:

1. Hochführen der Flachdachabdichtung bis zum Abschlussprofil des WDVS
2. Herstellung der Unterkonstruktion einschließlich Kleintierschutz
3. Montage der Abdeckung mit Blende

5.1.8 Abdeckung, gewölbt

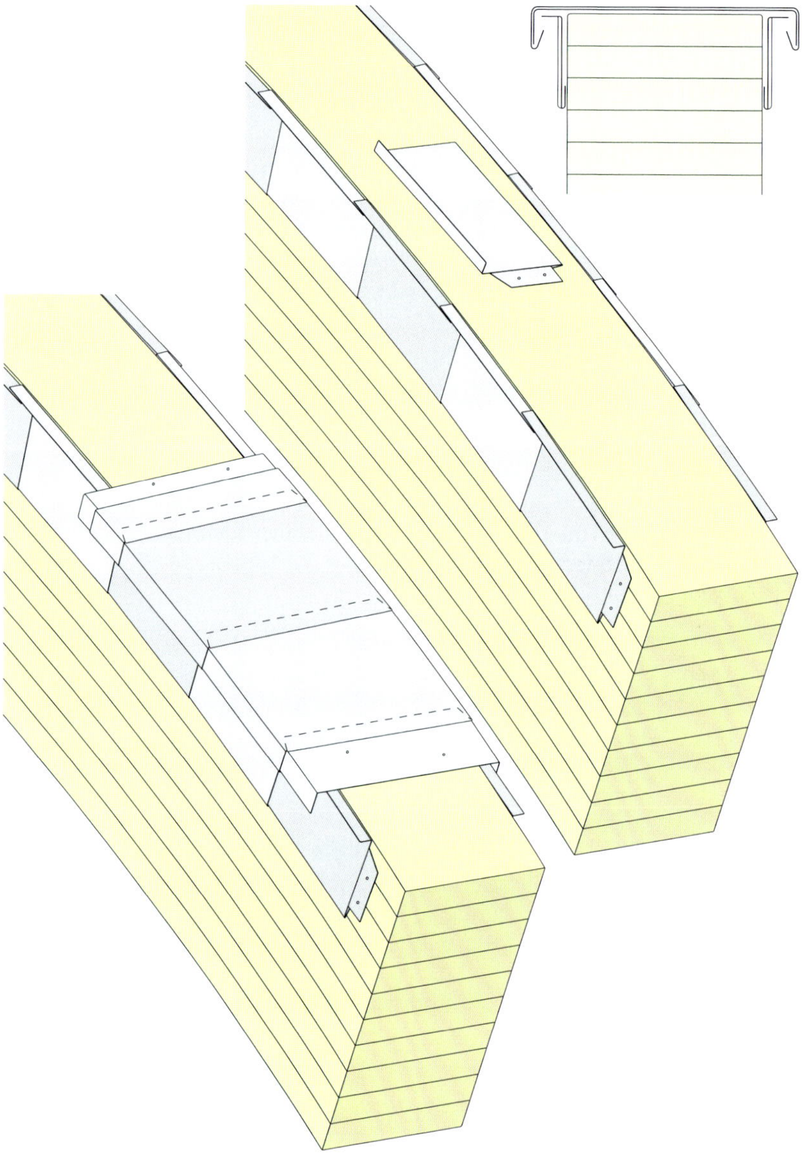

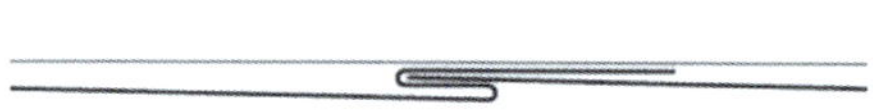

Beschreibung:

Diese Abdeckung dient dem Schutz des gerundeten, ins Freie geführten Leimbinders einer größeren Halle. Sie ist als Gestaltungselement dreiteilig ausgeführt und besteht aus beidseitig befestigten Blenden und einer U-förmig gekanteten Abdeckung. Die zweifach gekanteten segmentförmig verlegten Blenden enden an der Binder-Oberkante. Sie sind im Steckfalzsystem miteinander verbunden und direkt am Binder befestigt. Die Abdeckung verläuft segmentförmig mit der Rundung. Die einzelnen Segmente sind konisch steckbar gekantet und mittels Einfachfalzen verbunden. Bei der Montage wird das überdeckende Profil mit seinem weiten Ende aufgelegt und die Rückfalze werden durch Ziehen miteinander verhakt. Mit einem Setzholz können die Falze bei Bedarf enger angelegt werden. Die 15-bis-20-mm-Überstände der senkrechten Abkantungen werden abschließend um die Vorstoßbleche gefalzt.

Arbeitsfolge:

1. Montage der Blenden
2. Montage der Abdeckungen mit Haft- bzw. Vorstoßblechen

5.1.9 Stehfalzendung, gerader Abschluss

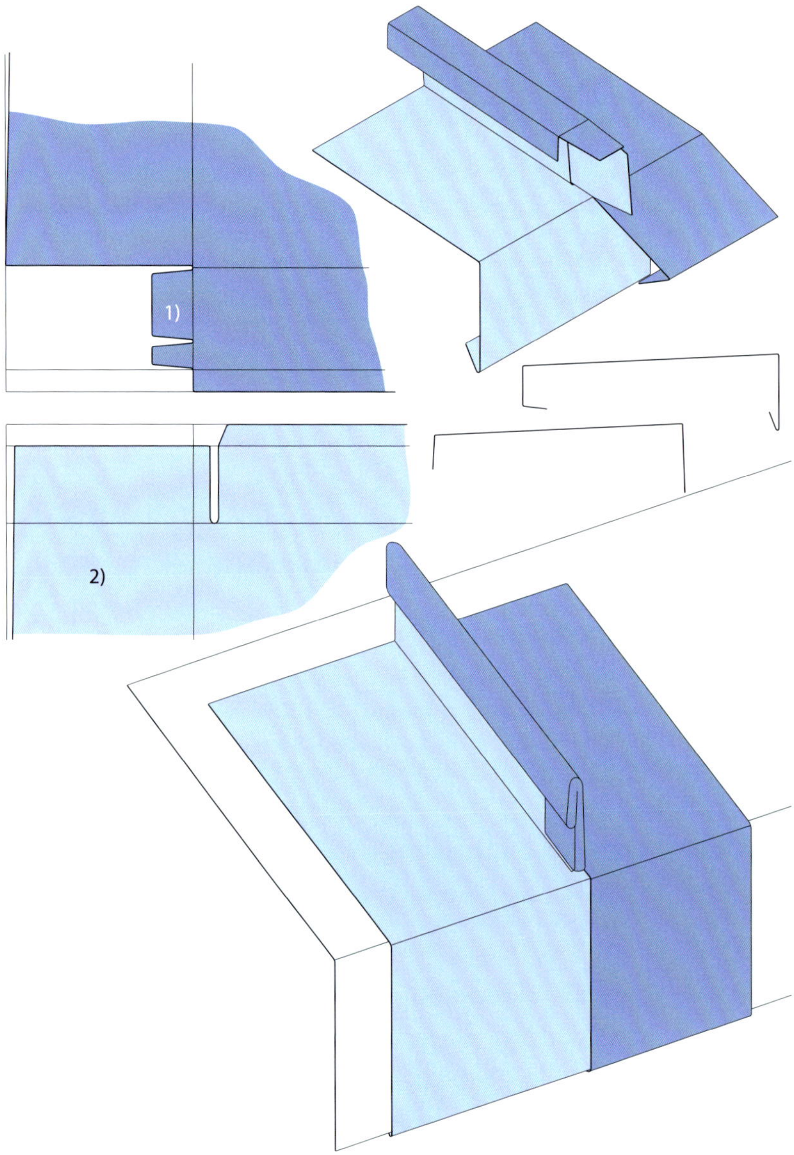

1) Zuschnitt Oberfalz
2) Zuschnitt Unterfalz

Beschreibung:

Dieses Detail zeigt die Abwicklungen und schrittweise Herstellung eines geschlossenen, regensicheren Falzabschlusses für Abdeckungen mit Stehfalzverbindungen.

5.2 Gesimsverwahrungen

5.2.1 Brüstungsgesims, WDVS

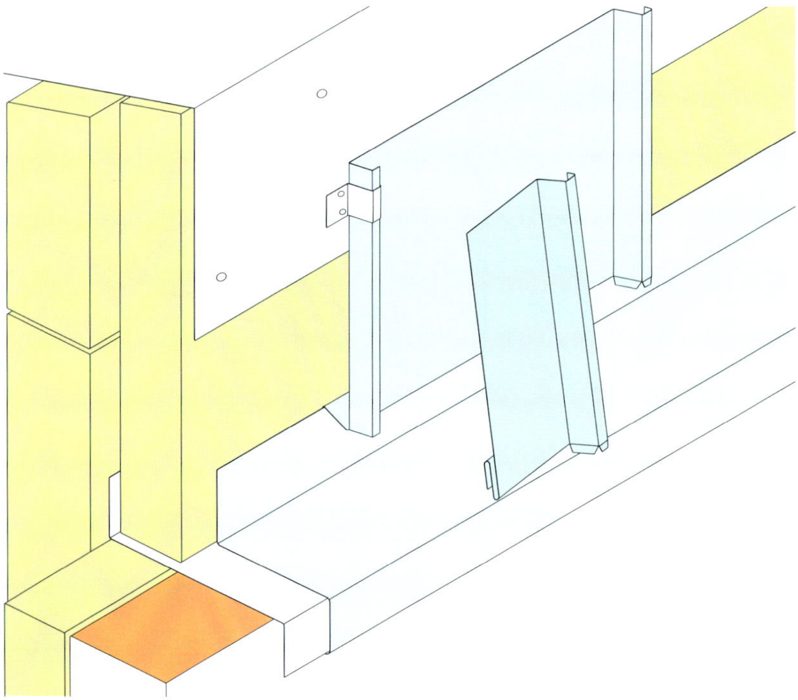

Beschreibung:

Das Detail zeigt die Brüstungskonstruktion zwischen Flachdachabdichtung und Außenwand mit Wärmedammverbundsystem. Der Aufbau der Brüstungsabdeckung besteht aus einer formstabilen Dämmung mit dachseitigem Gefälle. Die Brüstungsabdeckung ist mit beidseitigen Abkantungen ausgeführt und mit vollflächig unterstützendem, durchlaufendem Haftblech indirekt befestigt. Die Stöße der Einzellängen sind regensicher mit unterlegten Verbindungsblechen ausgeführt. Die Außenwand ist mit einer Winkelstehfalzblende bekleidet und endet auf einem speziellen Gesimsprofil mit Anschluss an das WDVS. Das Haftblech zur Lagesicherung des Gesimsprofils ist wärmebrückenreduzierend zwischen erster und zweiter Dämmungslage hochgeführt und im Mauerwerk befestigt.

Arbeitsfolge:

1. Hochführen der Flachdachabdichtung bis auf die Mauerkrone
2. Herstellung der Unterkonstruktionen, Dämmung
3. Montage der Haft- bzw. Vorstoßbleche
4. Verlegen der Sockelabdeckung und Winkelstehfalzblende
5. Verlegen der Brüstungsabdeckung

5.2.2 Verwahrung Fassadensockel, hinterlüftet

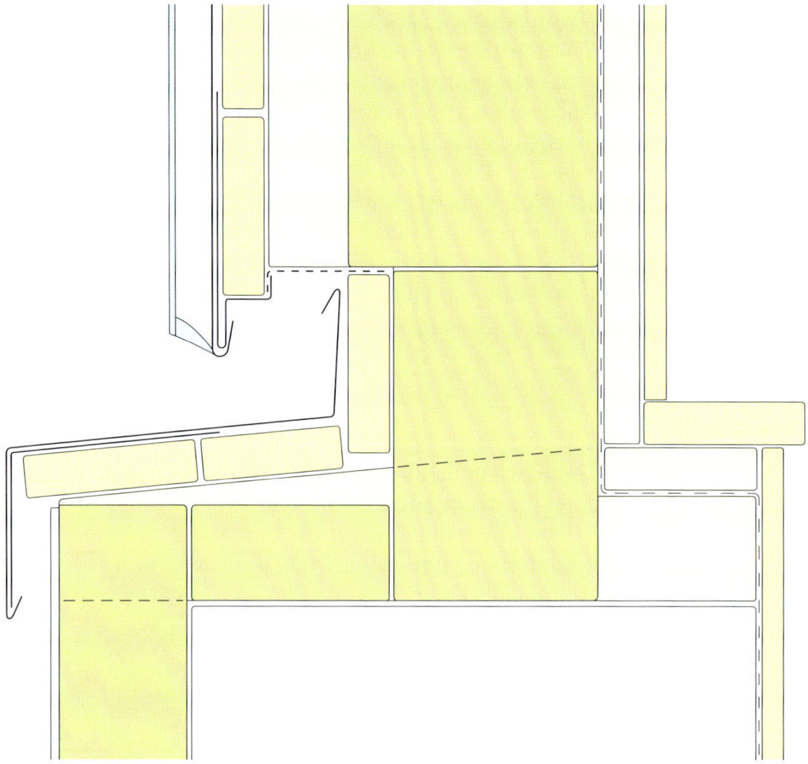

Beschreibung:

Dieses Detail zeigt den Sockel und Fußpunkt einer vorgehängten hinterlüfteten Fassadenkleidung im Winkelstehfalzsystem. Das Sockel- bzw. Gesimsprofil ist bis zur Dämmungsebene herangeführt, ohne den Hinterlüftungsquerschnitt zu verringern. Zur indirekten Befestigung ist die Tropfkante in ein durchlaufendes Vorstoßblech eingehakt und die aufgehende Kantung wandseitig mittels Haftstreifen befestigt.

Arbeitsfolge:

1. Montage der Vorstoß- und Lochbleche
2. Verlegen des Gesimsprofils
3. Montage des Fassaden-Fußprofils
4. Verlegen der Fassadenbekleidung

5.2.3 Fassadensockel für Putz/Plattenwerkstoff

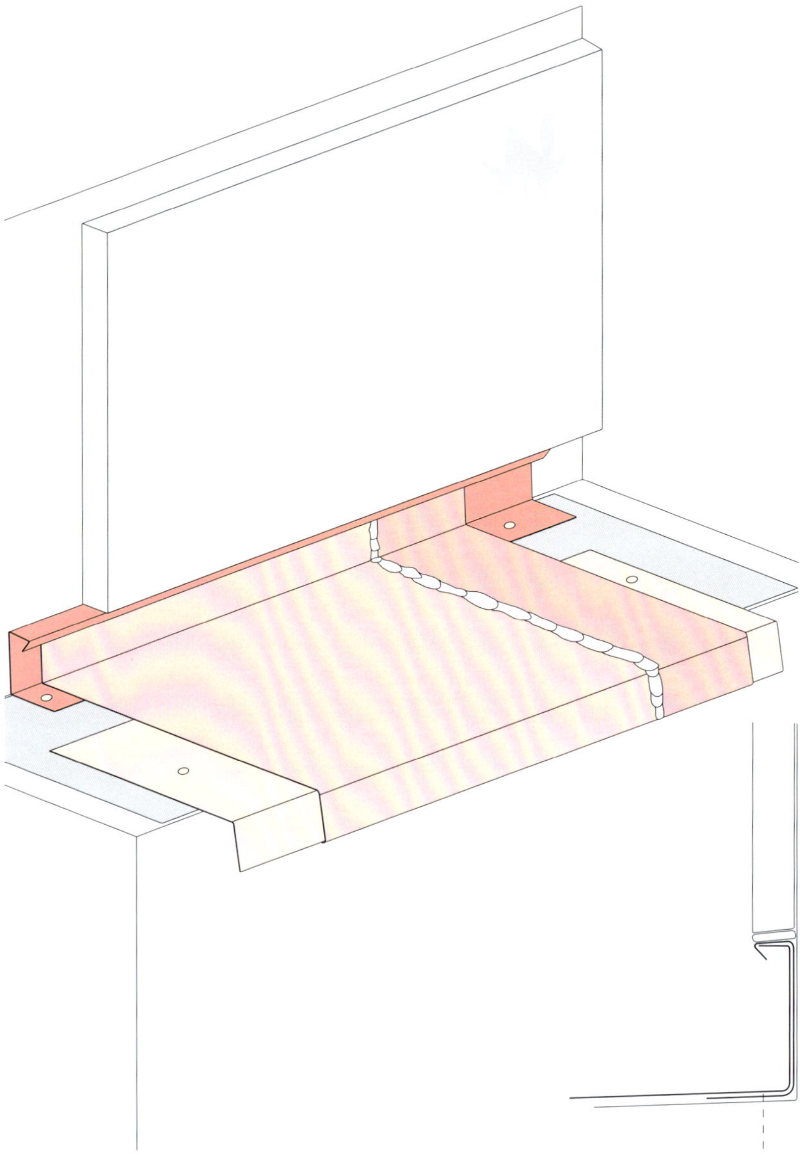

Beschreibung:

Die vorstehende Sockelausbildung einer verputzten oder mit Plattenwerkstoff bekleideten Fassade ist in diesem Detail dargestellt. Die vierfach gekantete Metallabdeckung ist in Platten- oder Putzbreite eingelassen und in ein Einschubprofil eingehakt, sodass sie sich darin bei Temperaturwechsel bewegen kann. Zwischen Einschubprofil und Putz/Plattenwerkstoff ist Dichtungsband eingelegt. Zur indirekten Befestigung der Abdeckung dient ein durchlaufendes Vorstoßblech.

Arbeitsfolge:

1. Montage der Vorstoß- und Einschubprofile
2. Verlegen des Sockelprofils

5.2.5 Gesimsverwahrung, Verbindungs- und Dehnungselement (handwerklich)

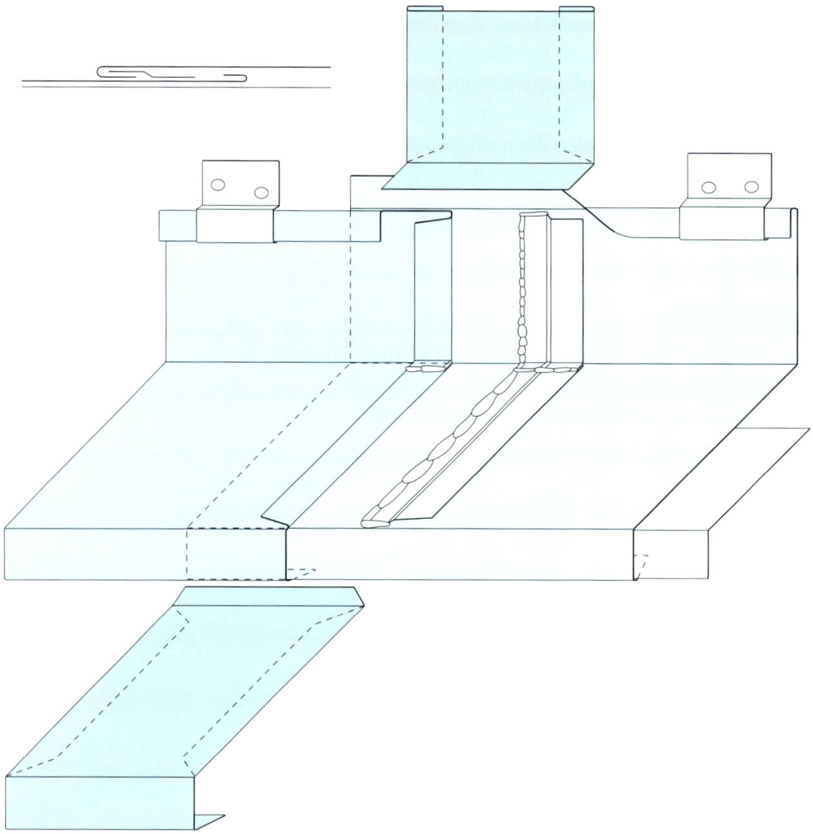

Beschreibung:

Bauprofile müssen in der Klempnertechnik so ausgeführt werden, dass sie sich bei Temperaturwechseln schadlos dehnen und wieder zusammenziehen können. Das hier gezeigte Beispiel einer Verbindungsnaht mit Abdeckkappe kann die stets auftretenden Dehnungsbewegungen problemlos aufnehmen. Dazu wird die Endung des unterdeckenden Gesimsprofils mit einem Zusatzfalz versehen. Dessen Abstand zum Profilrand ergibt sich aus der Breite der Nahtüberdeckung und dem erforderlichen Bewegungsspielraum. Der Profilrand des überdeckenden Gesimsprofils erhält einen Rückfalz von ca. 20 mm. Zum einfachen Zusammenschieben der Profil-Enden sollten die Einzellängen steckbar gekantet werden, also konisch, mit einem weiten und einem engen Ende. Da die Leistenkappe zweiteilig ausgeführt ist, lässt sie sich leicht aufschieben. Die Abdeckungen sind zur Lagesicherung und der freien Längenänderung indirekt mit durchlaufenden Vorstoßblechen und Haftstreifen befestigt.

Arbeitsfolge:

1. Montage des Vorstoßprofils
2. Verlegen der unterdeckenden Gesimsabdeckung
3. Verlegen der überdeckenden Gesimsabdeckung
4. Montage des Zusatzfalzes
5. Aufschieben der waagerechten und der senkrechten Dehnkappe

5.2.6 Gesimsverwahrung, Verbindungs- und Dehnungselement (industriell)

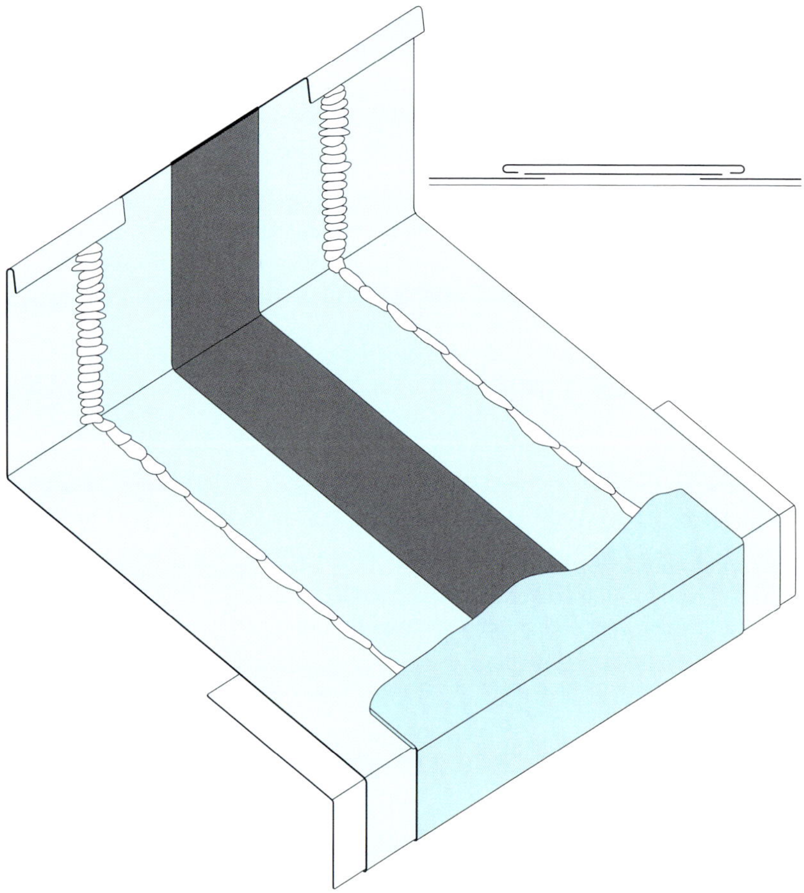

Beschreibung:

Alternativ zu einer handwerklich hergestellten Dehnungsnaht können auch Dehnungsbänder mit komprimierbarer Neopreneinlage eingesetzt werden. Diese werden in der jeweiligen Profilform gekantet, vorzugsweise mit einer Segmentkantbank, die den Neoprenbereich ausspart und mechanische Beschädigungen vermeidet. Das Dehnungselement wird aus optischen Gründen und als UV-Schutz der Neopreneinlage mit einer beweglichen Kappe abgedeckt.

Arbeitsfolge:

1. Montage des Vorstoßprofils
2. Verlegen der Gesimsabdeckungen mit erforderlichen Abstand für das verwendete Dehnelement
4. Einbau des Dehnelementes gemäß Herstellerangabe
5. Montage der Abdeckkappe

5.2.7 Gesimsverwahrung, Innen- und Außenecken

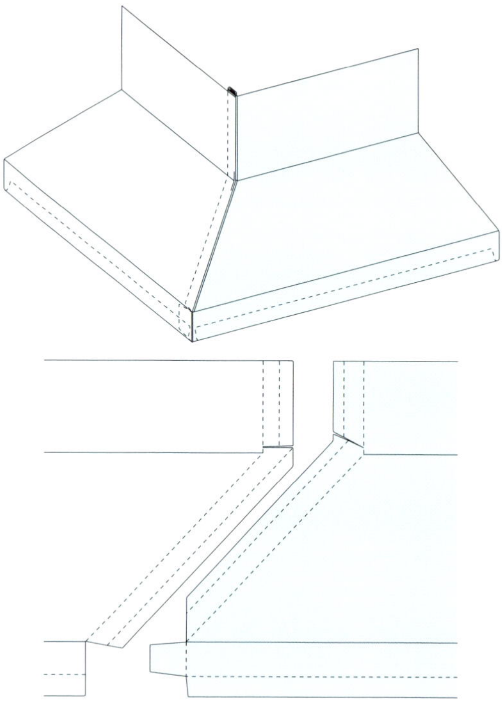

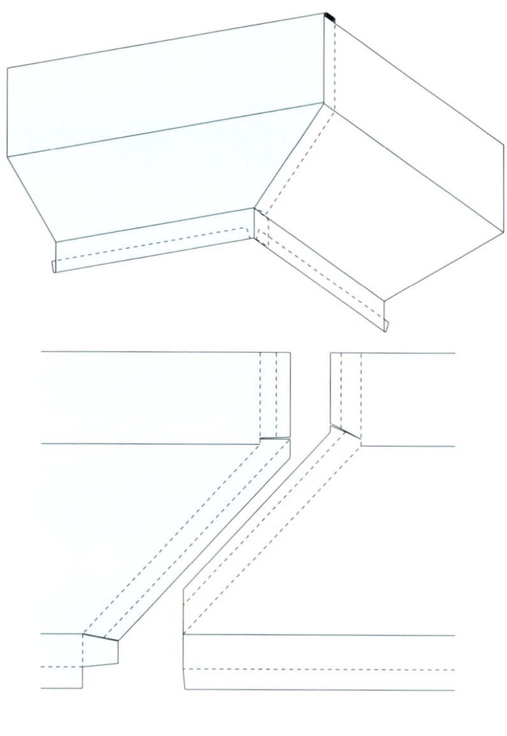

Beschreibung:

Die Abbildungen zeigen Zuschnittmuster und Biegelinien zur Herstellung von 90-Grad-Innen- und -Außenecken einer Gesimsabdeckung. Die Verbindung der Eckelemente erfolgt in handwerklicher Falztechnik.

5.2.8 Gesimsverwahrung, seitlicher Anschluss

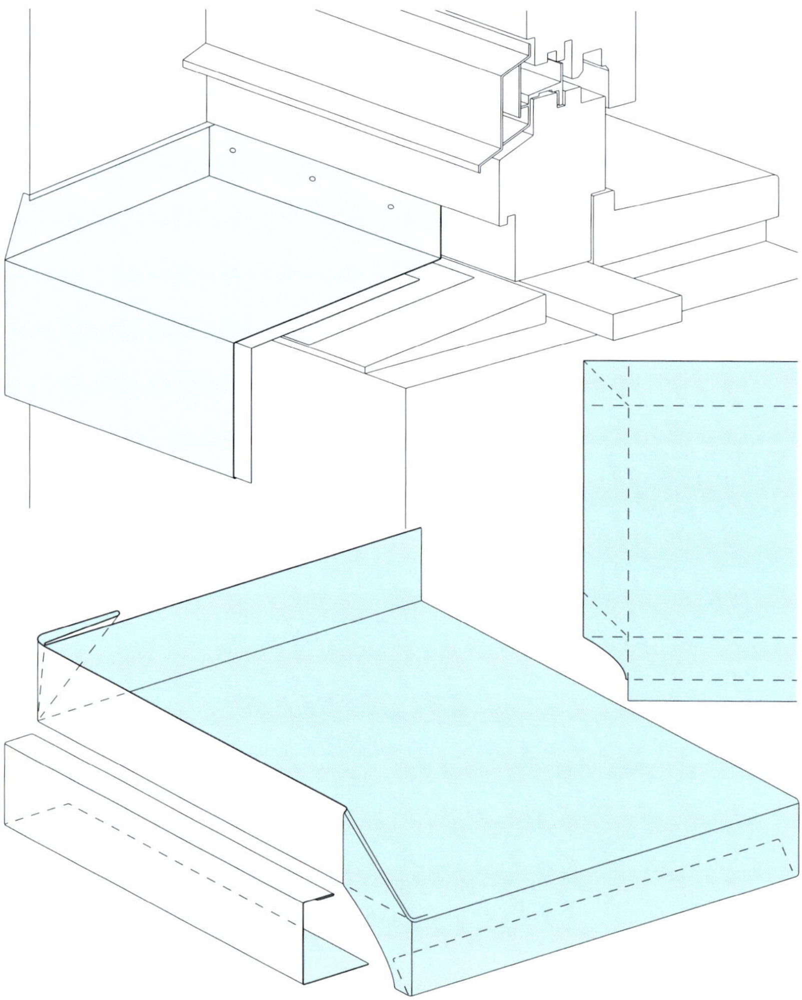

Beschreibung:

Diese Eckausbildung mit seitlichem Wandanschluss ist in ihrer Art für viele Gesims- und/oder Fensterbankabdeckung eine typische und sichere Ausführung. Eckausbildungen und Endungen an der Tropfkante werden ausschließlich gefalzt und kommen ohne Einschnitte in die wasserführende Ebene aus, die anschließend gelötet werden müssen. Das Beispiel der Fensterbankendung mit Anschluss an Fensterprofil und Seitenleibung zeigt die fachgerechte Ausbildung der Ecktasche und des Endstückes der Tropfkante. Am Zuschnittmuster sind alle erforderlichen Biegelinien zur handwerklichen Herstellung gekennzeichnet. Unser Tipp: Testen Sie diese Ausführung mit einem Blatt Papier.

5.2.9 Gesimsverwahrung, seitlich Anschluss mit Abweiser

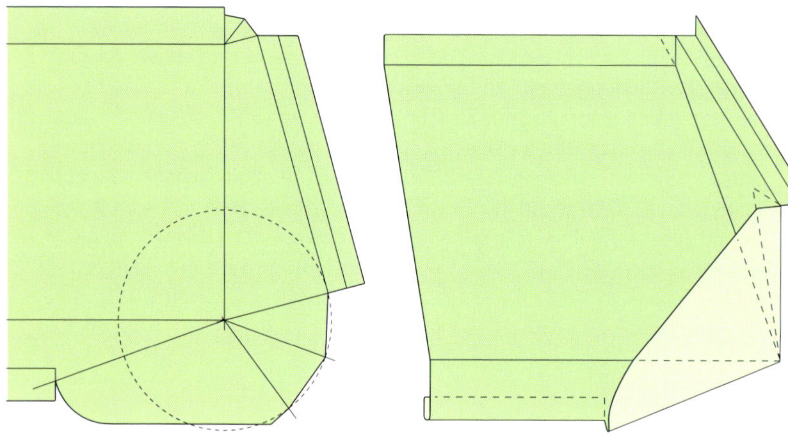

Beschreibung:

Seitliche Abschlüsse von Gesims- und/oder Fensterbankabdeckung werden oft einige Zentimeter in die Wandkonstruktion eingelassen. Damit das Niederschlagswasser sich nicht in der Wandnische staut, sind Leitbleche oder Abweiser erforderlich. Das Detail zeigt wie schon unter 5.2.8, Seite 220 dargestellt einen seitlichen Anschluss mit handwerklich angeformtem Abweiser und Eckausbildung mit Tasche. Die konische Aufkantung ergibt sich dabei aus dem jeweiligen Gefälle. Am Zuschnittmuster sind alle erforderlichen Biegelinien zur handwerklichen Herstellung gekennzeichnet.

6 Metalldachdetails

Fachgerecht verarbeitet zeichnen sich Metalldächer durch enorm lange Standzeiten aus und somit durch eine hohe Wirtschaftlichkeit gegenüber anderen Werkstoffen. Aufgrund der guten Verformungseigenschaften und Verbindungstechniken von Metallen lassen sich auch komplizierteste Dachlandschaften realisieren. In diesem Kapitel wird anhand zahlreicher typischer und außergewöhnlicher Bausituationen gezeigt, wie diese Details handwerklich sicher ausgeführt werden können und das Bauwerk nachhaltig schützen.

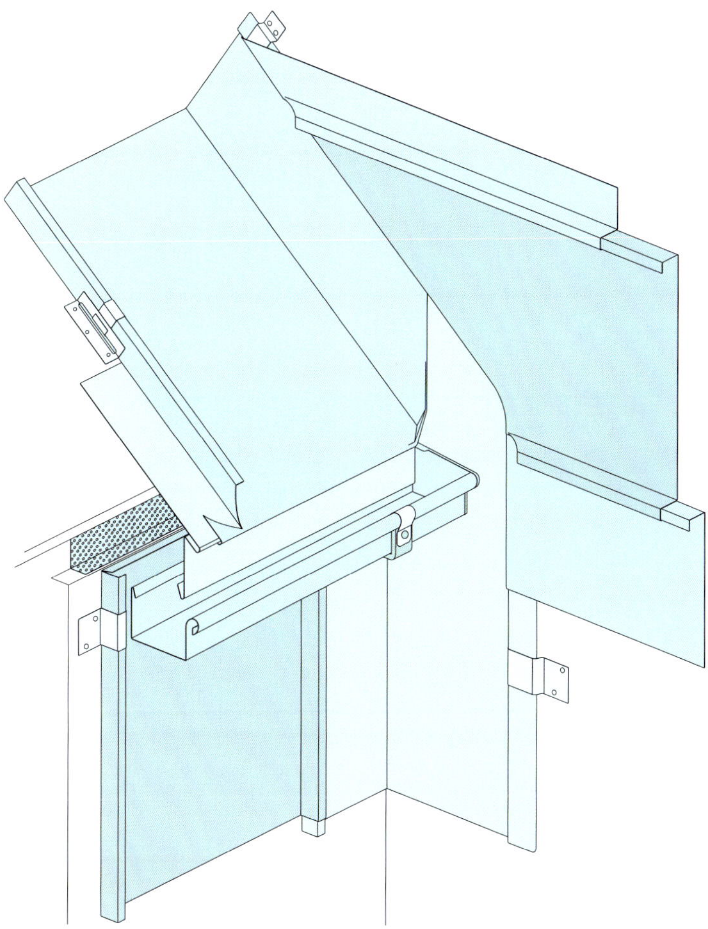

Aufgrund der guten Verarbeitungseigenschaften und Verbindungstechniken von Metallen lassen sich auch an flach geneigten Dächern komplizierte Anschlusssituationen sicher umsetzen.

6.1 Firste und Grate

6.1.1 Lüfterfirst mit niedergelegtem und stehendem Anschluss

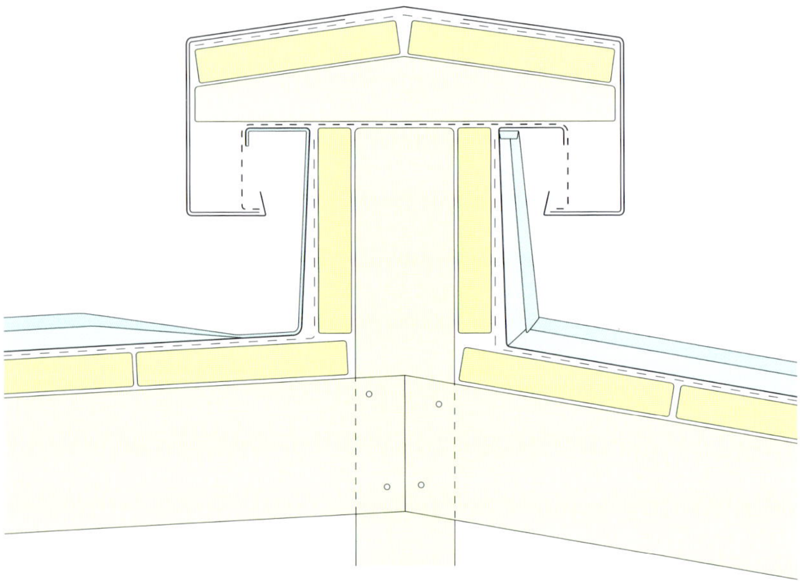

Beschreibung:

Das Detail zeigt eine typische Firstausbildung mit Entlüftungsfunktion und Anschluss an eine Metalldeckung. Die Ausführung besteht aus einer Holzunterkonstruktion mit Knaggen, die am Sparren befestigt sind, Stirnbrettern für den Anschluss der Deckung und einer Vollschalung für die Firsthaube aus Metall. Die sichere Funktion der Metalldachkonstruktion kann mit dem variabel umzusetzenden Lüftungsquerschnitt gewährleistet werden. Darüber hinaus können bei großzügig vorgesehenem Montageraum beispielsweise Lüftungsleitungen in der Firstkonstruktion zusammengeführt und somit Durchdringungen innerhalb der Dachfläche minimiert werden. Die Hinterlüftungsöffnungen sind mit Lochblechen als Kleintierschutz abgedeckt. Die Firsthaube ist indirekt mit durchlaufenden Haftblechen befestigt. Die Verbindungen der Einzellängen erfolgen regensicher in Falztechnik oder mit hinterlegten Riffelblechen, sodass Dehnungsbewegungen schadlos erfolgen.

Die Besonderheit bei dieser Firstausbildung ist, dass eine Seite mit niedergelegtem und eine Seite mit stehendem Falzanschluss ausgeführt ist. Zu beachten ist hierbei, dass die Firstkonstruktion bei niedergelegtem Falzanschluss erst nach Fertigstellung der Metalldeckung ausgeführt werden kann; siehe hierzu unter 6.1.2 auch den detaillierten Arbeitsablauf. Der stehende Anschluss an Scharendungen mit Quetschfalz kommt stets bei bestehenden Wandaufkantungen zur Anwendung.

Arbeitsfolge:

1. Verlegen der Metalldeckung mit niedergelegtem Falzanschluss und Firstaufstellung
2. Montage der Knaggen, Lochbleche und Stirnbretter für den regensicheren Dachanschluss
3. Eindeckung der Dachfläche mit stehendem Falzabschluss
4. Montieren der Vollschalung und Vorstoßbleche zur Befestigung der Firsthaube
5. Verlegen der Firsthaube

6.1.2 Lüfterfirst mit niedergelegtem Anschluss

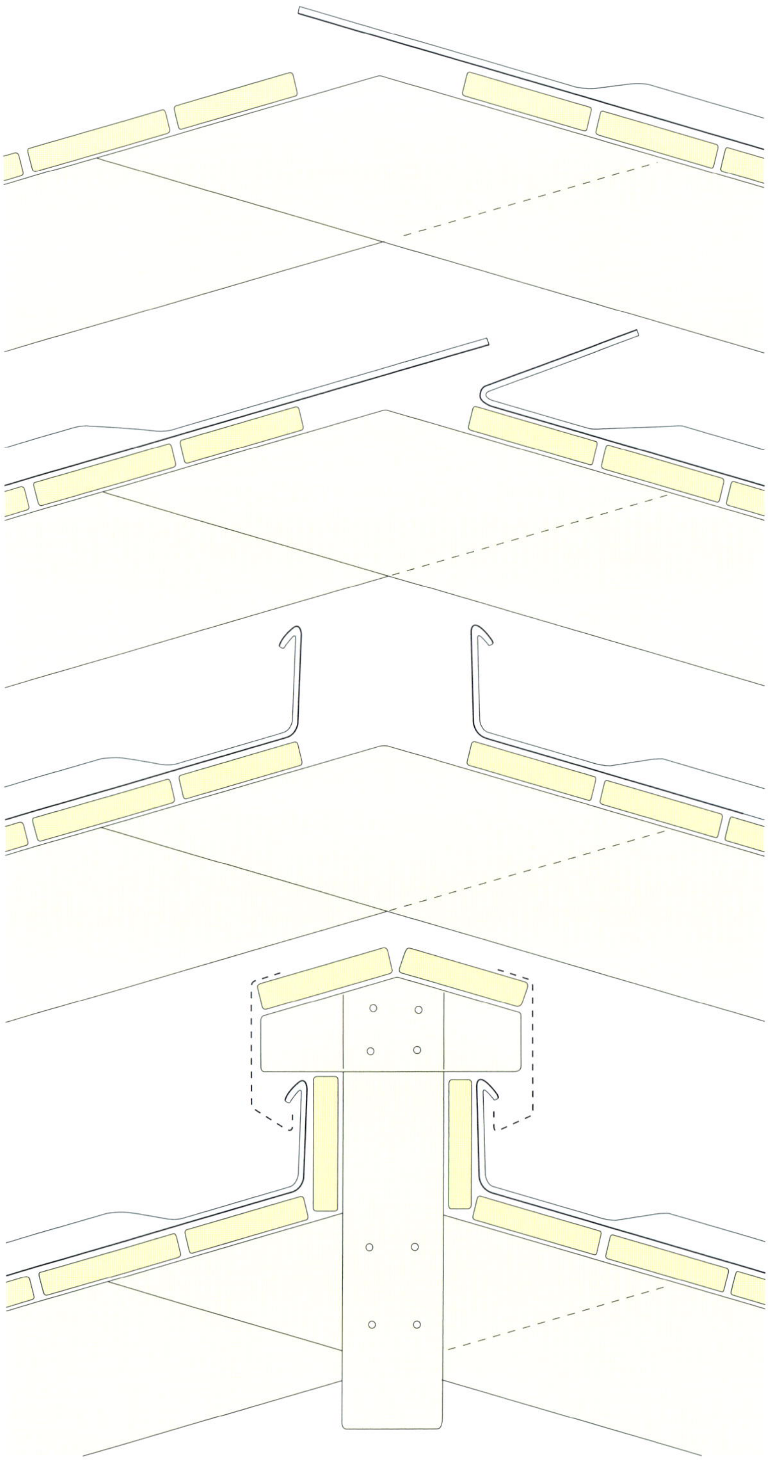

1)

2)

3)

4) und 5)

Beschreibung:

Die Detailstrecke 1) bis 5) stellt die schrittweise Herstellung einer Firstausbildung mit Entlüftungsfunktion mit Anschluss an eine Metalldeckung mit niedergelegten Falzen an den Scharendungen dar. Die Ausführung besteht aus einer Holzunterkonstruktion mit Knaggen, die am Sparren befestigt sind, Stirnbrettern für den Anschluss der Deckung und einer Vollschalung für die Firsthaube aus Metall.

Hinweis: Niedergelegte Falze lassen kaum Dehnungsbewegungen zu, sodass bei Bauteillängen über 10 m der Einbau von Dehnungselementen erforderlich sein kann.

Arbeitsfolge:

1. Verlegen der Metalldeckung mit Überstand über den First, Niederlegen der Stehfalze im Aufstellbereich
2. Umlegendes Aufstellbereiches um ca. 160 Grad, Verlegen der Dachdeckung auf der anderen Firstseite, Niederlegen der Stehfalze im Aufstellbereich
3. Aufstellen der Scharendungen, Herstellen eines Rückfalzes als Treibwasserschutz
4. Montieren der Holzunterkonstruktion mit Kleintierschutz
5. Verlegen der Firsthaube mit Vorstoßblechen

6.1.3 Lüfterfirst mit niedergelegtem Anschluss, Bauteile, Verbindungsnaht

1)

2)

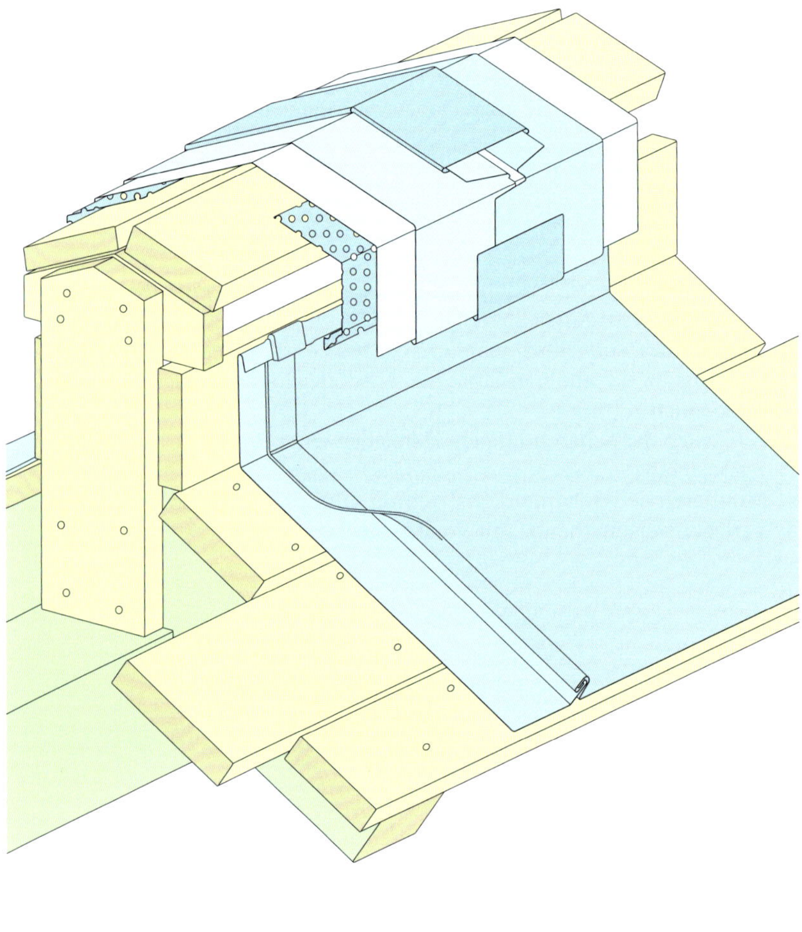

Beschreibung:

Typische Firstausbildung mit Entlüftungsfunktion und Anschluss an eine Metalldeckung mit niedergelegten Falzen im Aufstellbereich. Das Detail zeigt alle Bauteile der Konstruktion sowie die Verbindungstechnik der Firsthaube mittels Leistenkappe – überlappt 1) und gefalzt 2).

Arbeitsfolge:

1. Verlegen der Metalldeckung mit Überstand über den First, Niederlegen der Stehfalze im Aufstellbereich
2. Umlegen des Aufstellbereiches um ca. 160 Grad, Verlegen der Dachdeckung auf der anderen Firstseite, Niederlegen der Stehfalze im Aufstellbereich
3. Aufstellen der Scharendungen, Herstellen eines Rückfalzes als Treibwasserschutz
4. Montieren der Holzunterkonstruktion mit Kleintierschutz
5. Verlegen der Firsthaube mit Vorstoßblechen

6.1.4 Lüfterfirst mit versetztem Wandanschluss

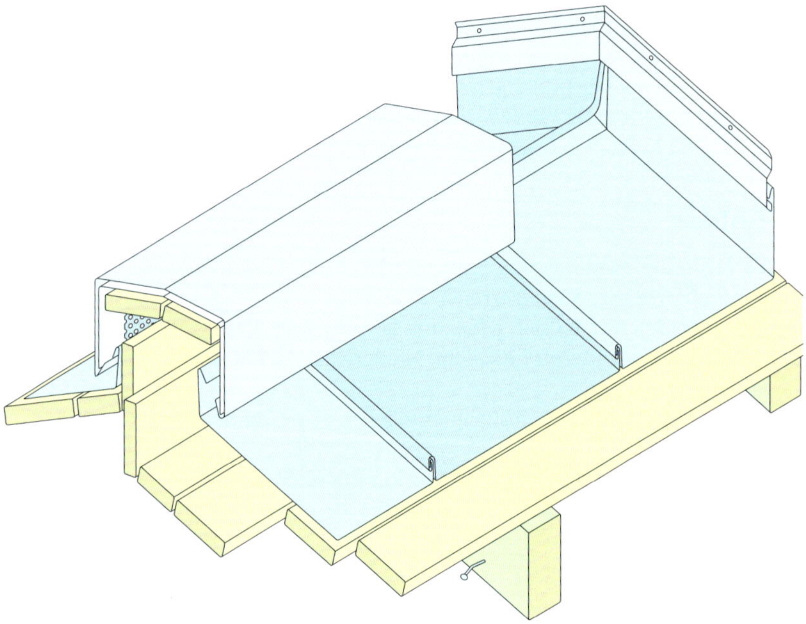

Beschreibung:

Diese Firstausbildung endet eine Scharbreite vor der aufgehenden Wand, damit der Wandanschluss ohne aufwendige Detailanpassung durchlaufen kann. Die aufeinander zulaufenden Schare sind durch einen erhöhten Doppelstehfalz (ca. 40 mm) verbunden. Wichtig: Die Hinterlüftungsebene des letzten Sparrenfeldes ist an die Firstlüftung und somit an die Außenluft angeschlossen.

Arbeitsfolge:

1. Verlegen der Metalldeckung mit Lüfterfirst
2. Herstellen den Wandanschlusses (hier mit Kappleiste)

6.1.5 Firstausbildung mit Leistenfalz

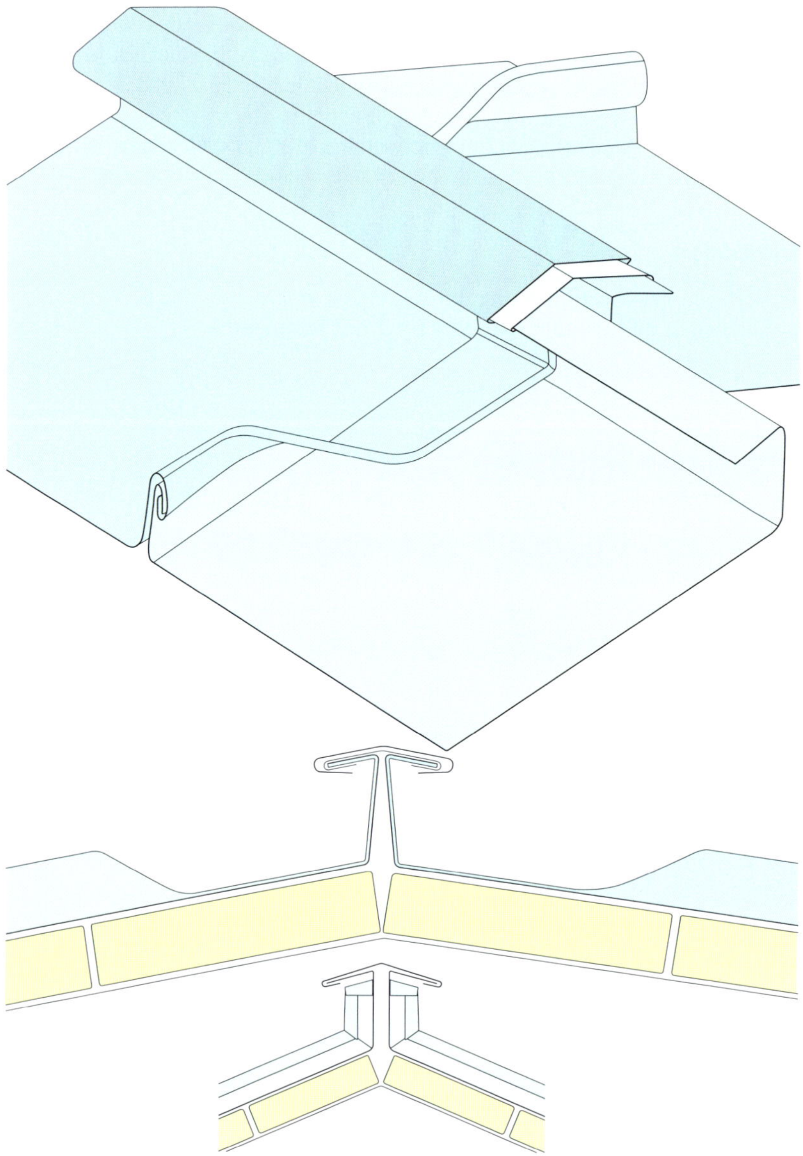

Beschreibung:

An Dächern ohne Hinterlüftung oder einer Hinterlüftung von Traufe zu Traufe können Firstausbildungen in Falztechnik ausgeführt werden – beispielsweise als Firstfalz mit Leistenkappe. Je nach Firstlänge werden die auf den First zulaufenden Falze niedergelegt oder alternativ stehend eingeführt (siehe kleines Bild, mindestens 60 mm Firsthöhe, bessere Dehnungsmöglichkeit). Die Leistenkappe ist mit einem Versteifungsblech unterlegt.

Arbeitsfolge (siehe auch 6.1.2, Seite 229):

1. Herstellen der Metalldeckung
2. Aufstellen der Scharendungen mit Rückfalz (mindestens 40 bzw. 60 mm)
3. Auffalzen der Leistenkappe (Dichtband empfohlen)

6.1.6 Gratausbildung mit Leistenkappe

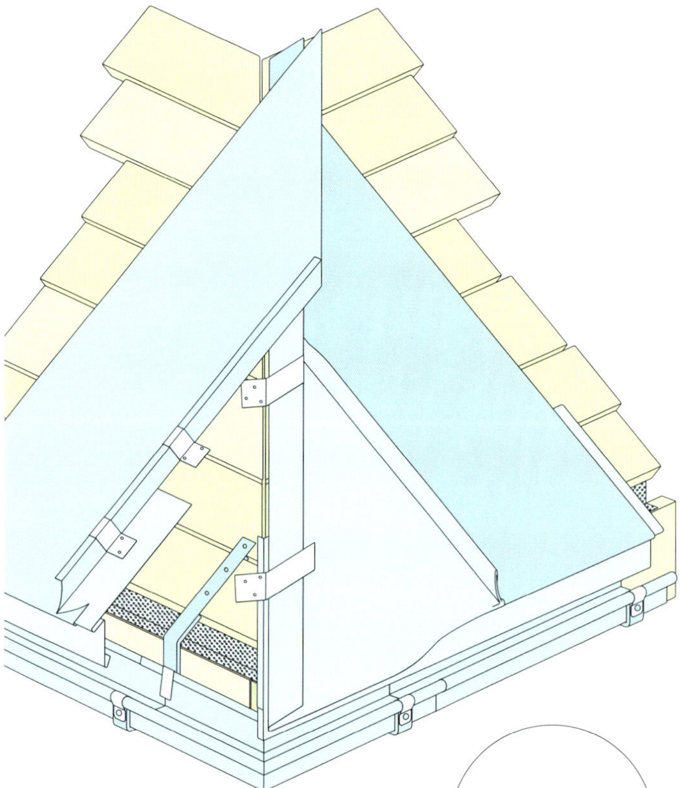

Beschreibung:

Grate werden aufgrund der sehr guten Dehnungsmöglichkeiten idealerweise mit aufgefalzter Leistenkappe ausgeführt. Die hiermit zusammengeführten Dachflächen können sich bei Temperaturwechsel unabhängig voneinander bewegen. Je nach Firstlänge werden die auf den First zulaufenden Falze niedergelegt oder alternativ stehend eingeführt. Die Leistenkappe ist mit einem Versteifungsblech unterlegt.

Arbeitsfolge (siehe auch 6.1.2, Seite 229):

1. Verlegen der Metalldeckung mit Überstand über den Grat, Niederlegen der Stehfalze im Aufstellbereich
2. Umlegen des Aufstellbereiches um ca. 160 Grad
3. Verlegen der Dachdeckung auf der anderen Gratseite, Niederlegen der Stehfalze im Aufstellbereich
4. Aufstellen der Scharendungen, Herstellen der Rückfalze
5. Montage der Leistenkappe

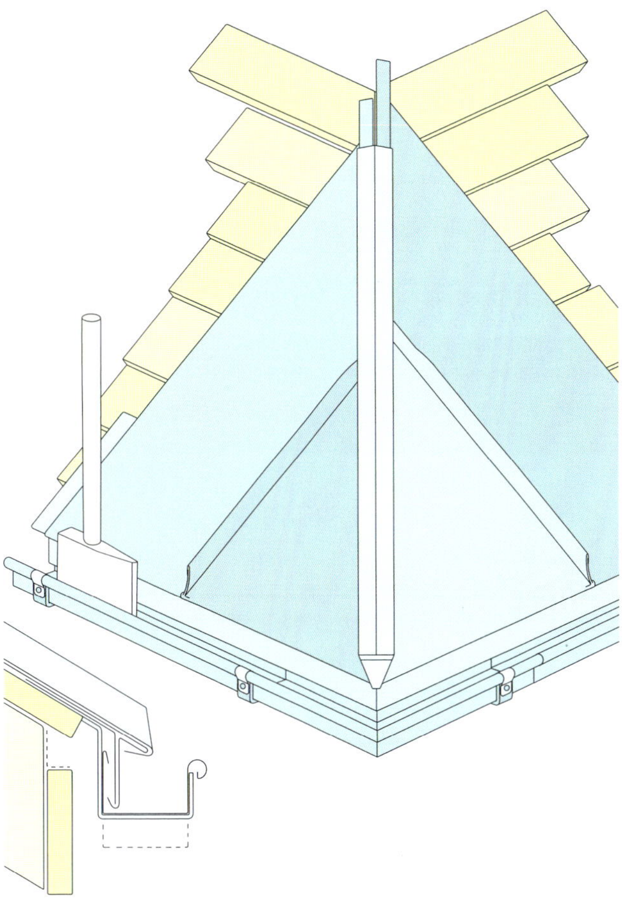

6.1.7 Stehend gerade und schräge Falzeinführung in den Grat (mit oder ohne Leiste)

1)

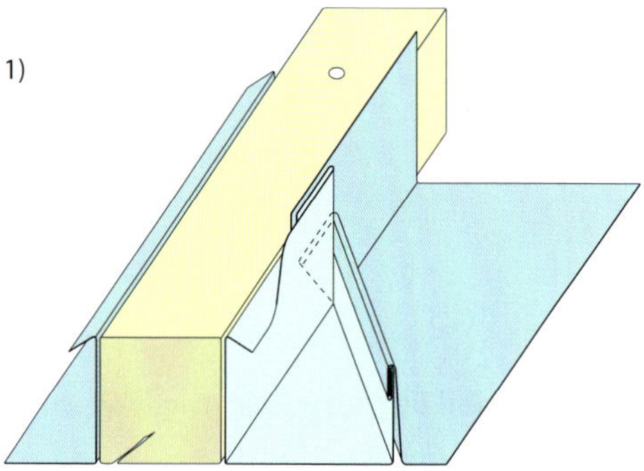

2)

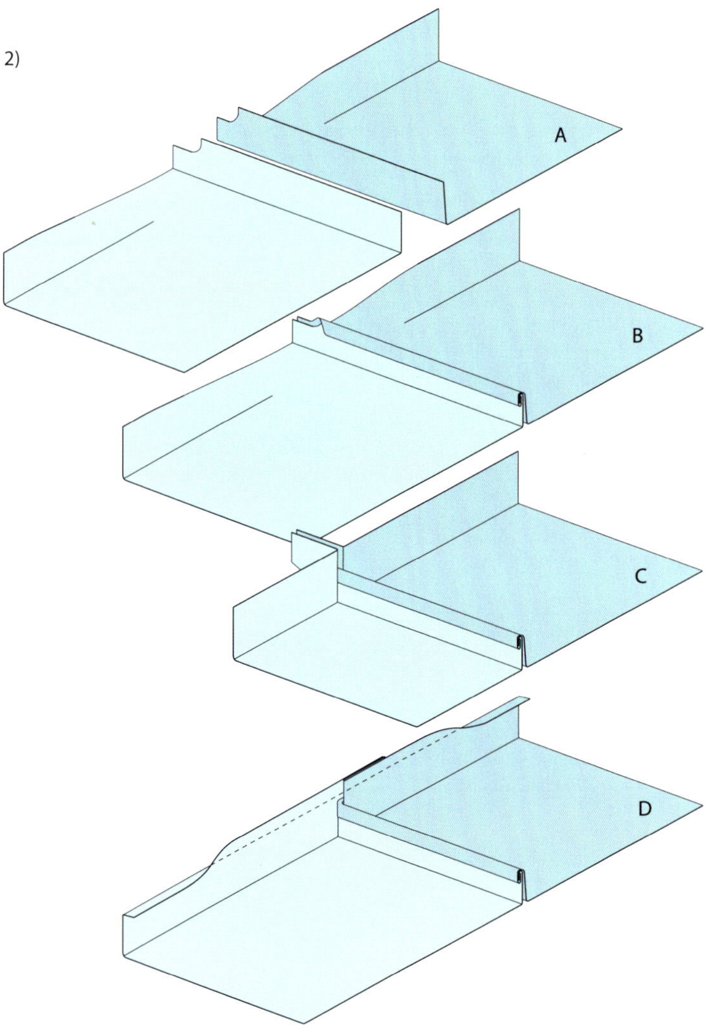

Beschreibung:

Stehende Falzanschlüsse an aufgehende Bauteile haben gute Dehnungseigenschaften, erfordern aber handwerkliches Geschick in der Blechbearbeitung. Der dargestellte Leistenanschluss 1) zeigt eine Grauausführung mit eingelegter Holzlattung. Die Ausführungen mit oder ohne Holz sind identisch. Die Detailstrecke 2) stellt die schrittweise Herstellung einer Gratausbildung mit stehend eingeführten Falzen an den Scharendungen dar.

Arbeitsfolge (siehe Abb. 2, Seite 238):

A/B) Herstellen des Stehfalzes mit Ausklinkungen zur Vermeidung von Materialaufdoppelungen

C) Herstellen der Leistenaufkantungen mit Falztasche

D) Anlegen der Falztasche, Herstellen der Rückfalzes

6.1.8 Gratausbildung mit Formteilen

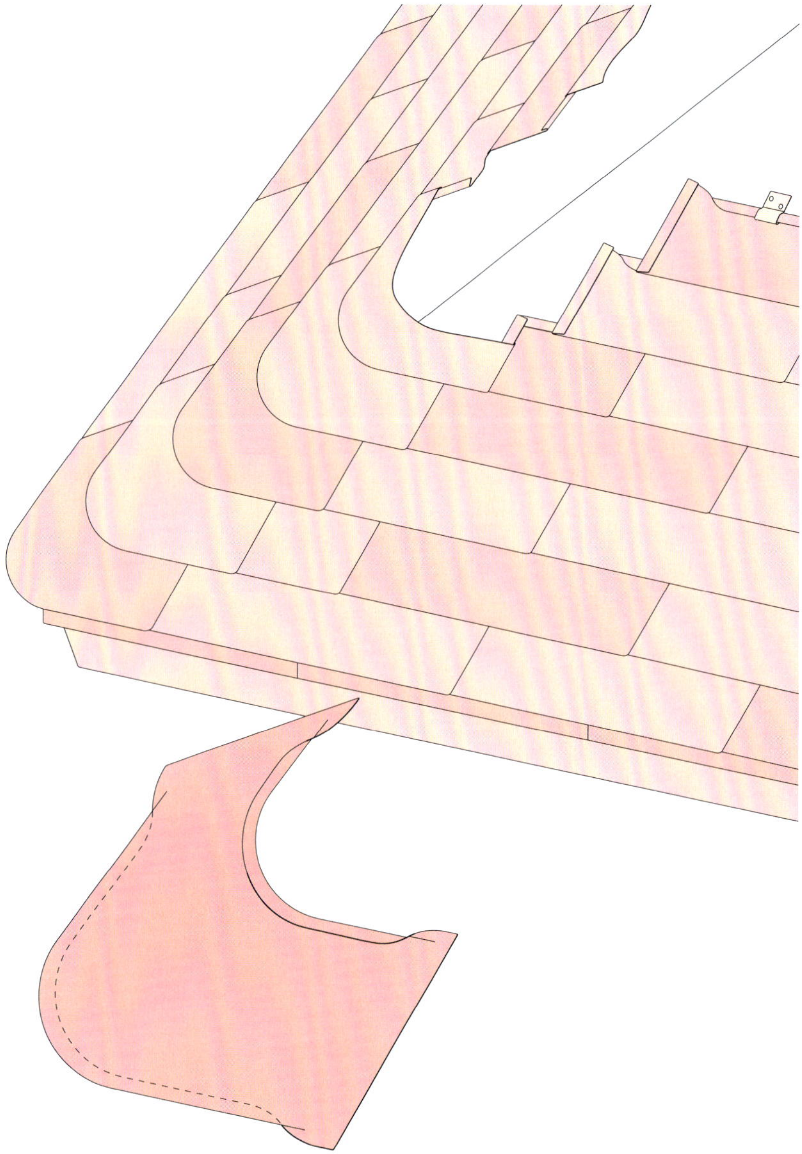

Beschreibung:

Eine optisch besonders ansprechende Lösung ist die über Firste und Grate durchlaufende Deckung mit handwerklich hergestellten Formteilen. Hierzu ist auch die Unterkonstruktion entsprechend vorzubereiten. Bei diesem Beispiel einer Deckung mit Rautenschindeln werden die Formteile nach zeichnerischer oder per EDV erstellter Abwicklung/Zuschnittvorlage in handwerklicher Werkstattarbeit hergestellt. Unter Zuhilfenahme der Sickenmaschine werden hierbei die über- und unterdeckenden Falze handwerklich an die Blechzuschnitte angeformt. Bei der Verlegung kommt es auf die exakte Einhaltung des zuvor auf die Deckunterlage übertragenen Deckungsrasters an.

Arbeitsfolge:

1. Planung des Deckungsrasters per EDV oder zeichnerisch
2. Herstellen einer Zuschnittschablone
3. Zuschneiden und Anformen der unter- und überdeckenden Einhangfalze
4. Übertragen des Deckungsrasters auf die Dachfläche
5. Verlegen der Deckung

6.1.9 Pultfirst mit Einhangblende

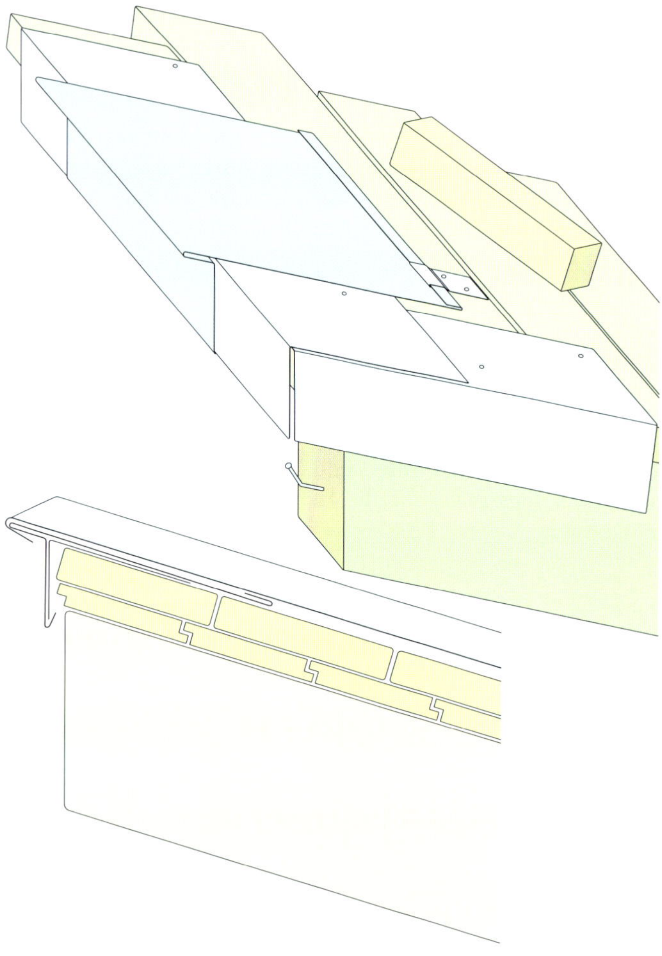

Beschreibung:

Das Detail zeigt eine Pultfirstausbildung mit Einhangblende und Ortganganschluss (siehe Abb. unten).Vorteile dieser Firstausführung sind eine einfache Konstruktion und Montage, die freie Dehnung der Schare in Richtung First und Traufe und das schadlose Abfließen von Treibwasser über die Firstkante. Die Firstausbildung ist sowohl für unbelüftete als auch für hinterlüftete Dachkonstruktionen anwendbar. Zu beachten ist, dass der obere Falzabschluss sorgfältig und regendicht ausgeführt wird.

Arbeitsfolge:

1. Vorbereiten der jeweiligen Traufenausbildung
2. Befestigen des durchlaufenden Vorstoßbleches am First
3. Montage des First-Einhangprofils (Dichtband empfohlen)
4. Verlegen der Metalldeckung
5. Herstellen des regendichten Stehfalzabschlusses am First
6. Montage der Ortgangblenden

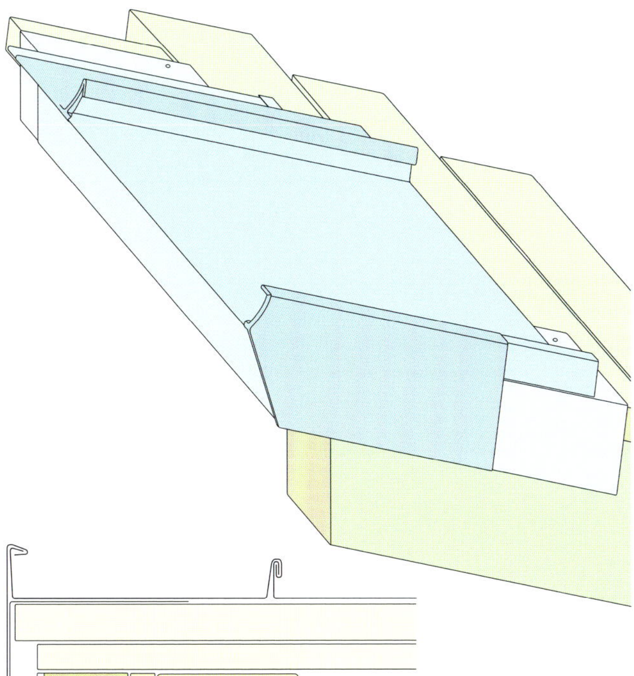

6.1.10 Pultfirst mit Leiste

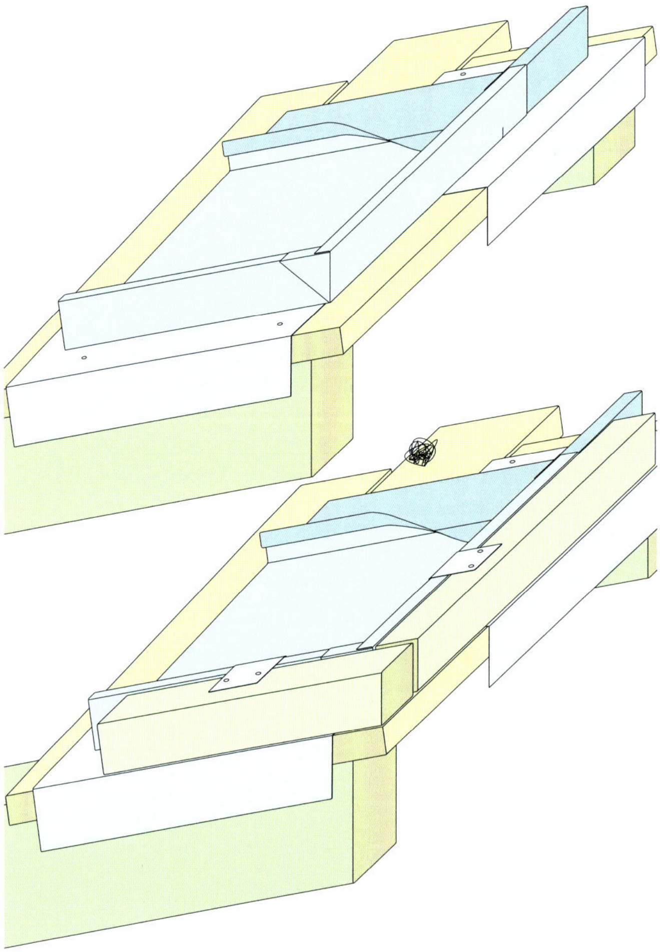

Beschreibung:

Diese Metalldeckung schließt an der Pultfirst- und Ortgangausbildung mit einer umlaufenden Leiste ab. Sie ist ca. 40 mm aufgekantet und mit einem Rückfalz versehen. First- und Ortgangblende sind am oberen Abschluss in Rückfalz und unten in ein durchlaufendes Vorstoßblech eingefalzt bzw. eingehakt und können sich bei Temperaturwechsel in den Überlappungsstößen frei bewegen. Die Firstausbildung ist sowohl für unbelüftete als auch für hinterlüftete Dachkonstruktionen anwendbar.

Arbeitsfolge:

1. Vorbereiten der jeweiligen Traufenausbildung
2. Befestigen des durchlaufenden Vorstoßbleches an First und Ortgang
3. Montage der Leisten
4. Verlegen der Metalldeckung, Befestigung der Randaufkantungen mit Haften
5. Montage der First- und Ortgangblenden

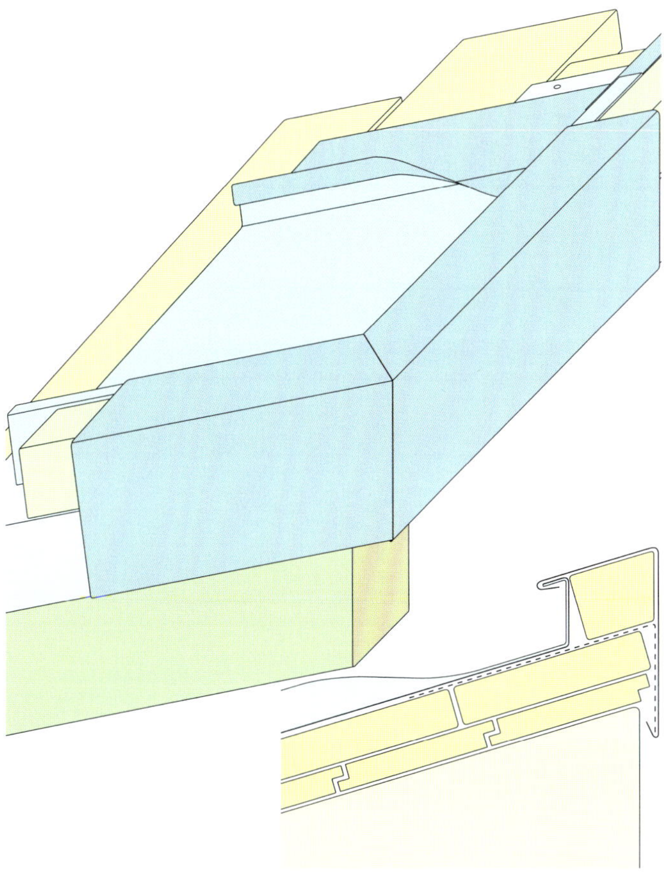

6.1.11 Pultfirst-/Ortgangausbildung, stehend

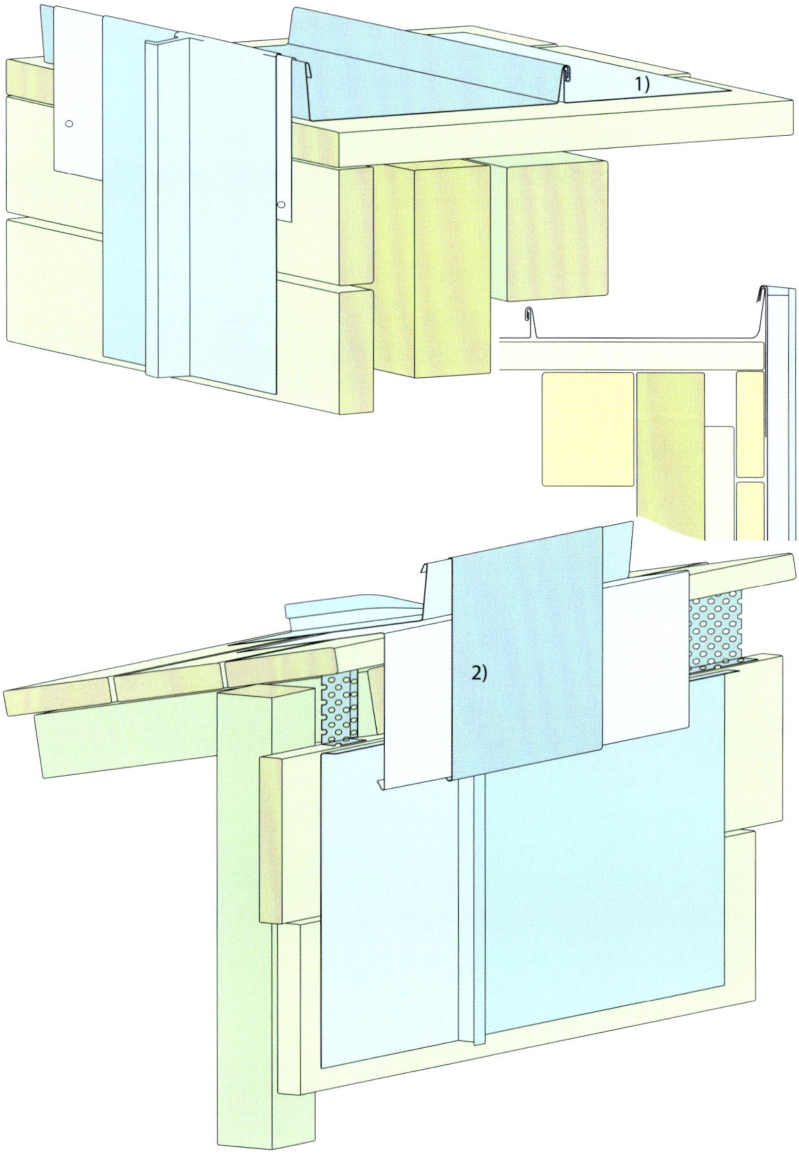

1) Ortgang
2) Pultfirst

Beschreibung:

Bei dieser Pultfirst- und Ortgangausbildung endet die Metalldeckung mit einer ca. 40-mm-Aufkantung und einem um 160 Grad gebogenen Rückfalz. Die Firstblende ist am oberen Abschluss auf den Rückfalz aufgefalzt und unten in ein durchlaufendes Vorstoßblech eingehakt. Sie kann sich somit in den Überlappungsstößen bei Temperaturwechsel frei bewegen. Sie überdeckt den Abschluss der Winkelstehfalzfassade sowie die Hinterlüftungsöffnung der Dachkonstruktion. Die ortgangseitige Fassadenbekleidung ist am oberen Scharabschluss um den Rückfalz der seitlichen, mit einem durchlaufenden Haftblech stabilisierten Scharaufkantung aufgefalzt.

Arbeitsfolge:

1. Vorbereiten der jeweiligen Traufenausbildung
2. Befestigen des durchlaufenden Vorstoßbleches am First
3. Verlegen der Metalldeckung, Befestigung der Randaufkantungen mit Haften
4. Montage der Firstblenden
5. Montage der ortgangseitigen Fassadenbekleidung

6.2 Ortgangausbildungen

6.2.1 Ortgang, schräg, wasserführend

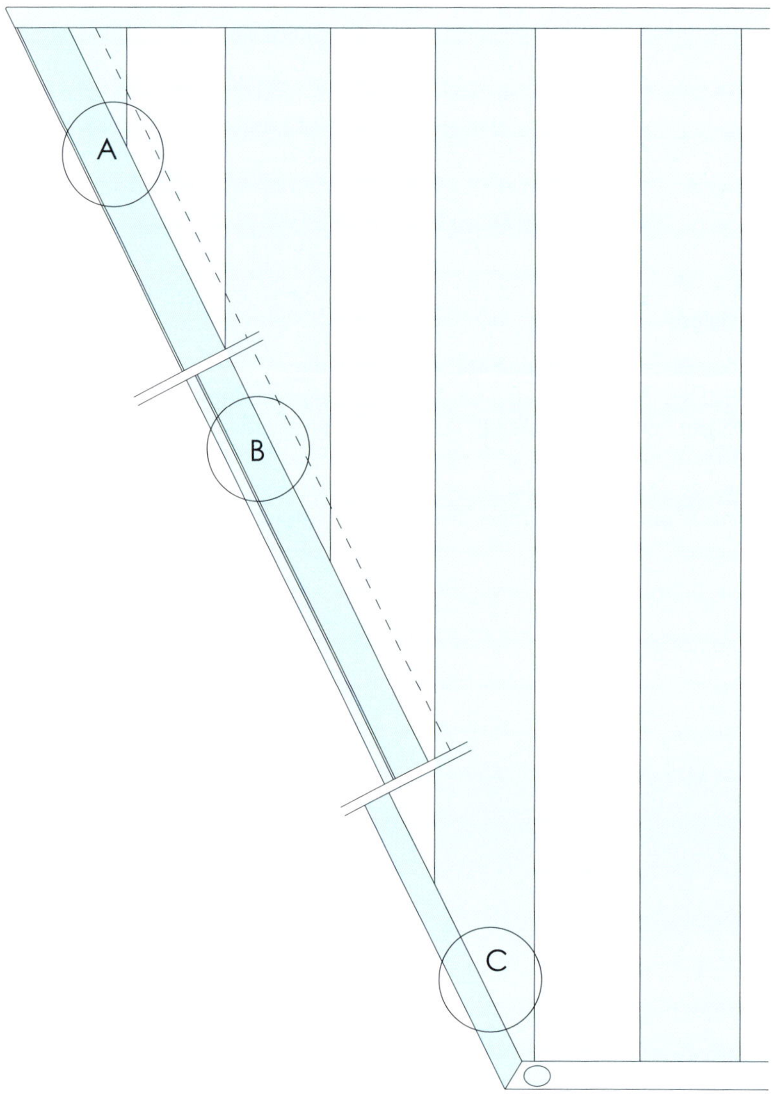

Beschreibung:

Bei diesem schrägen Dachanschluss läuft das abfließende Niederschlagswasser auf den Ortgang zu und hat somit eine ableitende Funktion. Die rechte Abbildung zeigt 3 Varianten, mit denen das Niederschlagswasser schadlos abgeleitet werden kann. Abmessungen und Verbindungstechniken sind dabei abhängig von den jeweiligen Dachneigungen.

Varianten:

1) Ortgang mit aufgefalzter Blende und durchlaufendem Vorstoßblech. Die Verbindung der Metalldeckung zum Ortgangprofil erfolgt durch Einhang in den Zusatzfalz.

2) Ortgang mit Leisten, aufgefalzter Leistenabdeckung und Ortgangblende. Die Verbindung der Metalldeckung zum Ortgangprofil erfolgt durch Einhang in den Zusatzfalz.

3) Ortgang mit Entwässerungsrinne. Die Metalldeckung ist durch ein Rinnen-Einhangprofil an die Dachrinnen angeschlossen (sicherste Variante).

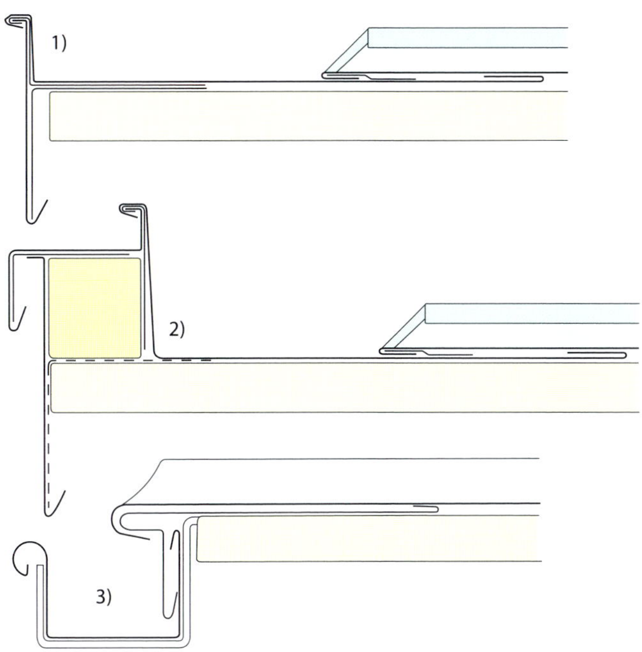

6.2.2 Ortgang, schräg, wasserführend (konische Schare)

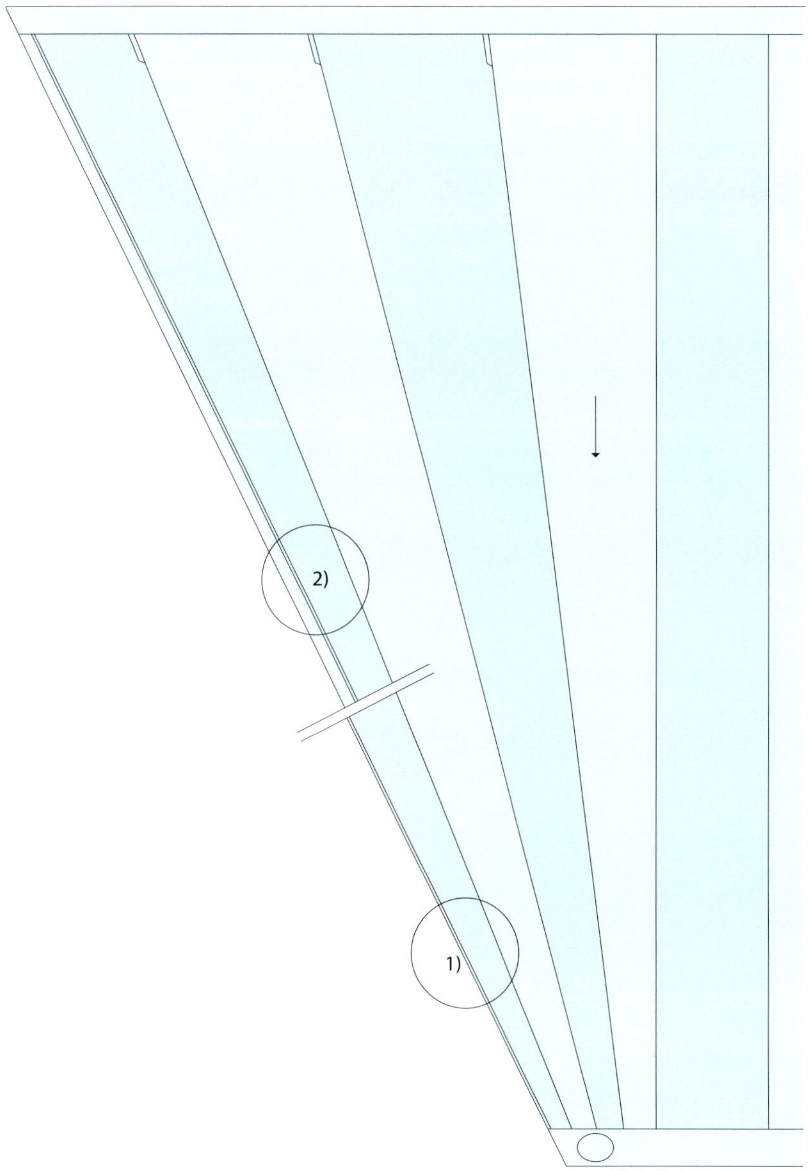

Beschreibung:

Bei diesem schrägen Dachanschluss läuft nur sehr wenig Niederschlagswasser am Ortgang ab, da die Scharen konisch auf die Traufenrinne zulaufen. Die rechte Abbildung zeigt 2 Varianten, mit denen das Niederschlagswasser schadlos abgeleitet werden kann. Abmessungen und Verbindungstechniken sind dabei abhängig von den jeweiligen Dachneigungen.

Varianten:

1) Ortgang mit aufgefalzter Blende und durchlaufendem Vorstoßblech. Die Verbindung der Metalldeckung zum Ortgangprofil erfolgt durch Einhang in den Zusatzfalz.
2) Ortgang mit Leisten, aufgefalzter Leistenabdeckung und Ortgangblende. Die Verbindung der Metalldeckung zum Ortgangprofil erfolgt durch Einhang in den Zusatzfalz.

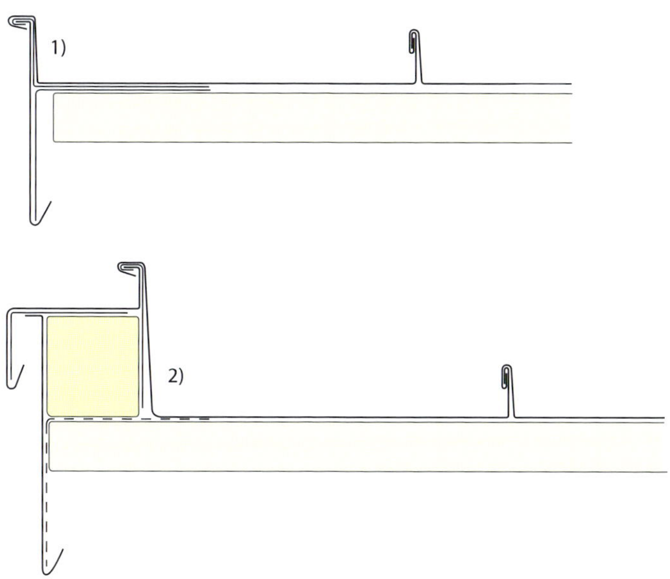

6.2.3 Ortgang, schräg

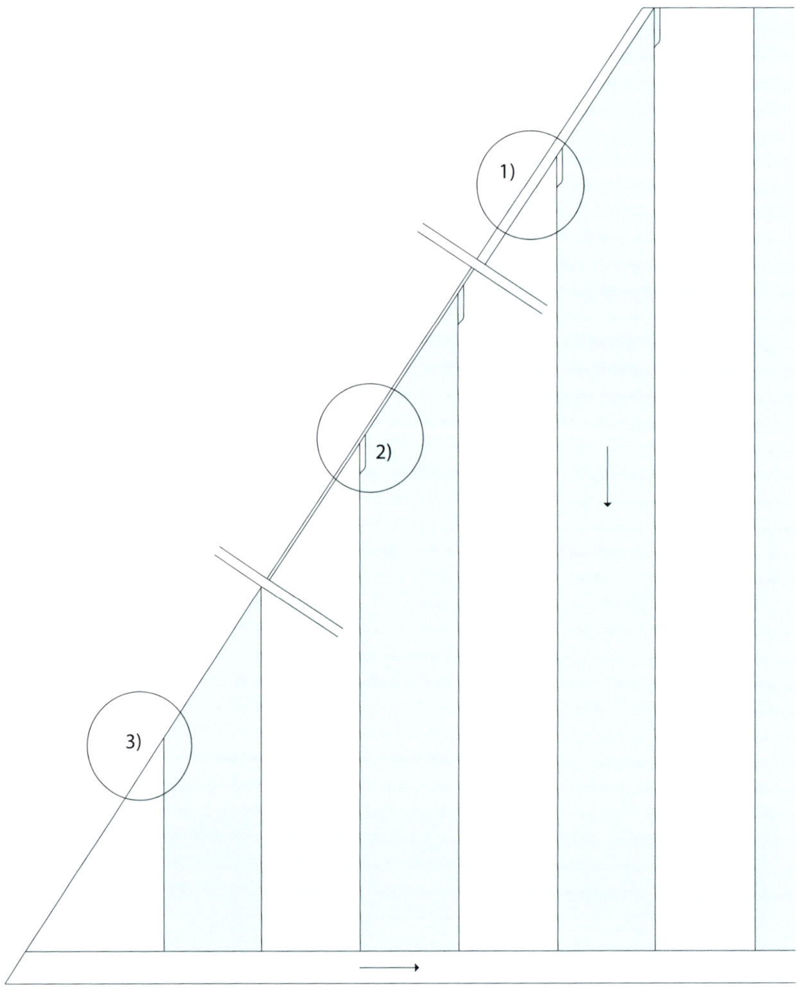

Beschreibung:

Bei diesem schrägen Dachanschluss läuft das abfließende Niederschlagswasser direkt in die Traufenrinne. Die rechte Abbildung zeigt 3 Varianten, mit denen das Niederschlagswasser schadlos abgeleitet werden kann. Abmessungen und Verbindungstechniken sind dabei abhängig von den jeweiligen Dachneigungen.

Varianten:

1) Ortgang mit Leisten und vierfach gekanteter aufgefalzter Ortgangblende. Die Scharen sind am Ortgang aufgestellt und mit einem Rückfalz versehen.
2) Ortgang mit aufgefalzter Blende und durchlaufendem Vorstoßblech. Die Scharen sind am Ortgang aufgestellt und mit einem Rückfalz versehen.
3) Ortgang mit Traufen-Einhangblende. Die Metalldeckung schließt am Ortgang mit stehend schrägem Falzabschluss ab.

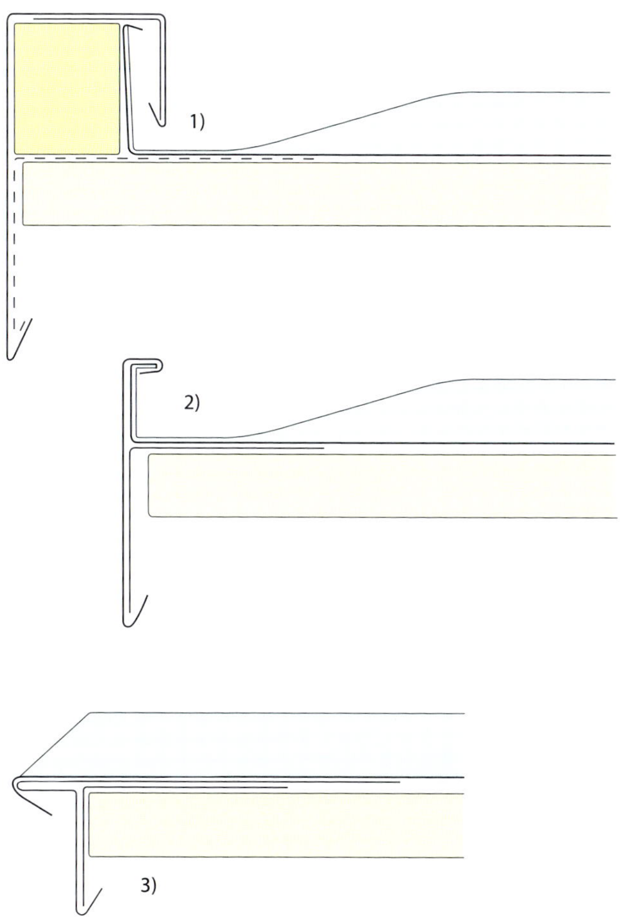

6.2.4 Ortgang, schräg, konische Schare

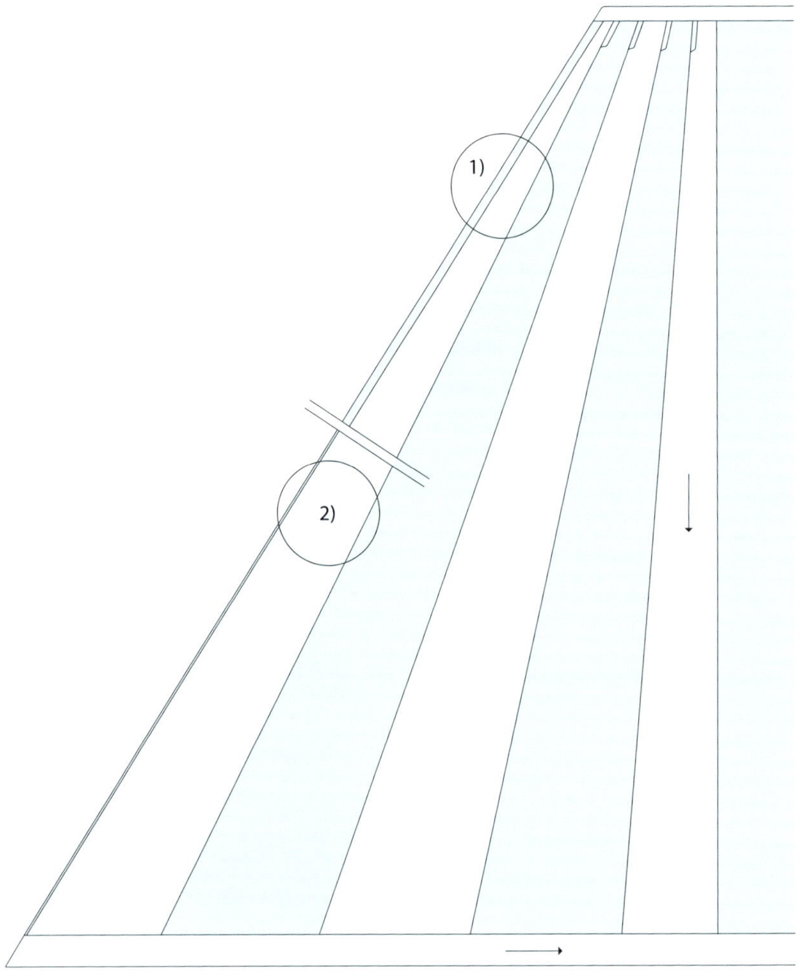

Beschreibung:

Bei diesem schrägen Dachanschluss läuft das abfließende Niederschlagswasser von den konischen Scharen direkt in die Traufenrinne. Die rechte Abbildung zeigt 3 Varianten, mit denen das Niederschlagswasser schadlos abgeleitet werden kann. Abmessungen und Verbindungstechniken sind dabei abhängig von den jeweiligen Dachneigungen.

Varianten:

1) Ortgang mit Leisten und vierfach gekanteter aufgefalzter Ortgangblende. Die Scharen sind am Ortgang aufgestellt und mit einem Rückfalz versehen.
2) Ortgang mit aufgefalzter Blende und durchlaufendem Vorstoßblech. Die Scharen sind am Ortgang aufgestellt und mit einem Rückfalz versehen.

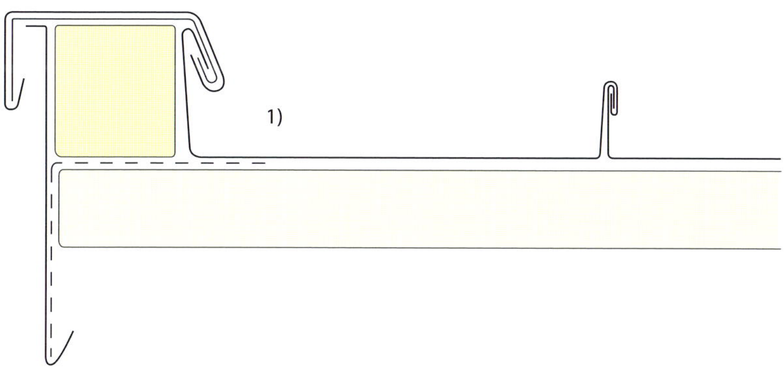

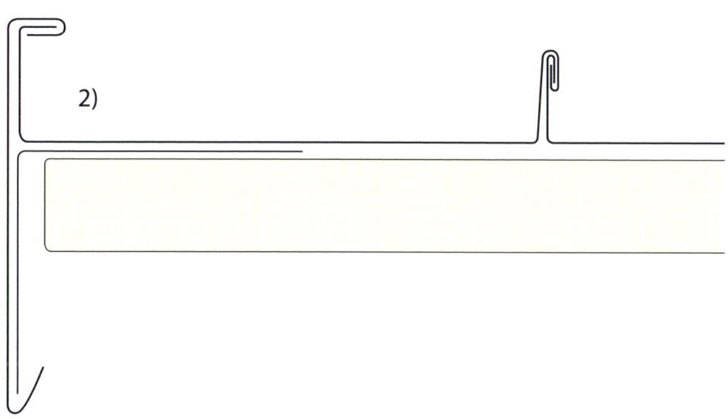

6.2.5 Ortgang Übergang Gesimsrinne

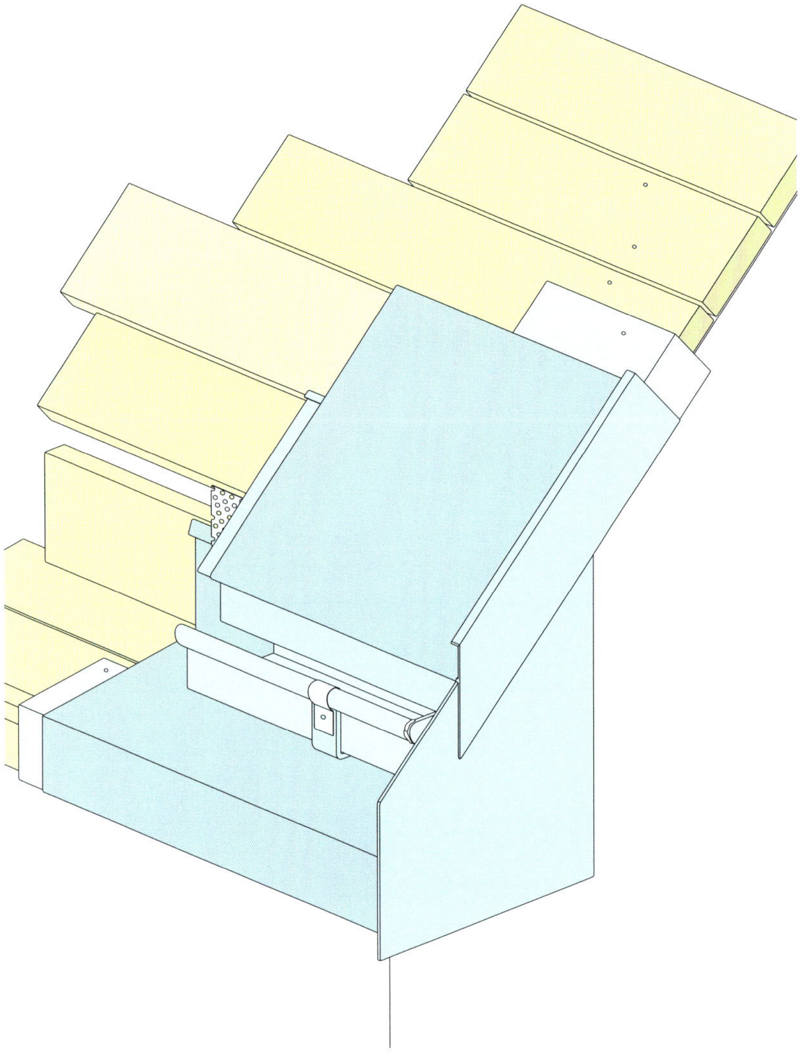

Beschreibung:

Typische Traufausbildung einer Metalldeckung mit Gesimsrinne. Die Gesimsabdeckung schließt mit einem aufgefalzten Endstück ab, das der Dachneigung angepasst ist. Die Scharen sind am Ortgang aufgestellt und mit einem Rückfalz versehen und die aufgefalzte Blende mit einem durchlaufenden Vorstoßblech gesichert.

Arbeitsfolge:

1. Montage der Gesimsabdeckung mit Endstück
2. Verlegen der Rinne mit Traufausbildung
3. Montage der Vorstoßbleche
4. Verlegen der Metalldeckung

6.2.6 Ortgang vorgehängte Rinne

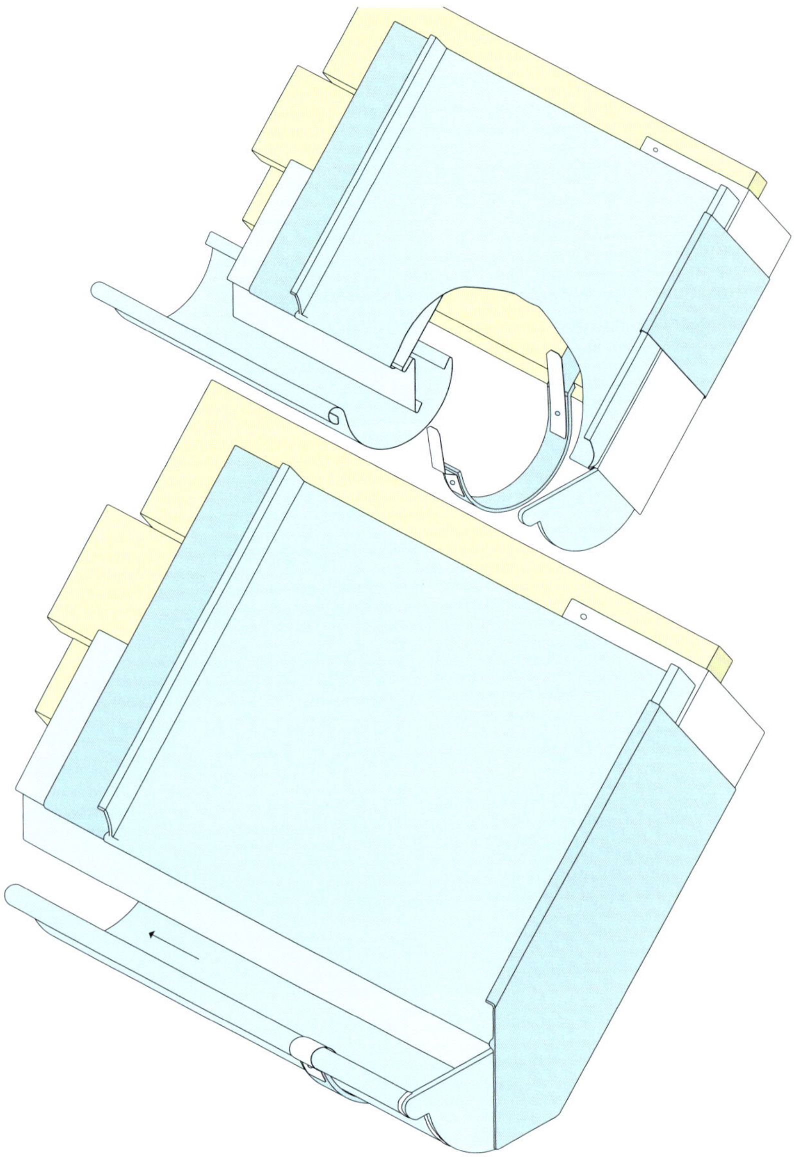

Beschreibung:

Traufausbildung einer Metalldeckung mit vorgehängter Halbrundrinne. Die Scharen sind am Ortgang aufgestellt und mit einem Rückfalz versehen. Die aufgefalzte Blende ist mit einem durchlaufenden Vorstoßblech gesichert.

Arbeitsfolge:

1. Verlegen der Rinne mit Traufausbildung
2. Montage der Vorstoßbleche
3. Verlegen der Metalldeckung

6.3.7 Wandanschluss, Überhangstreifen/Kappleisten

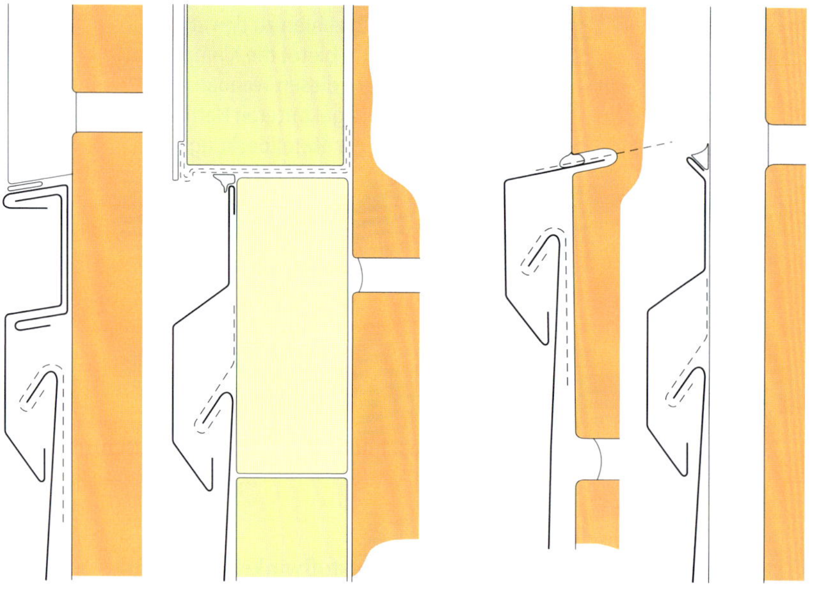

1) 2) 3) 4)

Beschreibung:

Diese Details zeigen unterschiedliche Einbausituationen von Wandkappleisten für die regensichere Überdeckung aufgehender Anschlüsse aus Metall.

Varianten (von links):

1) Systemkappleiste für WDVS, eingeputzt
2) Kappleiste für WDVS in einer Nische
3) Kappleiste in gefrästem Mauerschlitz
4) Aufgesetzte Wandkappleiste

6.4 Querverbindungen

6.4.1 Gefällestufe, unbelüftet, stehender Anschluss

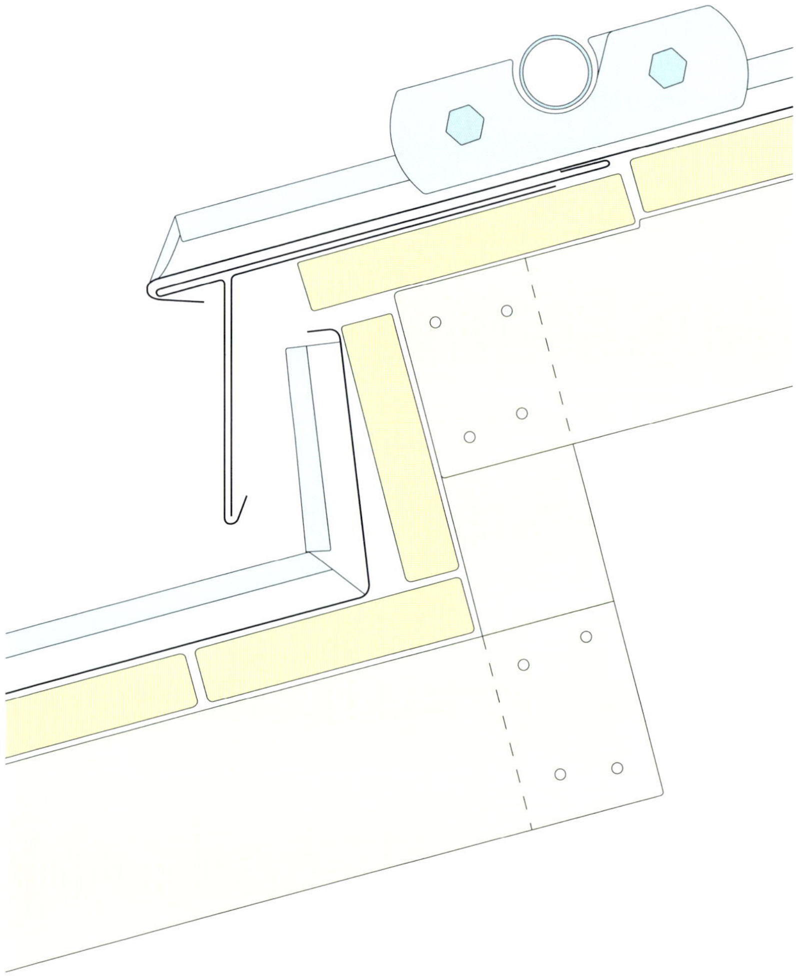

Beschreibung:

Diese Gefällestufe ohne Lüftungsfunktion kommt beispielsweise bei überlangen Scharen zur Anwendung. Sie besteht aus einer firstseitigen Aufkantung mit stehendem Falzanschluss sowie einem Traufen-Einhangprofil mit langer Tropfkante und Vorstoßblech. Die Schare der aufgestockten Dachflächen enden mit einem stehend schrägen Falzabschluss.

Arbeitsfolge:

1. Eindecken der Dachfläche mit firstseitiger Aufkantung und stehendem Falzabschluss
2. Montage des Traufen-Einhangbleches mit Vorstoßwinkel
3. Eindecken der aufgestockten Dachflächen mit stehend schrägem Falzabschluss

6.4.2 Gefällestufe, unbelüftet, liegender Anschluss

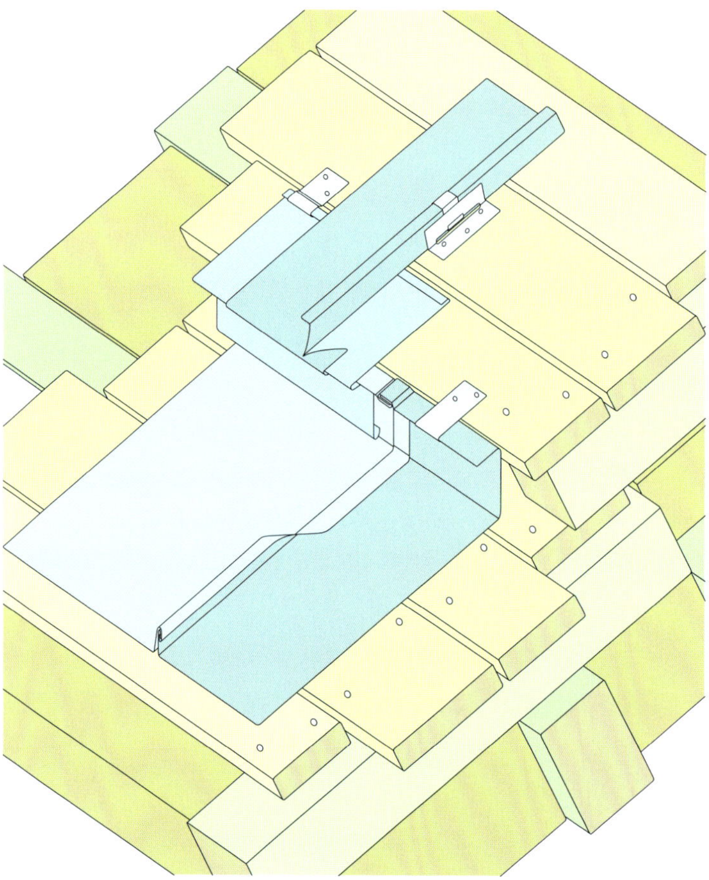

Beschreibung:

Das Detail zeigt eine Gefällestufe ohne Lüftungsfunktion mit einer firstseitigen Aufkantung und niedergelegtem Falzabschluss. Die aufgestockte Dachfläche endet mit stehend schrägem Falzabschluss an einem Traufen-Einhangprofil mit langer Tropfkante und Vorstoßblech. Zu beachten ist hierbei, dass die Gefällestufe erst nach dem Aufkanten der Schare fertiggestellt werden kann.

Arbeitsfolge:

1. Eindecken der Dachfläche mit firstseitiger Aufkantung und niedergelegtem Falzabschluss
2. Montage des Traufen-Einhangbleches mit Vorstoßwinkel
3. Eindecken der aufgestockten Dachflächen mit stehend schrägem Falzabschluss

6.4.3 Gefällestufe, belüftet, stehender Anschluss

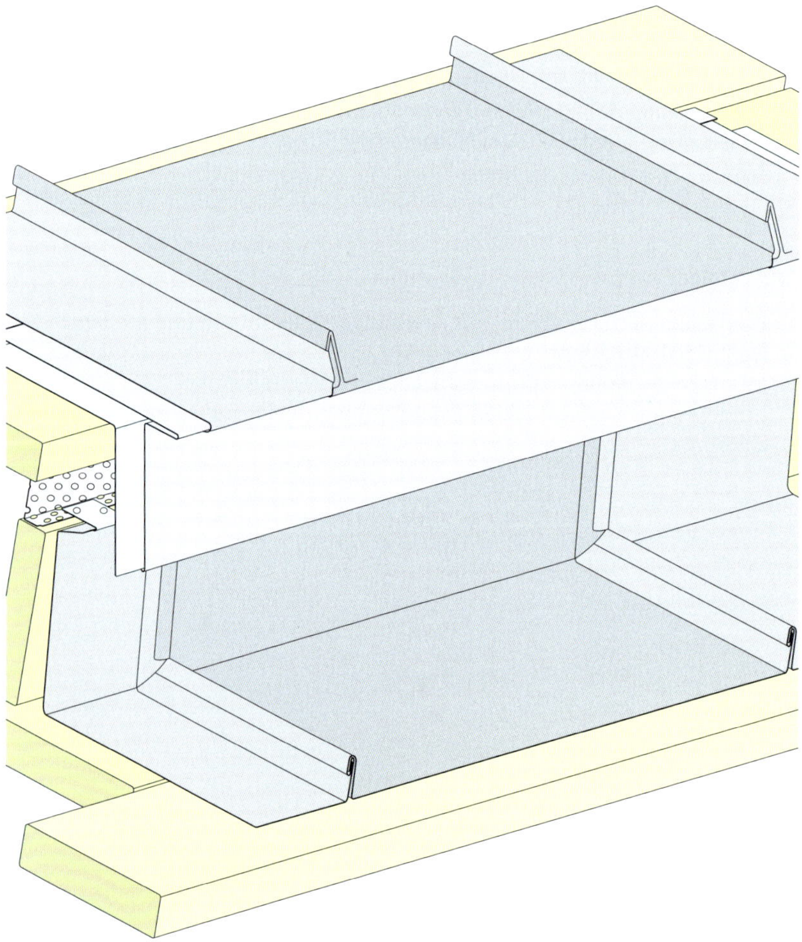

Beschreibung:

Diese Gefällestufe mit Lüftungsfunktion kommt beispielsweise bei überlangen Scharen und zur Sicherstellung einer funktionierenden Hinterlüftung zur Anwendung. Sie ist mit einer firstseitigen Aufkantung und stehendem Falzanschluss sowie einem Traufen-Einhangprofil mit langer Tropfkante und Vorstoßblech ausgeführt. Die Schare der aufgestockten Dachflächen enden mit einem stehend schrägen Falzabschluss. Die durchgehende Lüftungsöffnung ist mit einem Lochblech abgedeckt.

Arbeitsfolge:

1. Eindecken der Dachfläche mit firstseitiger Aufkantung und stehendem Falzabschluss
2. Montage des Lochbleches und des Traufen-Einhangbleches mit Vorstoßwinkel
3. Eindecken der aufgestockten Dachflächen mit stehend schrägem Falzabschluss

6.4.4 Gefällestufe an aufgehender Wand, stehender Anschluss

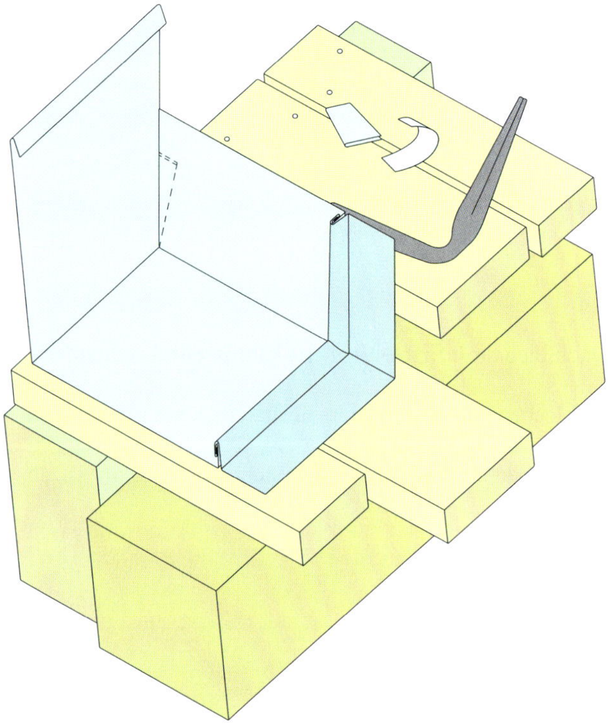

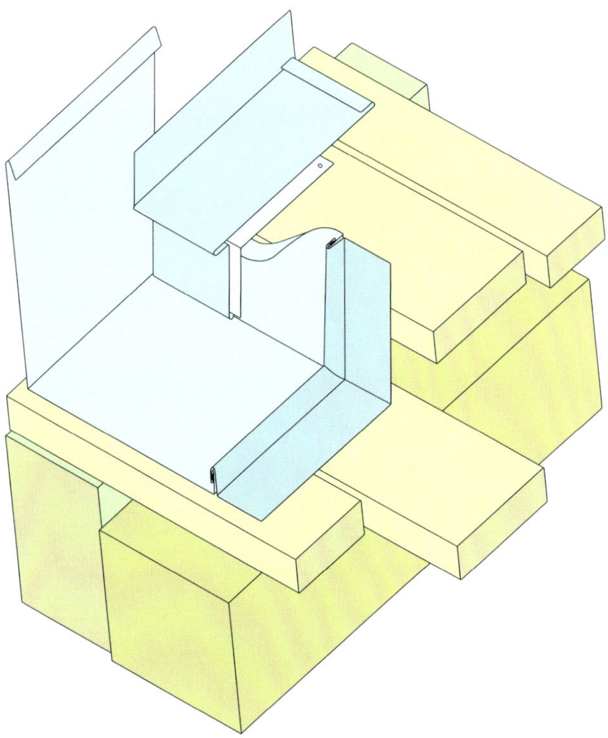

Beschreibung:

Das Detail zeigt eine Gefällestufe ohne Lüftungsfunktion mit Wandanschluss. Sie besteht aus einer firstseitigen Aufkantung mit stehendem Falzanschluss sowie einem Traufen-Einhangprofil mit langer Tropfkante und Vorstoßblech. Die Schare der aufgestockten Dachflächen enden mit einem stehend schrägen Falzabschluss. Die firstseitige Verwahrung der Gefällestufe zur aufgehenden Wand erfolgt mit Taschenausbildung in Falztechnik, ohne das Blech einschneiden und löten zu müssen.

Arbeitsfolge:

1. Eindecken der Dachfläche mit firstseitiger Aufkantung, stehendem Falzabschluss mit Taschenausbildung
2. Montage des Traufen-Einhangbleches mit Vorstoßwinkel
3. Eindecken der aufgestockten Dachflächen mit stehend schrägem Falzabschluss

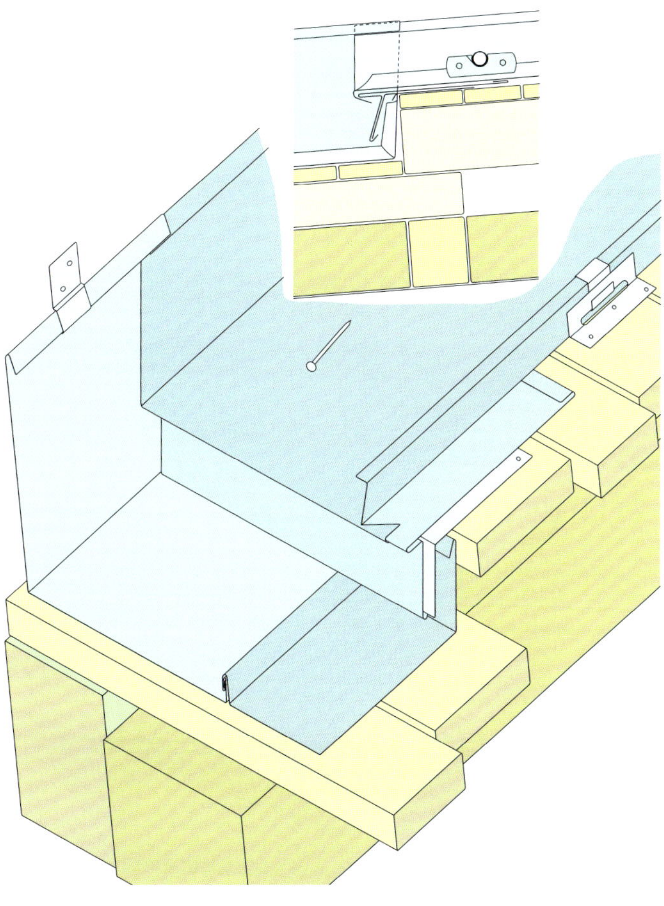

6.4.5 Dehnungsquerfalz mit Zusatzfalz

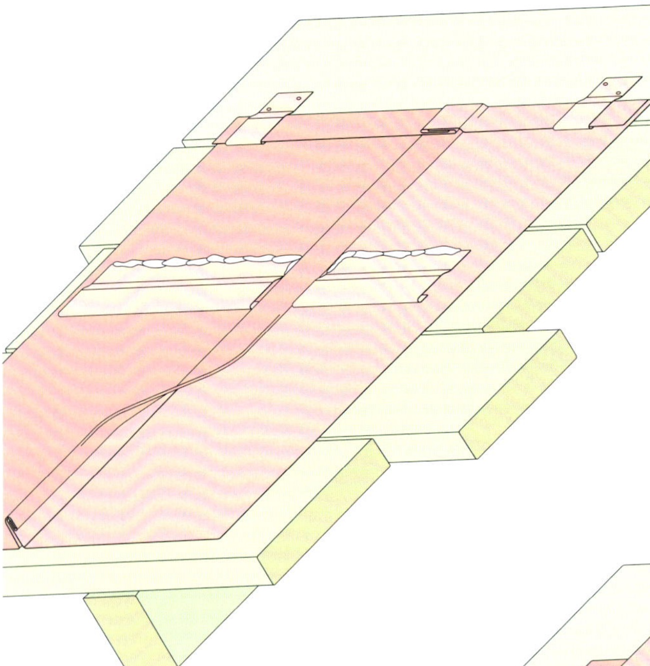

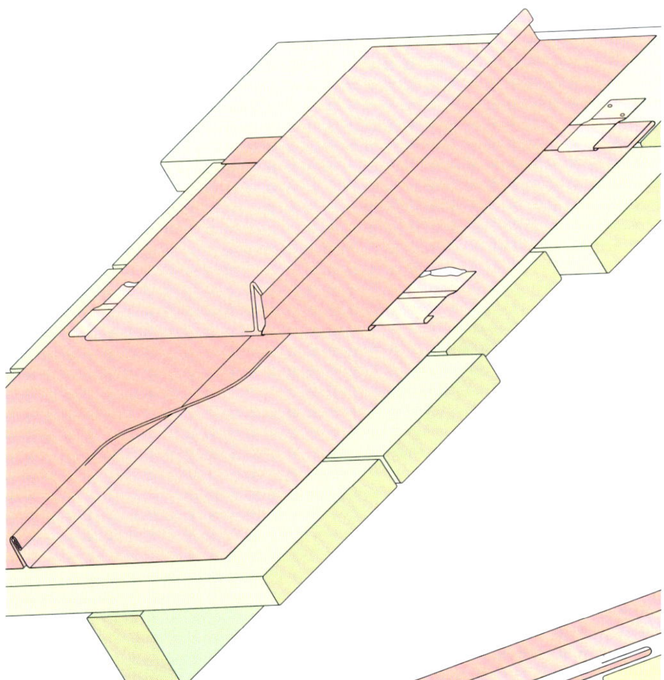

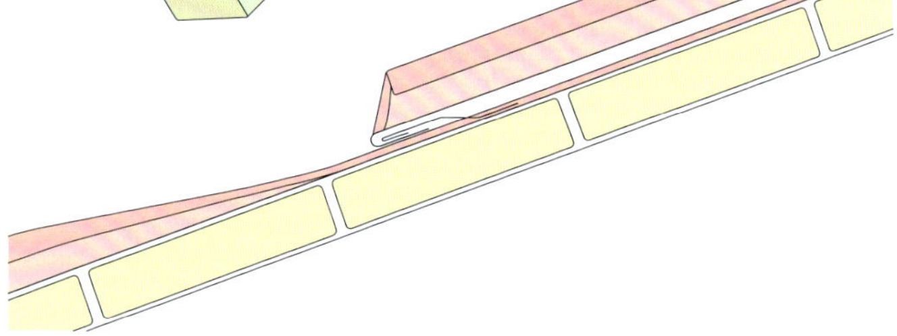

Beschreibung:

Der Dehnungsquerfalz kann bei überlangen Scharen und bei Dachneigungen über 10 Grad angewendet werden. Zur Herstellung werden die Doppelstehfalze im Überdeckungsbereich gegen die Verlegerichtung niedergelegt, am Scharenende mit einem Umschlag versehen und mit Streifenhaften indirekt befestigt. Der Zusatzfalz wird als Einhang für die folgende Schar aufgelötet und die nächste Schar mit dem erforderlichen Dehnungsabstand in den Falzstreifen eingefalzt.

Hinweis: Niedergelegte Falze lassen kaum Dehnungsbewegungen in Querrichtung zu, sodass bei Bauteillängen über 10 m der Einbau von Dehnungselementen wie Dehnungsleisten erforderlich sein kann.

Arbeitsfolge:

1. Eindecken der Dachfläche bis zur Trennlinie (maximal 10 m)
2. Niederlegen der Falze und Herstellen des Umschlags mit Haftbefestigungen
3. Montage der Zusatzfalze
4. Verlegen der Metalldeckung mit Anschluss an den Dehnungsfalz

6.5.2 Übergang Gaubendach/Ortgang Seitenwange

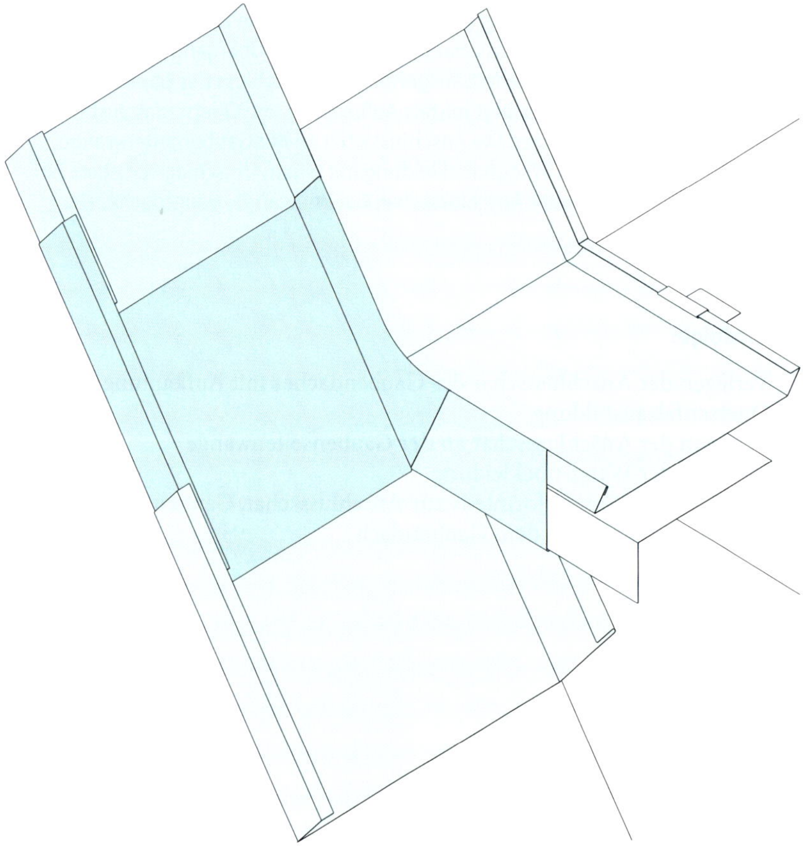

Beschreibung:

Dieser Übergang von der Hauptdachfläche zur Schleppdachgaube ist mit einer Ortgangblende ausgeführt. Die seitliche Anschlussschar der Gaube ist am Übergang zur Ortgangblende mit einem Umschlag ausgeführt. Der Überstand über die Seitenwangenbekleidung ist mittels Vorstoßblech konstruiert, das gleichzeitig als Einhang für die Ortgangblende dient. Der Anschluss des Gaubendaches an die Hauptdachfläche erfolgt mittels Aufkantung und Quetschfalzausbildung des Doppelstehfalzes. Die Anschlussschar an der Gaubenseitenwange ist für den Einhang der Wangenbekleidung mit einem Umschlag versehen. Ein Sonderformteil verbindet Anschlussschar, Ortgangblende, Hauptdachfläche und Gaubendach.

Arbeitsfolge:

1. Verlegen der Anschlussschar an der Gaubenseitenwange
2. Verlegen der Wangenbekleidung
3. Montage des Vorstoßbleches am Ortgang
4. Verlegen der Anschlussschar des Gaubendaches mit Aufkantung und Quetschfalzausbildung
5. Einpassen des Sonderformteils zur Anschlussschar, Ortgangblende, Hauptdachfläche und dem Gaubendach

6.5.3 Übergang Gaubenkehle/Seitenwange

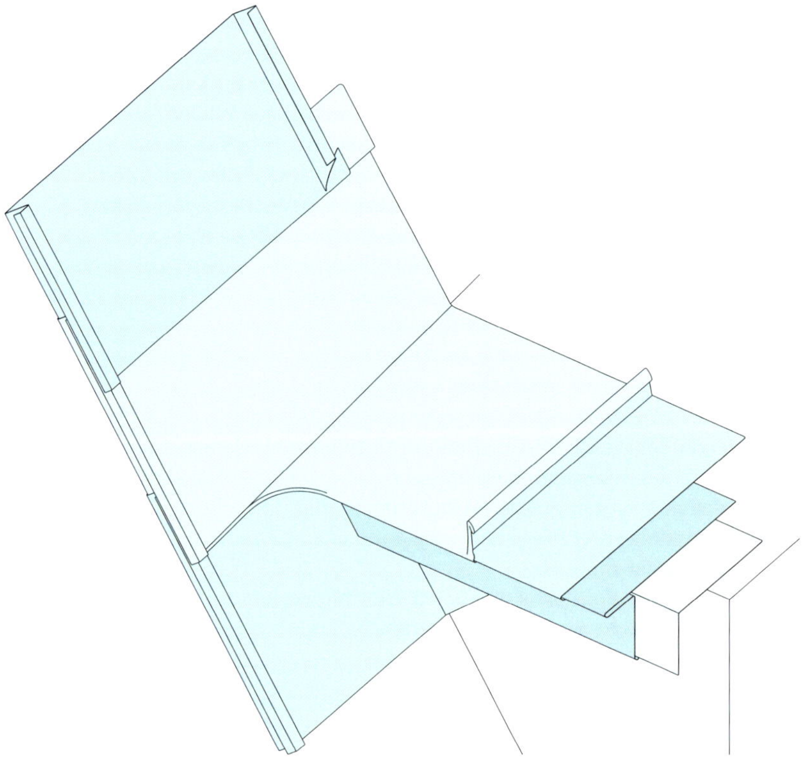

Beschreibung:

Das Detail zeigt den Übergang einer Satteldachgaube zur Hauptdachfläche. Dieser Knotenpunkt erfasst den seitlichen Anschluss der Gaubenwange, die Traufausbildung des Gaubendaches sowie die Anbindung der Kehle an die Hauptdachfläche. Die seitliche Anschlussschar der Gaube ist für den Einhang der Wangenbekleidung mit einem Umschlag versehen. Der Überstand über die Seitenwangenbekleidung ist als Traufenausbildung mit Traufen-Einhangprofil und Vorstoßblech konstruiert. Der Anschluss des Gaubendaches an die Hauptdachfläche erfolgt mittels rund eingefalzter Kehlschar.

Arbeitsfolge:

1. Verlegen der Anschlussschar an der Gaubenseitenwange
2. Verlegen der Wangenbekleidung
3. Montage der Traufenausbildung
4. Verlegen der Kehlschar
5. Eindeckung oberhalb der Dachgaube

6.5.4 Gaubenanschluss Kehle/Vorderansicht

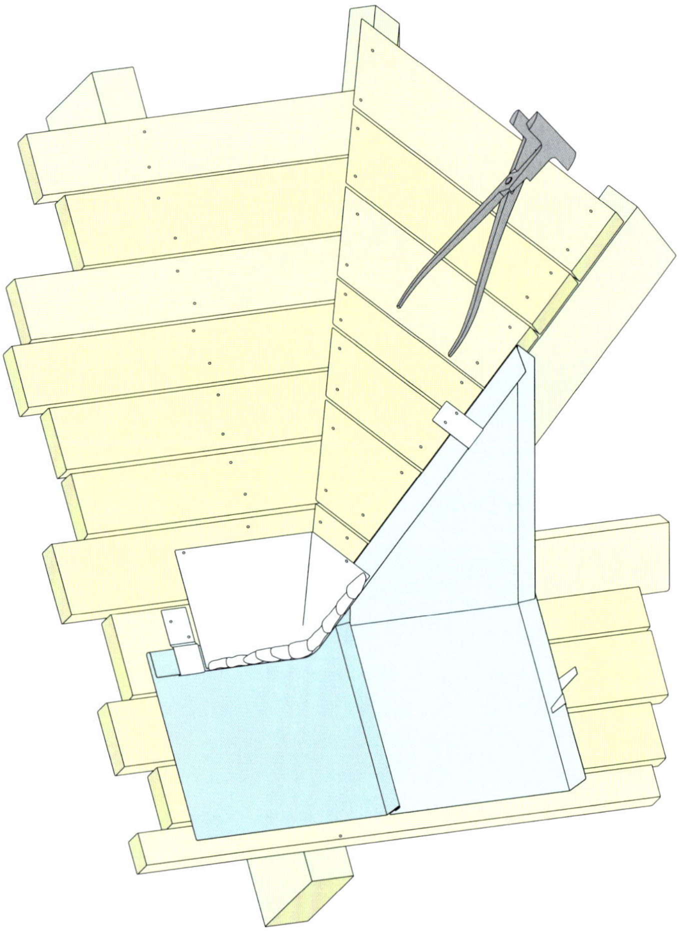

Beschreibung:

Dieser Anschluss zeigt den Knotenpunkt am Kehlenauslauf einer Dreiecksgaube. Mit 2 Stehfalzscharen wird hierbei der Übergang Hauptdachfläche/Gaubendach/Gaubenvorderansicht erfasst. Eine Schar mit Aufkantung an der Gaubenvorderansicht und Rückfalz am Gaubendach ist Startprofil dieses Details. Die zweite Schar ist hiermit verbunden und Auslaufpunkt der Kehle. Als zusätzliche Sicherung bei möglichem Stauwasser dient ein sogenannter Kehlenschuh, der wasserdicht an die Rückfalze der Schare angelötet ist. Das sehr breite Kehlblech ist mit Zusatzfalzen zum Anschluss an die folgende Deckung versehen, sodass diese Verwahrung auch bei Starkregen sicher entwässert.

Arbeitsfolge:

1. Verlegen der 2 Anschlussschare
2. Montage des Kehlenschuhs
3. Einbau der Kehle mit Zusatzfalz
4. Verlegen der Deckungen an Gaube und Hauptdach

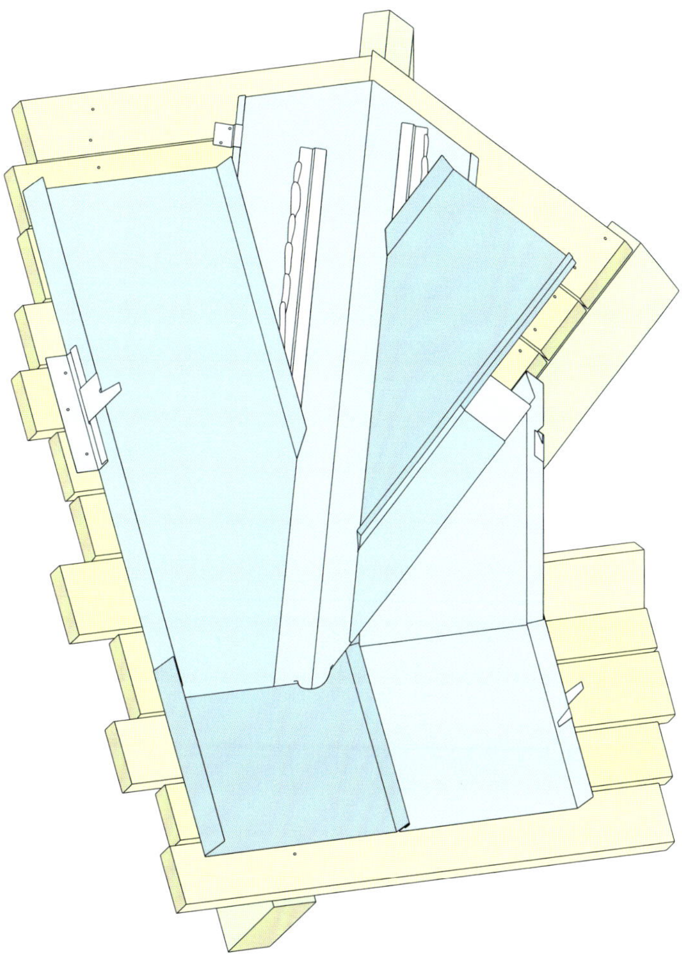

6.5.5 Gaubenanschluss Vorderansicht/Seitenwange

1)

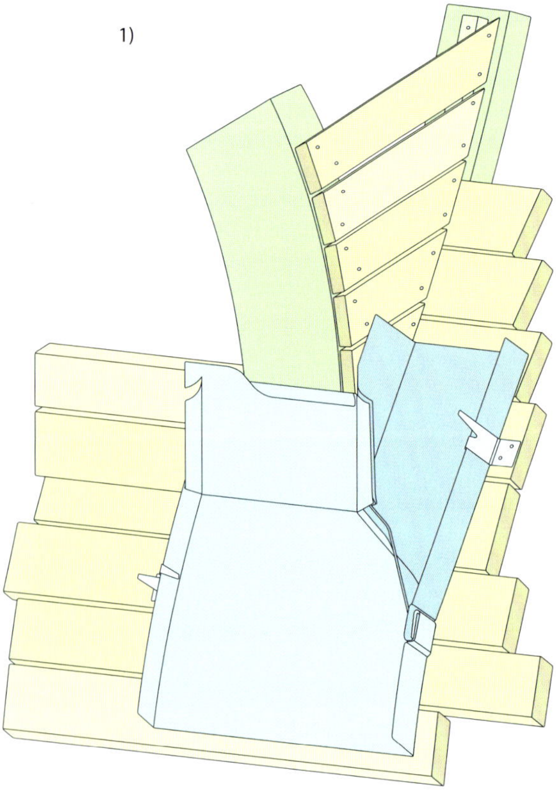

2)

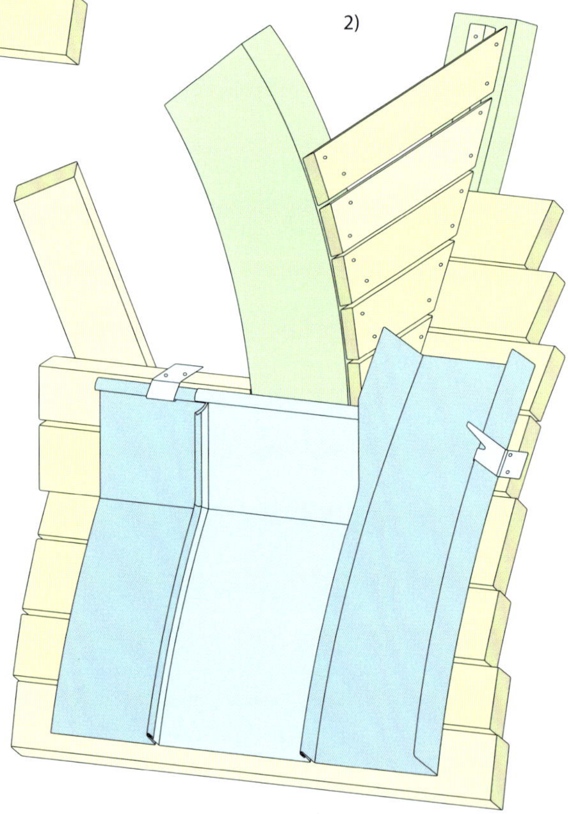

Beschreibung:

Gleich 3 Varianten eines Knotenpunktes am Kehlenauslauf der Rundgaube zeigen diese Details. Sie erfassen den Übergang Hauptdachfläche/Gaubendach/Gaubenvorderansicht. In Detail 1) ist die Gaubenecke ähnlich einer Kaminverwahrung mit „Brust" und „Seitenblech" ausgeführt und diagonal verfalzt. In Detail 2) verläuft die seitliche Schar parallel zum Gauben-Brustblech bis zur Traufe durch. Detail 3) ist im Prinzip wie die zuvor beschriebene Ausführung umgesetzt, jedoch ist die Gaubendeckung durch den Querfalz von der Scharaufteilung der Hauptdachflächen abgekoppelt.

Arbeitsfolge:

1. Montage der Deckung mit Abstand zur Gaube (nur 3))
2. Verlegen des Brustbleches
3. Anschluss des Seitenbleches

3)

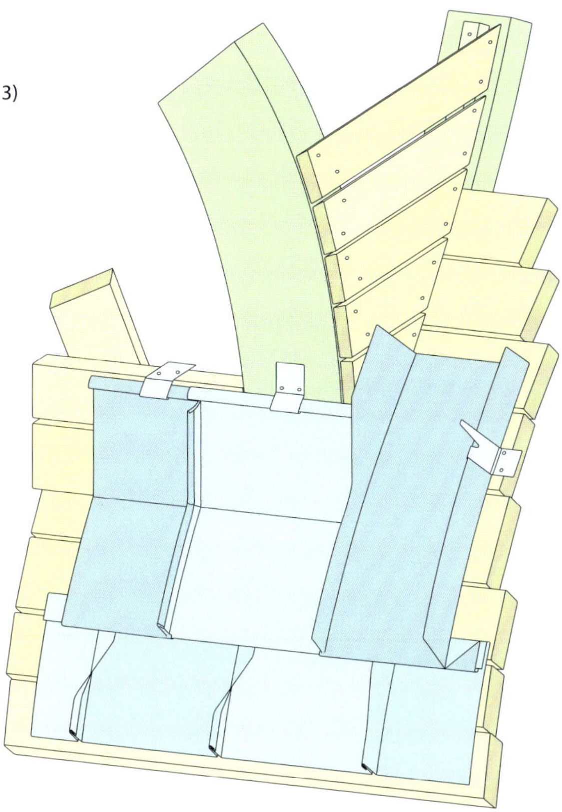

6.5.6 Gaubenblende, gerundet

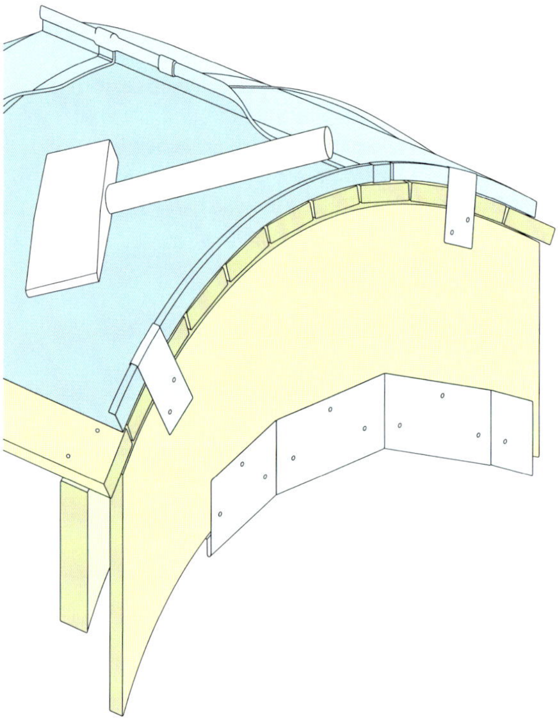

1)

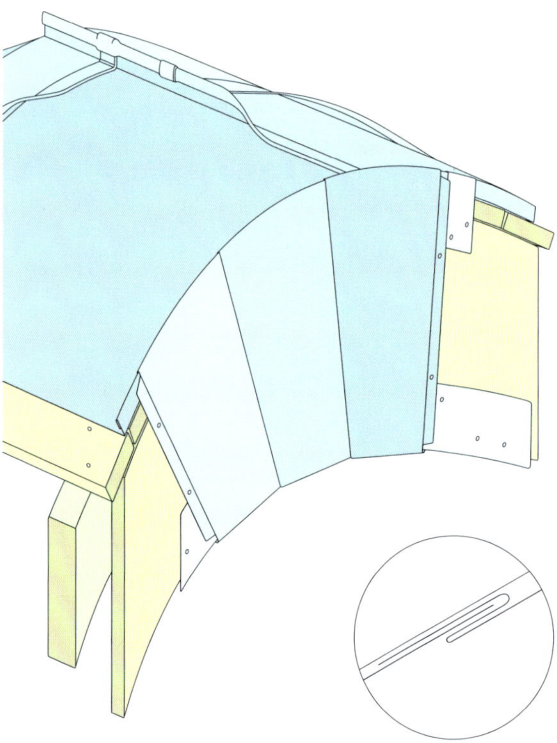

2)

Beschreibung:

Bei der Bekleidung von Gaubenblenden ergeben sich viele Gestaltungsmöglichkeiten. In Abb. 2) ist beispielsweise eine strahlenförmige Anordnung der Verbindungsfalze dargestellt. Diese sind im flach geformten Steckfalzsystem („Flatlock") miteinander verbunden und zeigen sich mit einer recht planebenen Oberflächenstruktur. Die Variante mit lotrecht angeordneten Winkelstehfalzscharen in Abb. 3) ergibt eine deutlich konturierte Oberfläche. Die Bekleidungselemente sind jeweils an der Gauben-Anschlussschar und am Fußprofil eingefalzt.

Arbeitsfolge:

1. Verlegen der Gaubendeckung
2. Montage des Fußprofils
3. Verlegen der Gaubenblende

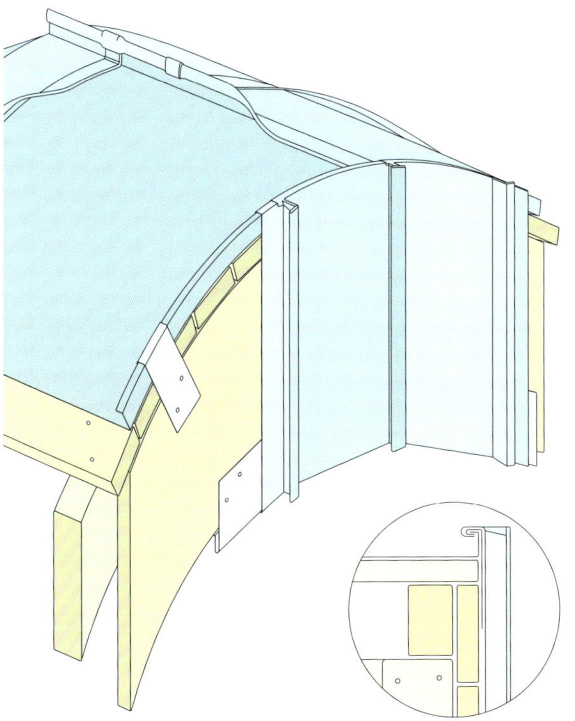

3)

6.6 Verwahrungen

6.6.1 Wandanschluss mit Eckausbildung, hinterlüftet

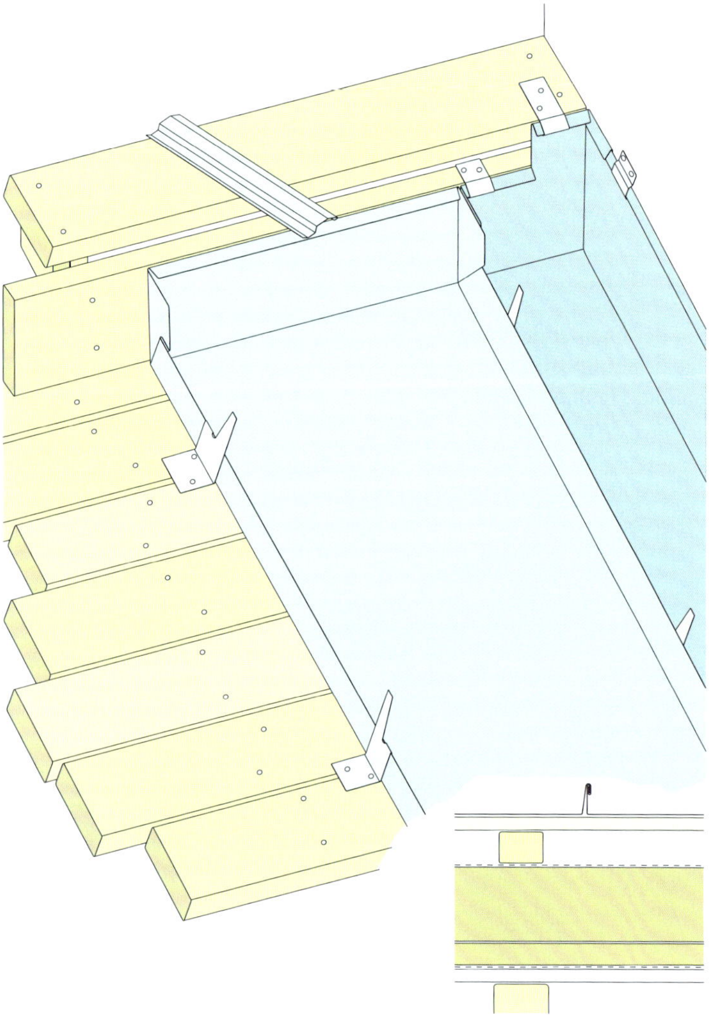

Beschreibung:

Diese Konstruktion zeigt den Wandanschluss eines hinterlüfteten Metalldaches. Die Entlüftung bzw. der Anschluss der Hinterlüftung an die Außenluft erfolgt durch einen vorstehenden Sockel mit durchlaufender Lüftungsöffnung. Die Schar wird bis an den Sockel herangeführt, mittels Quetschfalz aufgestellt und mit einem Rückfalz versehen. Ein Lochblech deckt die Lüftungsöffnung zum Schutz vor Kleintieren ab. Die Sockelabdeckung wird in ein Vorstoßblech eingehakt, mit Streifenhaften indirekt an der Wand befestigt und von einer Systemkappleiste überdeckt. Die firstseitige Verwahrung zur aufgehenden Wand erfolgt mit Taschenausbildung in Falztechnik, ohne das Blech einschneiden und löten zu müssen.

Arbeitsfolge:

1. Montage der Metalldeckung mit aufgehendem Sockel und seitlichem Wandanschluss
2. Abdecken der Lüftungsöffnung mit Lochblech
3. Montage der Sockelabdeckung
4. Verlegen der Systemkappleiste

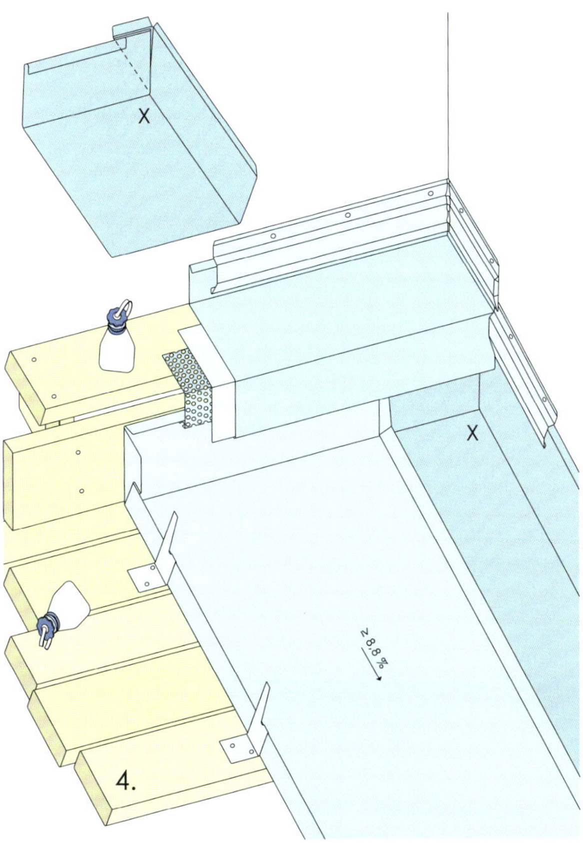

6.6.2 Verwahrung einer Mauerecke

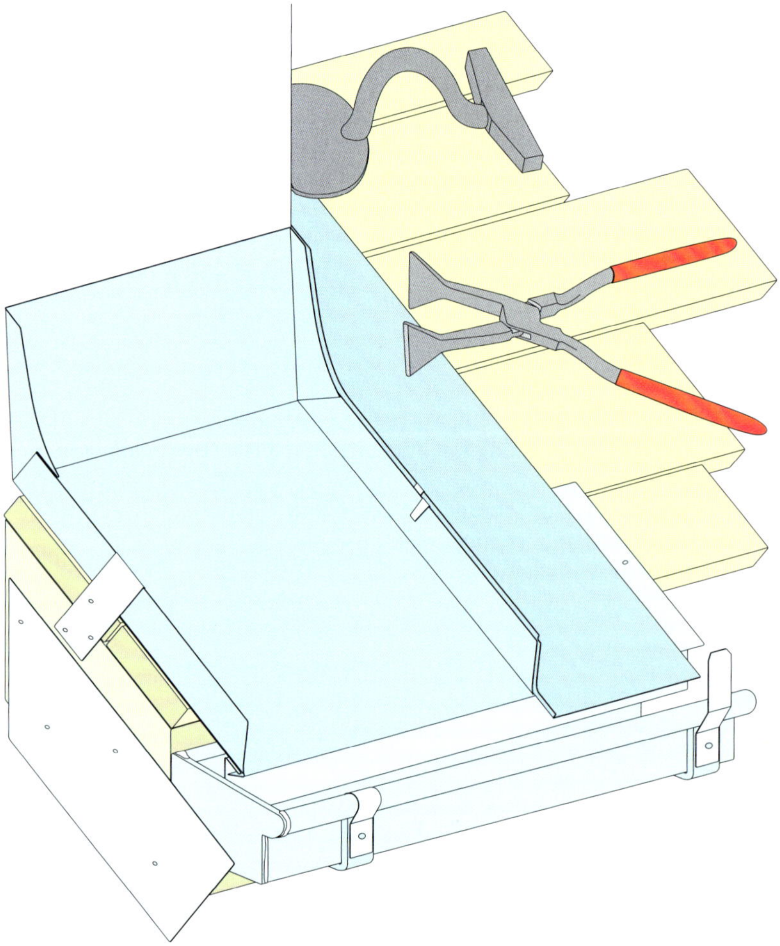

Beschreibung:

Dieses Detail zeigt die traufseitige und seitliche Verwahrung einer Mauerecke mit Traufen- und Ortgangabschluss. Die Ausführung erfolgt mit Brust- und Seitenblech, die in Falztechnik miteinander verbunden sind. Die Falze laufen parallel bis zur Traufausbildung durch. Die Ortgangblende ist mit der seitlichen Aufkantung des Brustbleches verfalzt. Die wandseitigen Aufkantungen sind regendicht mit einer Kappleiste überdeckt.

Arbeitsfolge:

1. Verlegen der Rinne
2. Montage von Brust-, Seitenblechen
3. Bekleiden der Ortgangblende
4. Verwahrung der Wandanschlüsse mittels Kappleiste

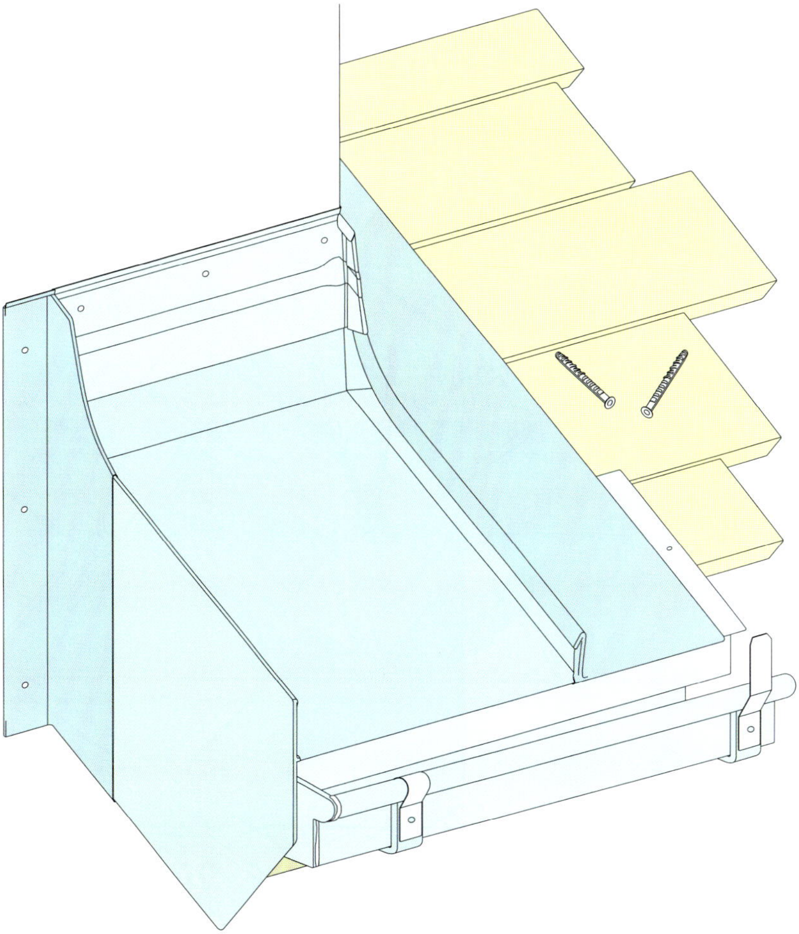

6.6.4 Übergang Metalldach/Metallfassade

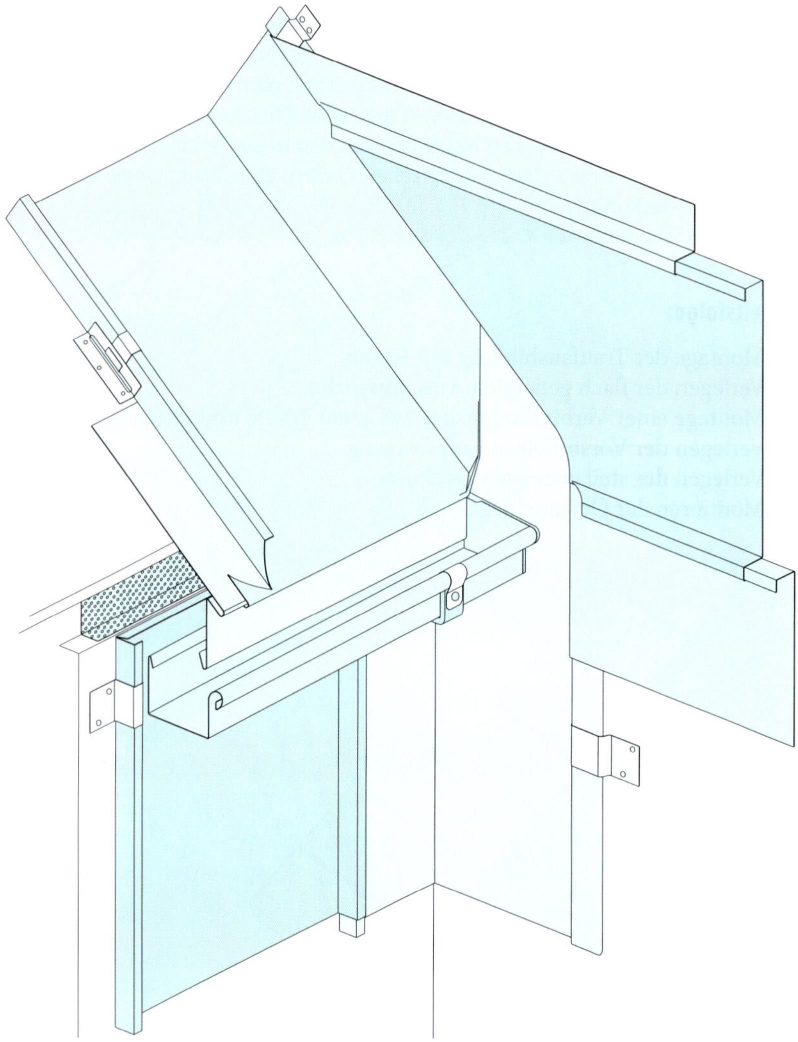

Beschreibung:

In der Klempnertechnik können auch komplexe Übergänge handwerklich sicher gelöst werden, wie dieses Beispiel zeigt. In der dargestellten Bausituation sind senkrechte und horizontal angeordnete Winkelstehfalzbekleidungen, Dachentwässerung und Steildach zusammengeführt. Ausgangspunkt zur Ausführung des Details ist der Innenwinkel mit Übergang von der horizontalen zur vertikalen Wandbekleidung. Das Profil ist mit unterdeckendem Winkelfalz für senkrechte und mit einem Einhangfalz für die horizontale Verlegung gefertigt. Die senkrechte Bekleidung endet unterhalb der Rinne, die horizontale ist mit der Anschlussschar der Dachdeckung und dem Innenwinkel regendicht verfalzt.

Arbeitsfolge:

1. Montage des senkrechten Verbindungsprofils (Innenwinkel)
2. Verlegen der senkrechten Winkelstehfalzbekleidung
3. Herstellen der Traufenausbildung mit Lochblech, Rinnen und Traufeneinhang
4. Verlegen der Wandanschlussschar
5. Verlegen der horizontalen Winkelstehfalzbekleidung

7 Fassadendetails

Für Klempner-/Spenglerfachbetriebe hat sich die Fassade zu einem lukrativen Markt entwickelt. Mit altbewährten und modernen Handwerkstechniken sind sie in der Lage, kostengünstig hochwertige Fassadenbekleidungen nach Architekten- und Bauherrenwunsch zu produzieren. Dabei lassen sich mit Dünnblechen sowohl Standard- als auch komplizierte Sonderlösungen umsetzen. In diesem Kapitel haben wir zahlreiche Anschlussdetails für unterschiedliche Fassadensysteme zusammengestellt: von Fenstereinfassungen, Eckausbildungen und außergewöhnlichen Knotenpunkten bis hin zum kompletten Konstruktionsaufbau.

Hinweis: Mit altbewährten und modernen Klempnertechniken lassen sich auch außergewöhnliche Anschlussdetails für hochwertige Fassadenbekleidungen aus Metall umsetzen.

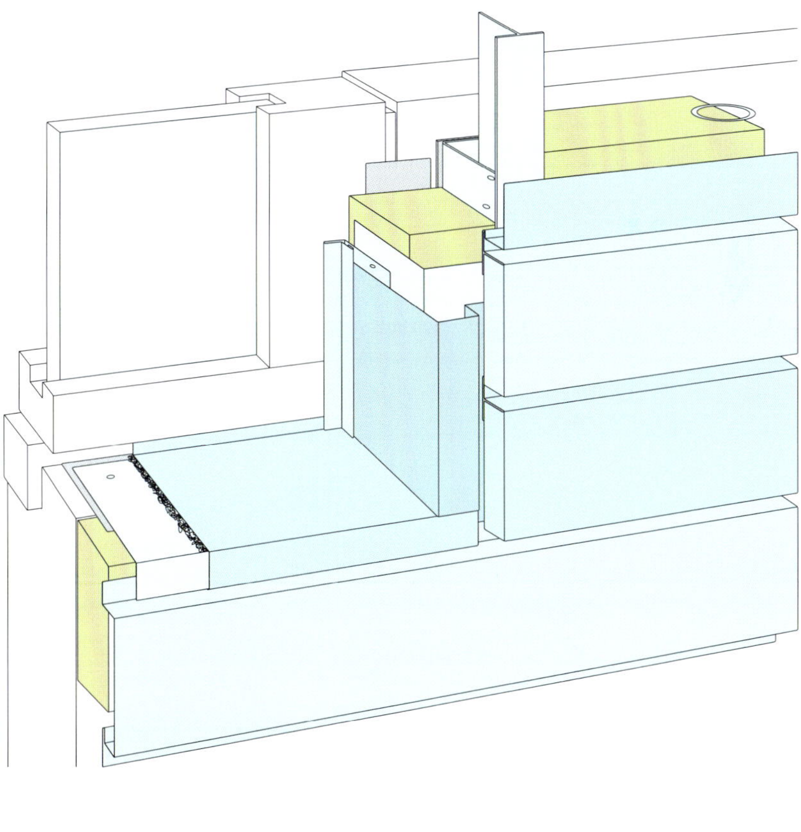

7.1 Fenstereinfassungen

7.1.1 Fenstereinfassung für Winkelstehfalzsystem

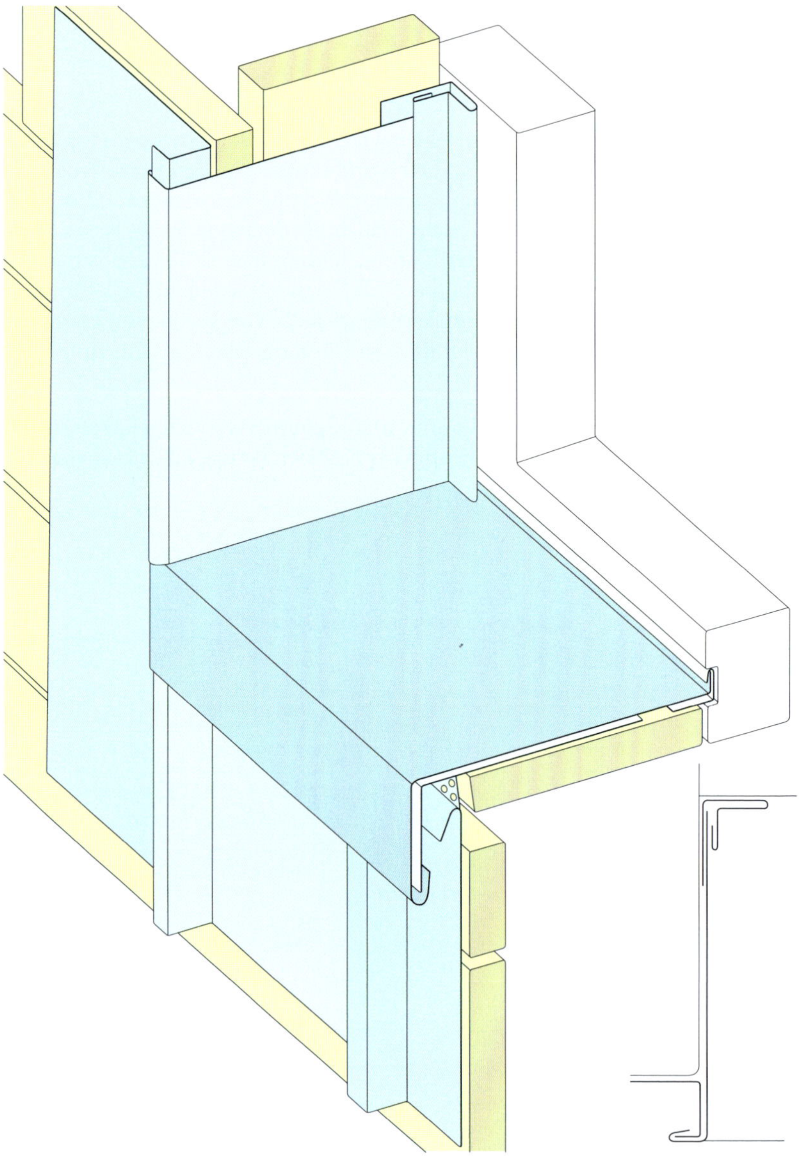

Beschreibung:

Das Detail zeigt die typische Fensterausbildung einer hinterlüfteten Winkelstehfalzbekleidung. Für den Anschluss der Seitenleibungen enden die angrenzenden Fassadenflächen mit einem unterdeckenden Stehfalz. Die Fensterbank ist am Leibungs- und Fensteranschluss aufgekantet und deren Innenecken sind wasserdicht ohne Einschnitte und Lötungen mit Taschen ausgeführt. Deren vordere Tropfkante schließt auf Stehfalzhöhe ab; die Endungen der Tropfkanten sind in die Anschlussschare eingefalzt. Der regendichte Anschluss der Fensterbank sowie der Leibungs- und Sturzbekleidungen erfolgt indirekt mit Einschub- bzw. Steckprofilen.

Arbeitsfolge:

1. Bekleidung der Fassade bis an die Seitenleibungen sowie unterhalb der Fensterbank
2. Montage der Fensterbank
3. Montage der Seitenleibungen und Sturzbekleidung (Lüftungsfunktion)
4. Verlegen der Fassadenbekleidung oberhalb des Fenstersturzes

7.1.2 Fenstereinfassung für Winkelstehfalzsystem, schräge Leibung

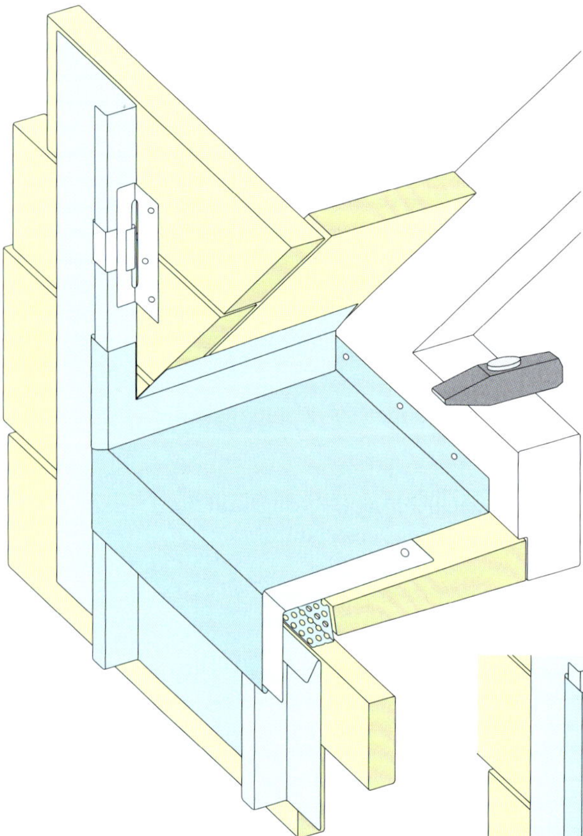

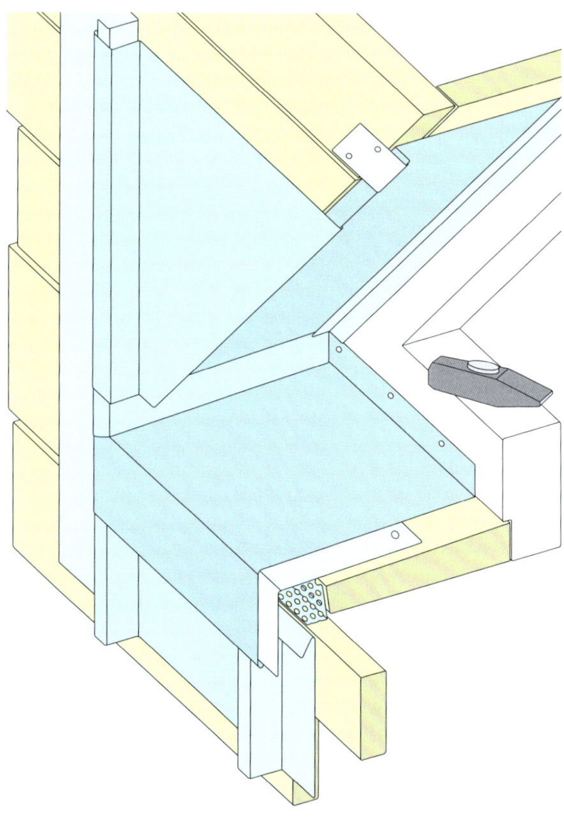

Beschreibung:

Diese Fensterausbildung einer hinterlüfteten Winkelstehfalzbekleidung ist mit einer schrägen Leibung ausgeführt, wie dies beispielsweise an Dreiecksgauben zu sehen ist. Auch hier enden die angrenzenden Fassadenflächen mit einem unterdeckenden, senkrechten Stehfalz. Der Anschluss an die Seitenleibungen erfolgt mit einer am Fußpunkt schräg angepassten Schar, die in die Rückkantung des Leibungsprofils einhakt bzw. eingefalzt wird. Die Fensterbank ist am Leibungs- und Fensteranschluss aufgekantet und deren Innenecken sind wasserdicht ohne Einschnitte und Lötungen in Falztechnik ausgeführt. Deren vordere Tropfkante schließt auf Stehfalzhöhe ab; die Endungen der Tropfkanten sind in die Anschlussschare eingefalzt. Der regendichte Anschluss der Fensterbank, Leibungs- und Sturzbekleidungen erfolgt indirekt mit Einschub- bzw. Steckprofilen.

Arbeitsfolge:

1. Bekleidung der Fassade bis an den Fensterbankanschluss sowie unterhalb der Fensterbank
2. Montage der Fensterbank
3. Montage der schrägen Seitenleibungen/Sturzbekleidung (Lüftungsfunktion) mittels Steckprofil
4. Verlegen der Winkelstehfalzschare oberhalb der Fensteröffnung mit schrägem Einhang als Leibungsanschluss

7.1.3 Fenstereinfassung mit Leiste

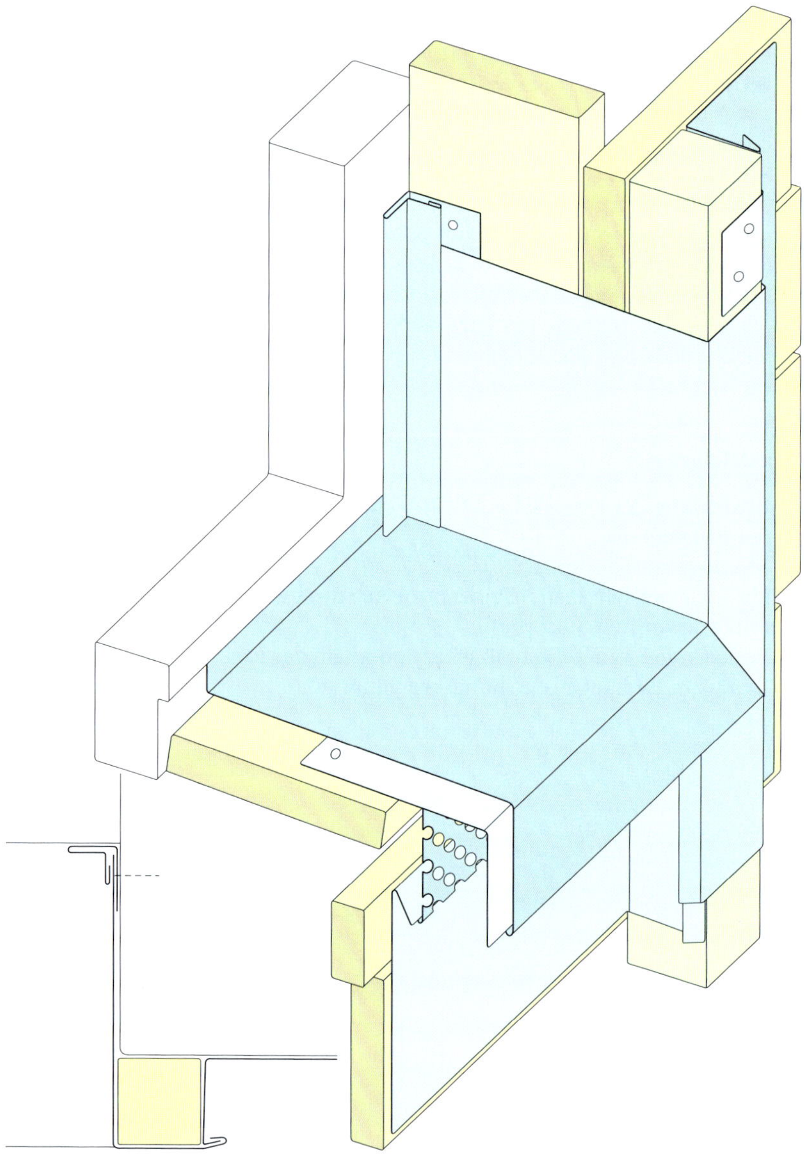

Beschreibung:

Um die Fensterrahmen als Gestaltungselement in der Fassadenansicht hervorzuheben, ist diese Fensteröffnung mit einer markanten Umrahmung in der Breite Fensterbankabkantung eingefasst. Die seitlichen Anschlussschare enden hierzu mit ihrer Aufkantung an einer Holzleiste. Die Seitenleibung hakt außen in den Rückfalz der Leistenschar ein und ist innen in das Steckprofil des Fensteranschlusses eingeschoben. Die Fensterbank ist am Leibungs- und Fensteranschluss aufgekantet und deren Innenecken sind wasserdicht ohne Einschnitte und Lötungen mit Taschen ausgeführt. Deren vordere Tropfkante schließt auf Leistenhöhe ab; die Endungen der Tropfkanten sind als Gehrung ausgeführt und mit der Leibung verbunden. Der regendichte Anschluss der Fensterbank, Leibungs- und Sturzbekleidungen erfolgt indirekt mit Einschub- bzw. Steckprofilen.

Arbeitsfolge:

1. Bekleidung der Fassade bis an die Leiste sowie unterhalb der Fensterbank
2. Montage der Fensterbank
3. Montage der Seitenleibungen und Sturzbekleidung (Lüftungsfunktion)
4. Verlegen der Fassadenbekleidung oberhalb des Fenstersturzes

7.1.4 Fenstereinfassung für Steckfalzsystem, horizontal

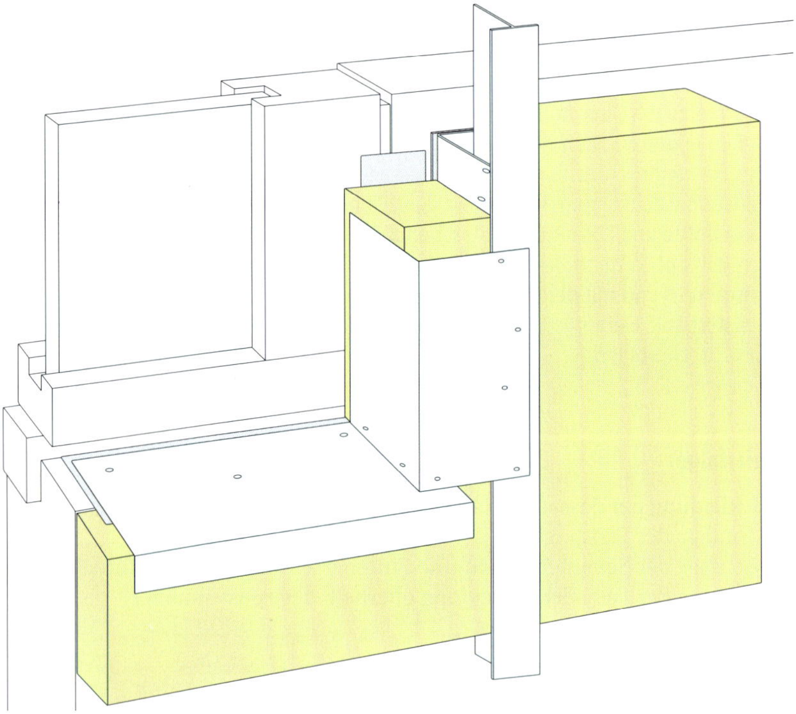

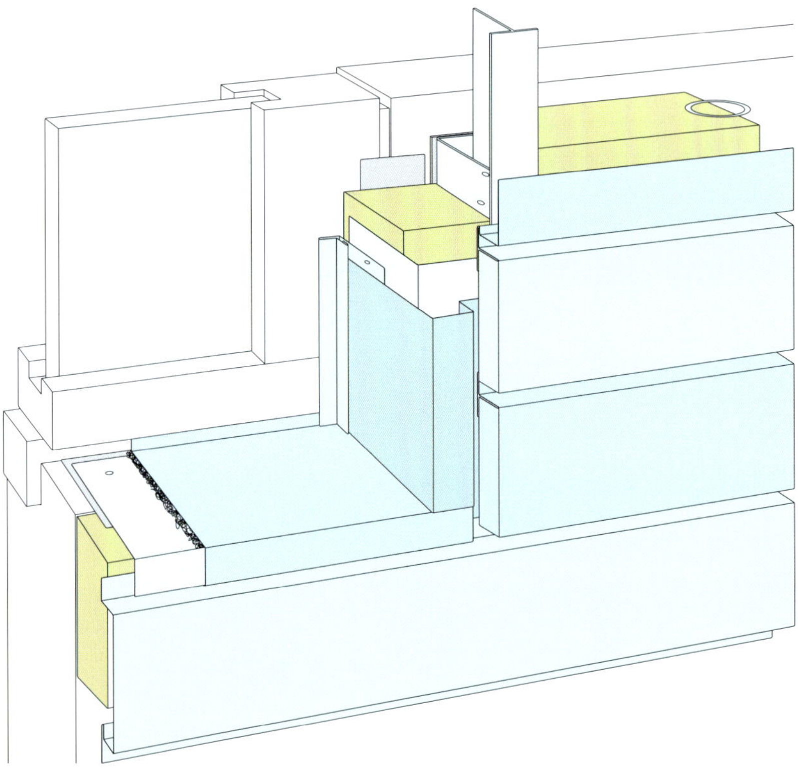

Beschreibung:

Das Detail zeigt die Fensterausbildung einer hinterlüfteten Metallbekleidung im Steckfalzsystem auf einer Unterkonstruktion aus Metall. Das Fassadensystem eignet sich sehr gut, die üblicherweise vorstehenden Fensterbankabdeckungen sowie die Seitenleibungen flächenbündig in das Fugenraster einzubinden. Fensterbank, Leibung und Sturz umfassen das Fenster wie einen Rahmen mit einheitlicher Profil- und Fugenbreite. Die Fassadenflächen enden mit einheitlichem Fugenabstand am Leibungsprofil. Die Fensterbank ist am Leibungs- und Fensteranschluss aufgekantet und deren Innenecken sind wasserdicht ohne Einschnitte und Lötungen mit Taschen ausgeführt. Der regendichte Anschluss der Fensterbank, Leibungs- und Sturzbekleidungen erfolgt indirekt mit Einschub- bzw. Steckprofilen.

Arbeitsfolge:

1. Bekleidung der Fassade bis an die Seitenleibungen sowie unterhalb der Fensterbank
2. Montage der Fensterbank, Seitenleibungen und Sturzbekleidung (Lüftungsfunktion)
3. Verlegen der Fassadenbekleidung oberhalb des Fenstersturzes

7.1.5 Fenstereinfassung für Rautensystem

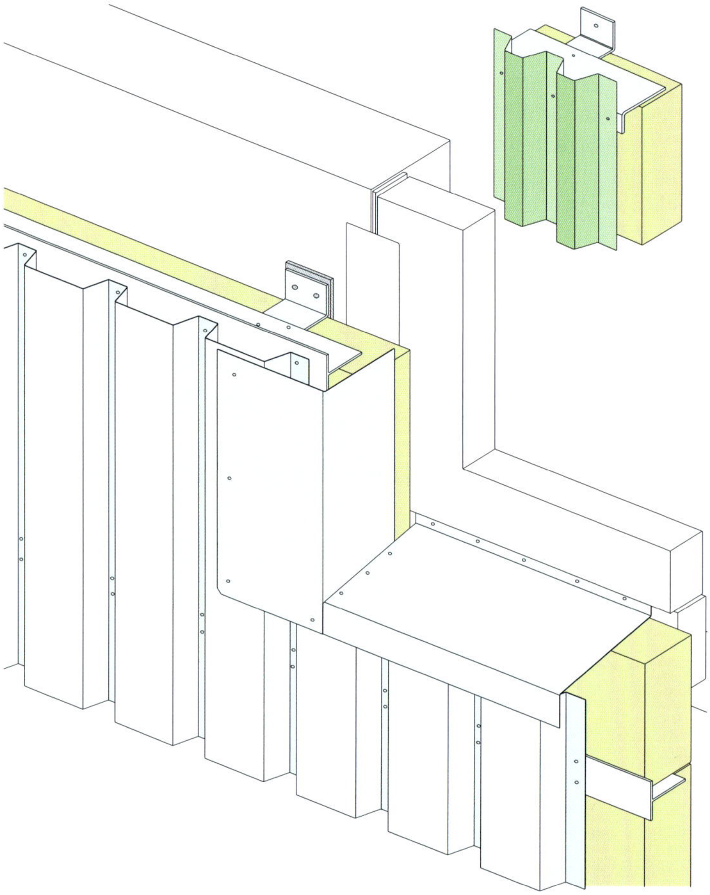

Beschreibung:

Eine flächenbündige Einbindung der Fensterausbildung erfolgt auch bei dieser Variante, jedoch in handwerklicher Falztechnik mittels Rautenschindeln. Anforderung hierfür ist eine weitgehend vollflächige hinterlüftete Unterkonstruktion, beispielsweise aus (hier vertikal angeordneten) Trapezblechen und Überbrückungsprofilen an Anschlüssen und Eckausbildungen. Fensterbank, Leibungen und Sturz sind im Fassadenraster verlegt eingefalzt. Die Fensterbank ist am Leibungs- und Fensteranschluss aufgekantet und deren Innenecken sind wasserdicht ohne Einschnitte und Lötungen mit Taschen in Falztechnik ausgeführt. Der regendichte Anschluss der Fensterbank, Leibungs- und Sturzbekleidungen erfolgt indirekt mit Einschub- bzw. Steckprofilen.

Arbeitsfolge:

1. Bekleidung der Fassade bis an die Seitenleibungen sowie unterhalb der Fensterbank
2. Montage der Fensterbank, Seitenleibungen und Sturzbekleidung (Lüftungsfunktion)
3. Verlegen der Fassadenbekleidung oberhalb des Fenstersturzes und fortlaufend gemäß Montagerichtung

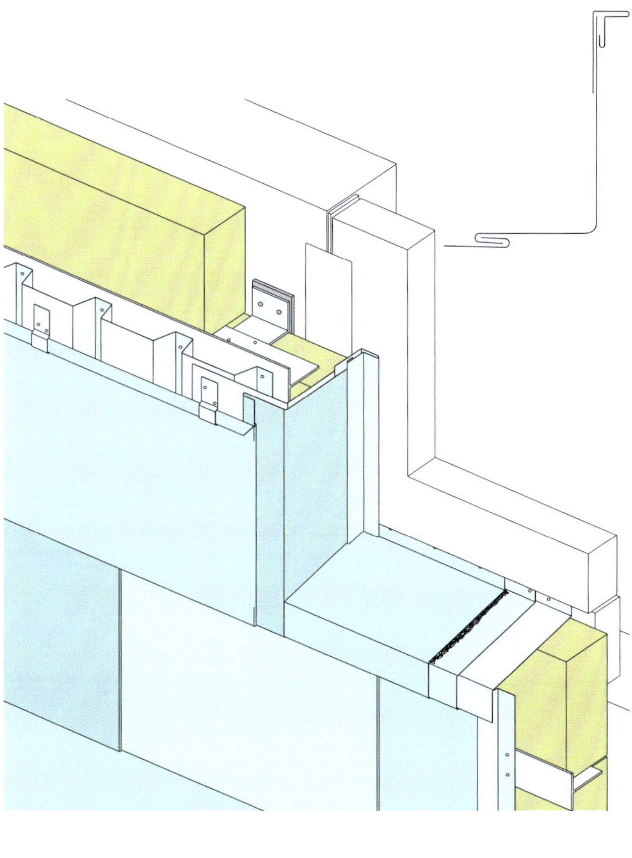

7.1.6 Fenstereinfassung für Wellenprofil mit Hutverbinder

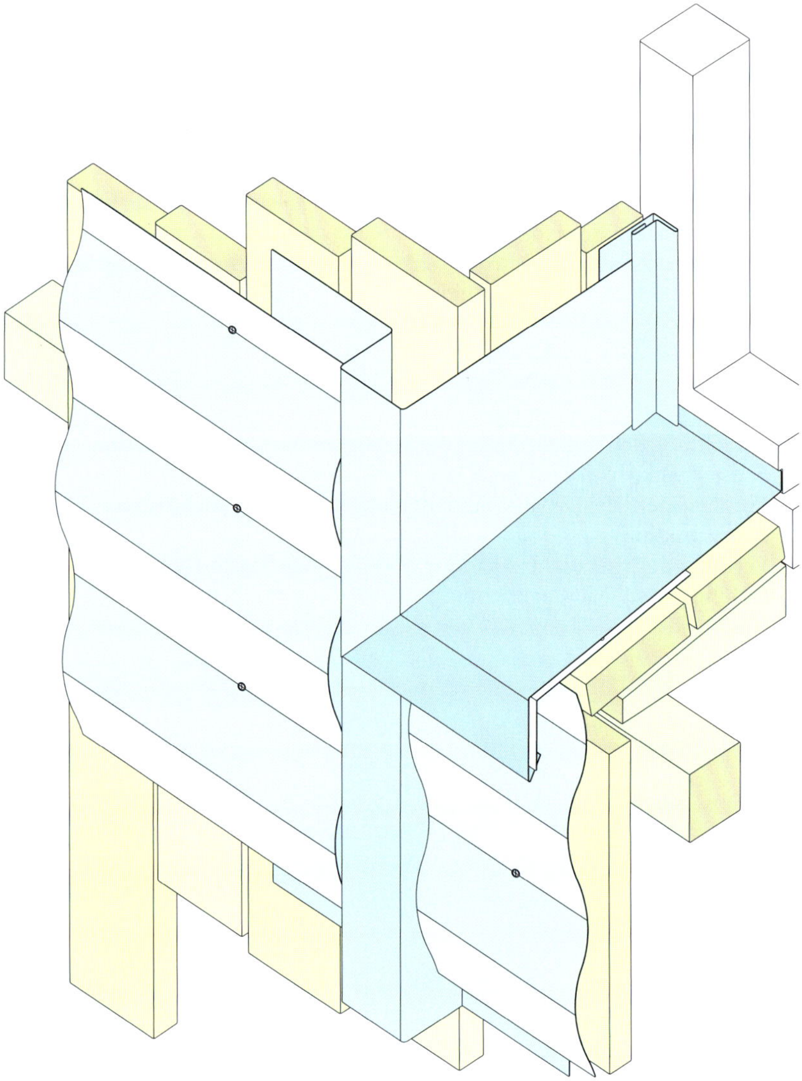

Beschreibung:

Breite Hutprofile in vertikalen Verbindungsstößen und Einfassungen sind Gestaltungselemente bei dieser Bekleidung aus horizontal verlegten Wellenprofilen. Die Stege des Hutprofils laufen auch an den Fensterleibungen vom unteren bis zum oberen Fassadenabschluss durch und bilden, verbunden mit Fensterbank und Fenstersturz, eine markante Umrahmung der Fensteröffnung. Die Fensterbank ist am Leibungs- und Fensteranschluss aufgekantet und deren Innenecken sind wasserdicht mit Taschen in Falztechnik ausgeführt. Die Endungen der Tropfkanten sind als Gehrung ausgeführt und mit den Leibungsprofilen verbunden. Der regendichte Anschluss der Fensterbank, Leibungs- und Sturzbekleidungen erfolgt indirekt mit Einschub- bzw. Steckprofilen.

Arbeitsfolge:

1. Befestigen der Hutprofile
2. Einfassen der Fensteröffnung mit Fensterbank, Leibung, Sturz
3. Verlegen der Fassadenbekleidung mit Wellenprofilen

7.1.7 Fenstereinfassung für Wellenprofil mit Stegverbinder

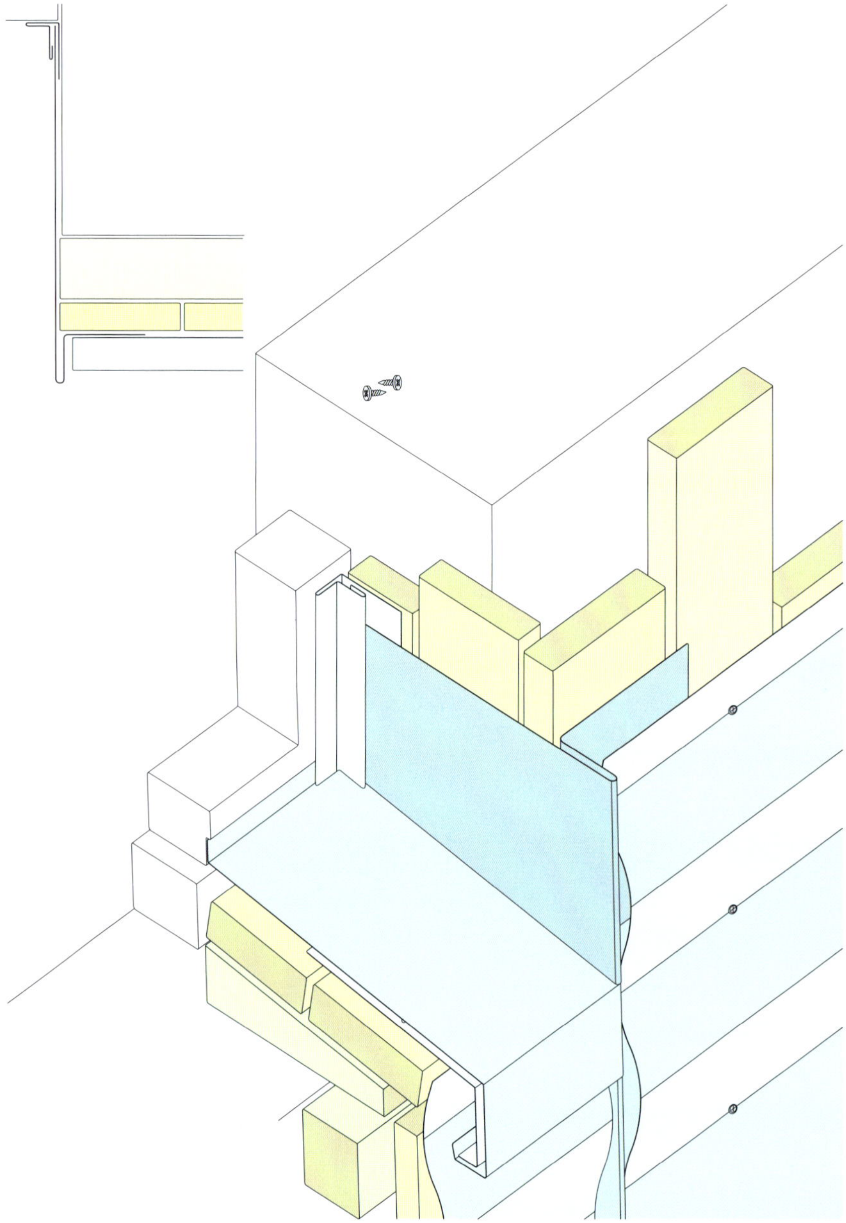

Beschreibung:

Schmale Stegprofile in vertikalen Verbindungsstößen und Einfassungen sorgen für die filigrane Gestaltung einer Bekleidung aus horizontal verlegten Wellenprofilen. Die Stege laufen auch an den Fensterleibungen vom unteren bis zum oberen Fassadenabschluss durch und bilden, verbunden mit Fensterbank und Fenstersturz, eine unauffällige Umrahmung der Fensteröffnung. Die Fensterbank ist am Leibungs- und Fensteranschluss aufgekantet und deren Innenecken sind wasserdicht ohne Einschnitte und Lötungen in Falztechnik ausgeführt. Die Endungen der Tropfkante schließen bündig mit den Leibungsprofilen ab. Der regendichte Anschluss der Fensterbank, Leibungs- und Sturzbekleidungen erfolgt indirekt mit Einschub- bzw. Steckprofilen.

Arbeitsfolge:

1. Befestigen der Stegprofile
2. Montage der Fensterbank
3. Einfassen der Fensteröffnung mit Leibung, Sturz
4. Verlegen der Fassadenbekleidung mit Wellenprofilen

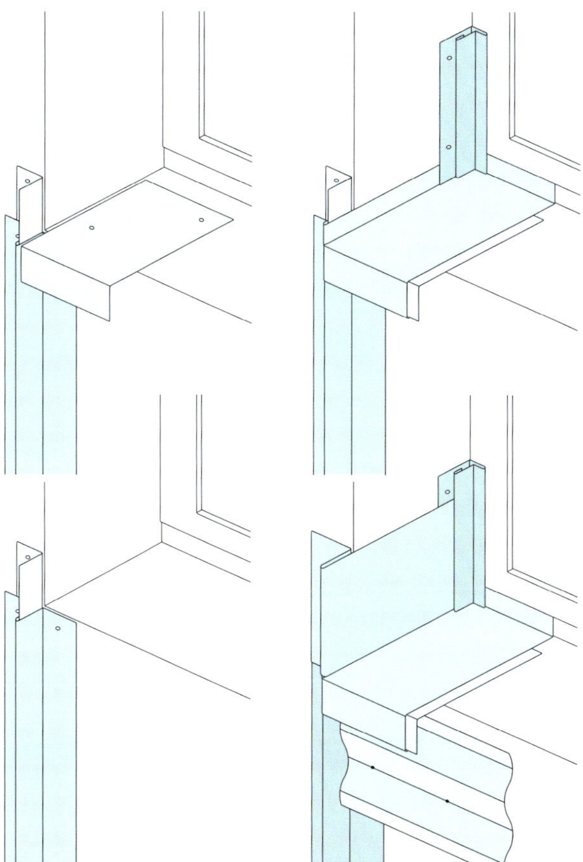

7.2 Eckausbildungen

7.2.1 Eckausbildung außen, Winkelstehfalz mit Passwinkel

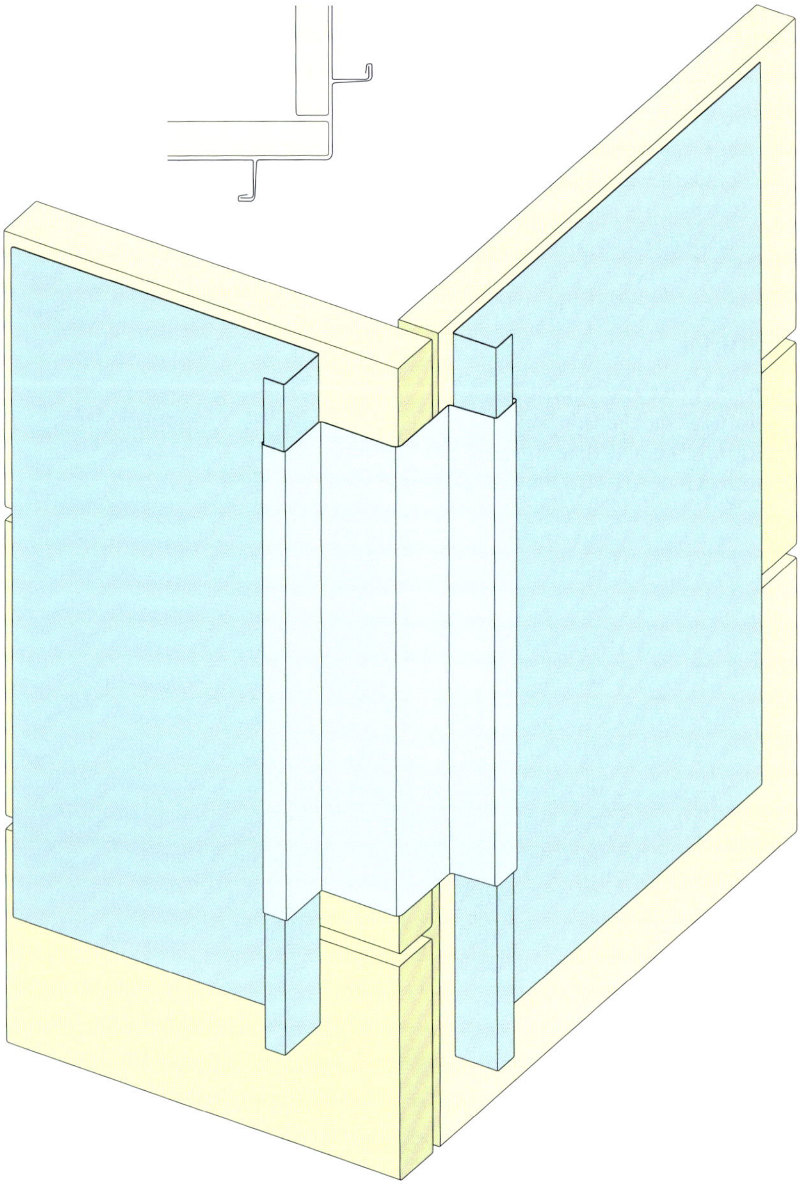

Beschreibung:

Das Detail zeigt die Eckausbildung einer Winkelstehfalzfassade mit 2 überdeckenden Falzen (Oberfalze). Die Ausführung ist spannungsarm und ermöglicht einen problemlosen Ausgleich geringfügiger Maßtoleranzen.

Arbeitsfolge:

1. Verlegen der Fassadenbekleidung
2. exaktes Einmessen und Kanten des Eckprofils
3. spannungsarmes Auffalzen des Eckprofils

7.2.2 Eckausbildung außen, Winkelstehfalz mit Blende

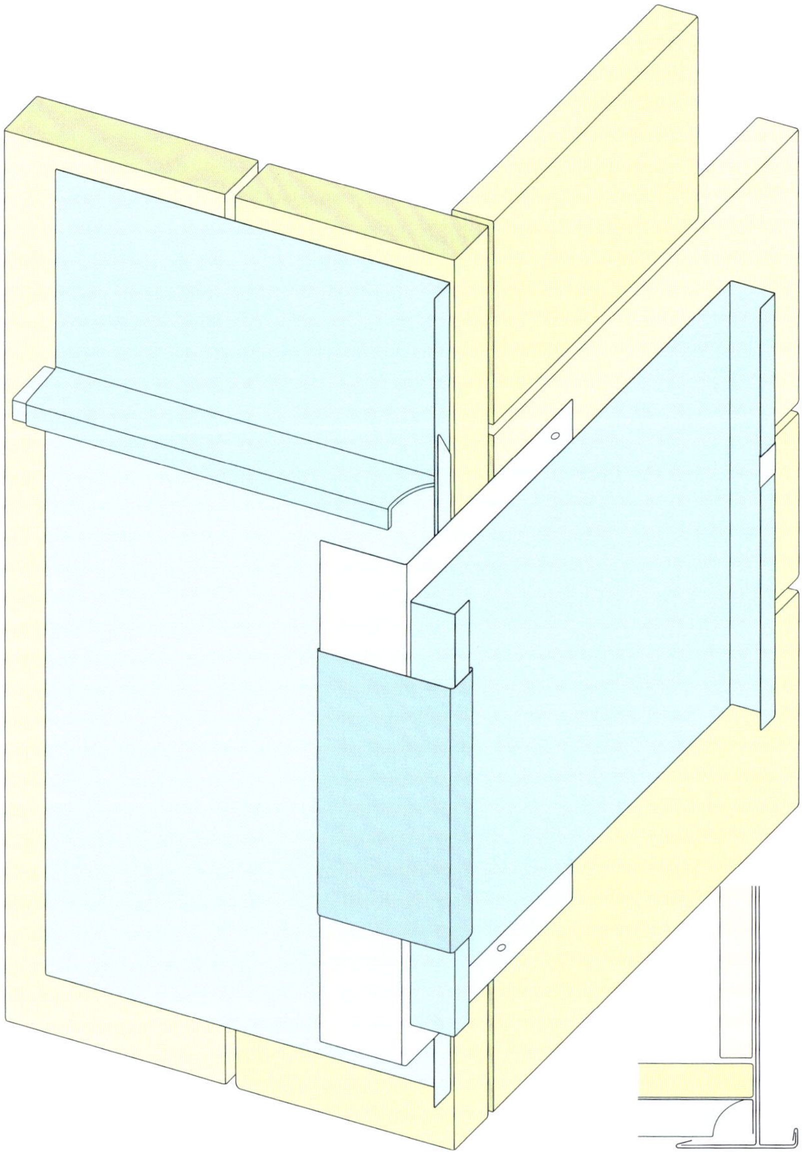

Beschreibung:

An dieser Eckausbildung treffen vertikal und horizontal verlegte Winkelstehfalzfassaden aufeinander. Aufgrund des Systemwechsels und der unterschiedlichen Dehnungsbewegungen sind die Teilflächen in der Art einer vertikal verlegten Ortgangausbildung mit Blende konstruktiv getrennt. Die Scharabschlüsse der horizontalen Bekleidung sind mit einem Rückfalz versehen und werden von der Ortgangblende der senkrecht verlegten Winkelstehfalzbekleidung überdeckt. Ein Vorstoßblech dient zur Lagesicherung der Eckausbildung bei Windlasten.

Arbeitsfolge:

1. Verlegen der horizontal angeordneten Scharen
2. Montage des Vorstoßbleches
3. Verlegen der vertikal angeordneten Schare
4. Auffalzen der Eckblende

7.2.4 Eckausbildung innen, Winkelstehfalz vertikal/horizontal

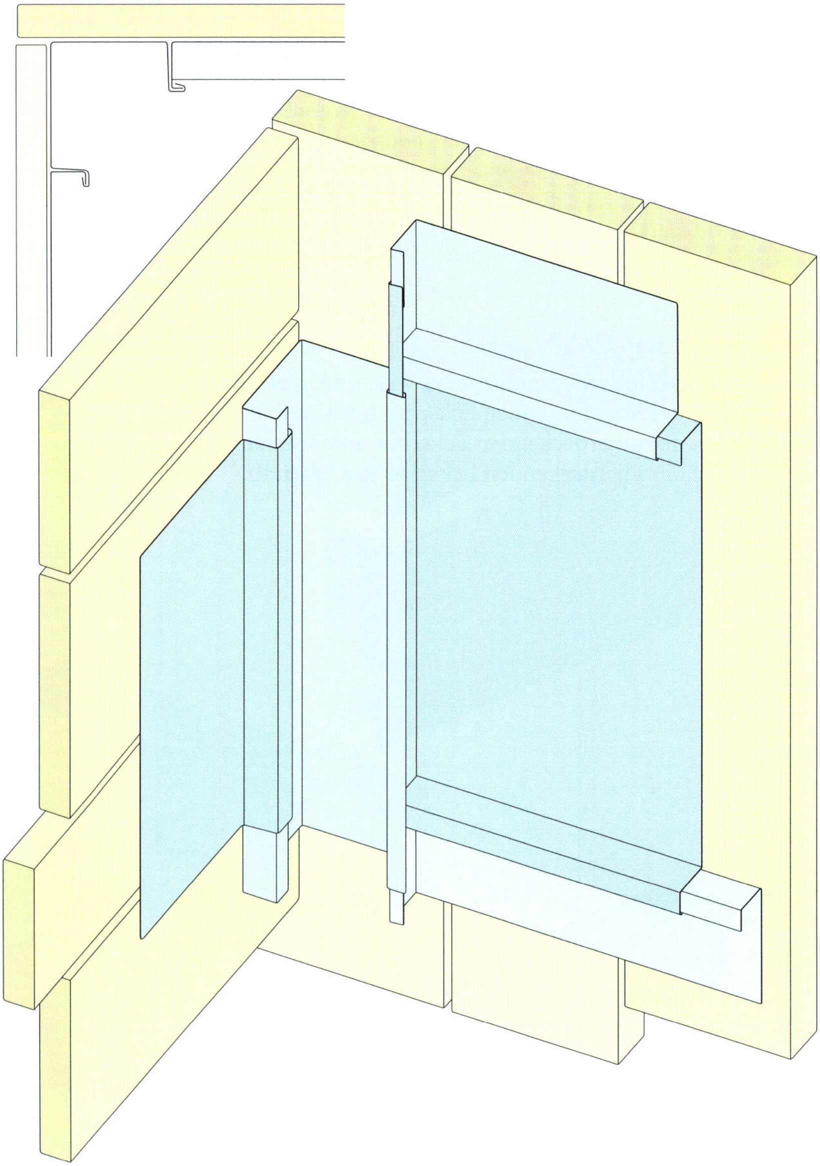

Beschreibung:

Diese Innenecke verbindet horizontal und vertikal verlegte Winkelstehfalzfassaden miteinander. Dabei schließen die horizontalen Scharendungen mit einem Unterfalz ab. Als Verbindungsprofil dient ein Innenwinkel mit Ober- und Unterfalz, mit dem problemlos geringe Maßtoleranzen ausgeglichen werden können. Der Oberfalz überdeckt die einlaufenden Winkelstehfalze um wenige Millimeter und sorgt hiermit für einen optisch ansprechenden Übergang.

Arbeitsfolge:

1. Verlegen der horizontalen Fassadenbekleidung
2. Montage des Eckprofils
3. Verlegen der vertikalen Fassadenbekleidung

7.2.5 Eckausbildung innen, Winkelstehfalz horizontal/vertikal

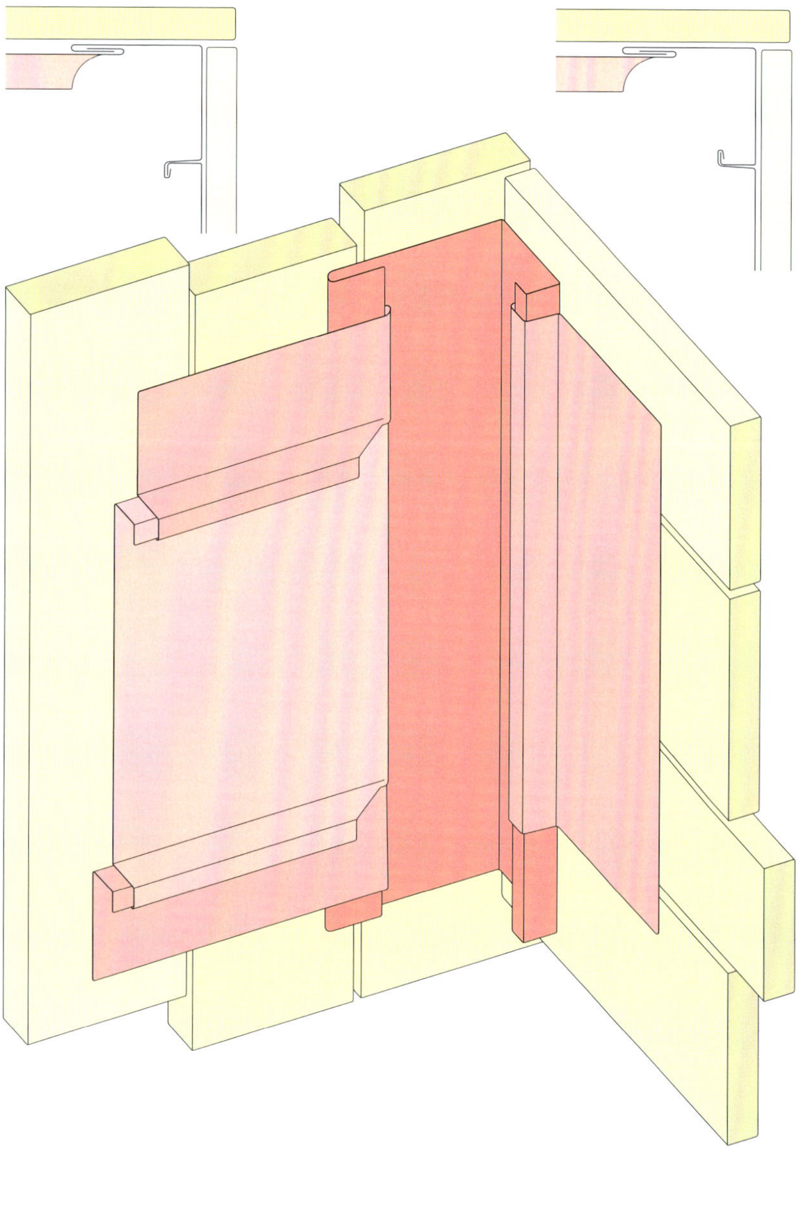

Beschreibung:

Auch dieses Detail zeigt die Verbindung einer horizontal und vertikal verlegten Winkelstehfalzfassade mittels Eckprofil. Zur Anbindung der horizontalen Scharendungen ist das Verbindungselement jedoch mit einem liegenden Falz und für die senkrechten Schare mit einem unterdeckenden Winkelstehfalz geformt. Die Eckausbildung ermöglicht eine problemlose Aufnahme geringer Maßtoleranzen.

Arbeitsfolge:

1. Montage des Eckprofils
2. Verlegen der Fassadenbekleidung

7.2.6 Eckausbildung innen, Steckfalz mit M-Profil

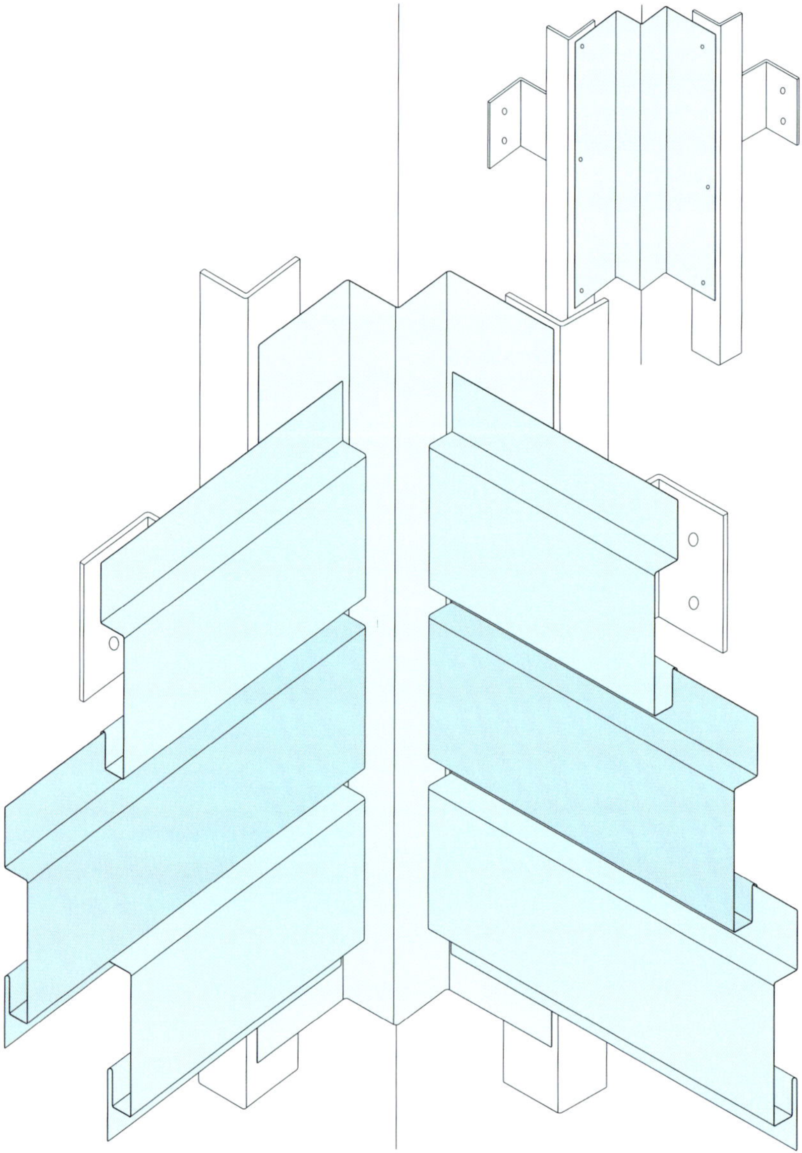

Beschreibung:

Diese typische Innenecke einer Fassadenbekleidung mit horizontal verlegten Steckfalzprofilen ist mit 3 90-Grad-Winkeln geformt und an der Metallunterkonstruktion befestigt. Die Paneele werden mit dem erforderlichen Dehnungsspielraum oder dem gewünschten Fugenabstand an das Eckprofil herangeführt und an der Tragstruktur fixiert.

Arbeitsfolge:

1. Montage des Eckprofils
2. Verlegen der Fassadenbekleidung

7.2.7 Eckausbildung außen, Steckfalz-Profilwinkel

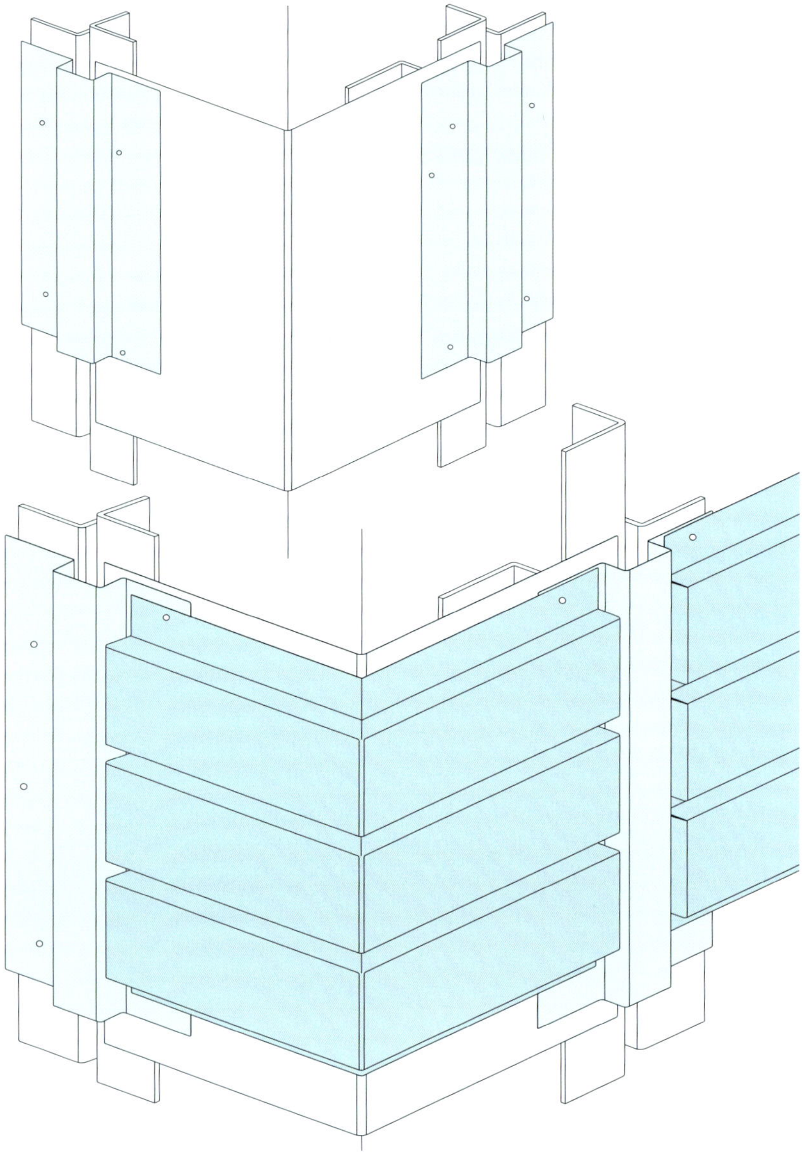

Beschreibung:

Das Detail zeigt die Eckausbildung horizontal verlegter Steckfalzpaneele ohne aufgesetzte oder hinterlegte Eckprofile. Diese in der Herstellung und Montage anspruchsvolle Variante wird von vielen Architekten aus gestalterischen Gründen bevorzugt. Zur Fertigung müssen die Steckfalze der vorprofilierten Paneele auf Gehrung ausgeklinkt und mit einer Segmentkantbank gekantet werden. Für Klempner/Spengler bedeutet dies eine größtmögliche Präzision von der Erstellung der Unterkonstruktion, der Vorfertigung der Paneele bis hin zur millimetergenauen Einhaltung des umlaufenden Paneelenrasters bei der Montage.

Arbeitsfolge:

1. Montage einer Winkelbleches als Unterkonstruktion (nach Schnur/Laser ausgerichtet)
2. Montage der Hutprofile auf der Tragstruktur
3. Montage der Paneelen-Eckwinkel

7.3 Verwahrungen und Übergänge

7.3.1 Verwahrung Mauerkrone mit Gesimsbekleidung

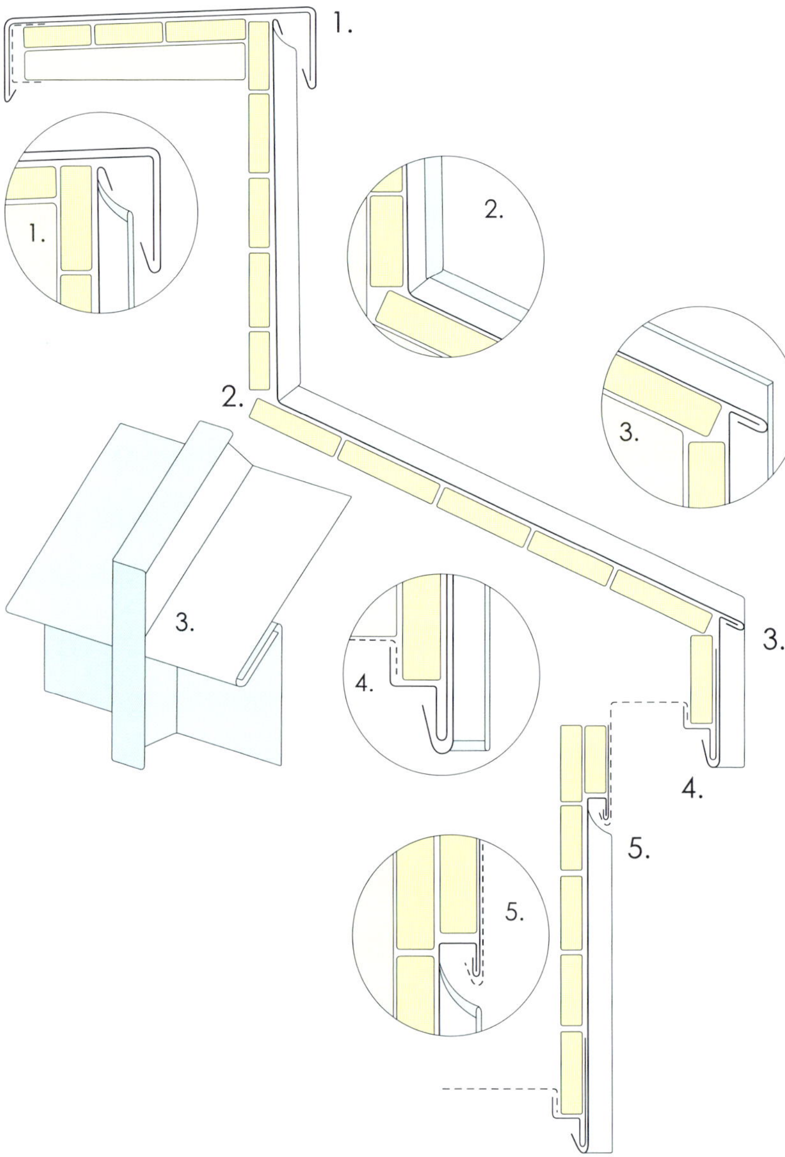

Beschreibung:

Den genauen Überblick aller Details einer vierteiligen Wandbekleidung mit Abdeckung und Vordach liefern diese Zeichnungen. Die einzelnen Schritte zur Herstellung des durchlaufenden Falzes werden in den perspektivischen Zeichnungen und der Zuschnittsabwicklung verdeutlicht.

Die einzelnen Detailausführungen von der Dachrandabdeckung abwärts:

1. oberer Scharabschluss, stehend rund mit Rückfalz
2. Quetschfalzausbildung der abgewinkelten Schare Wand/Vordachfläche
3. Knickpunkt Vordachfläche/Blende als durchlaufender Winkelstehfalz
4. Fußpunktausbildung mit Blendeneinhang und Kleintierschutz

zu 3)

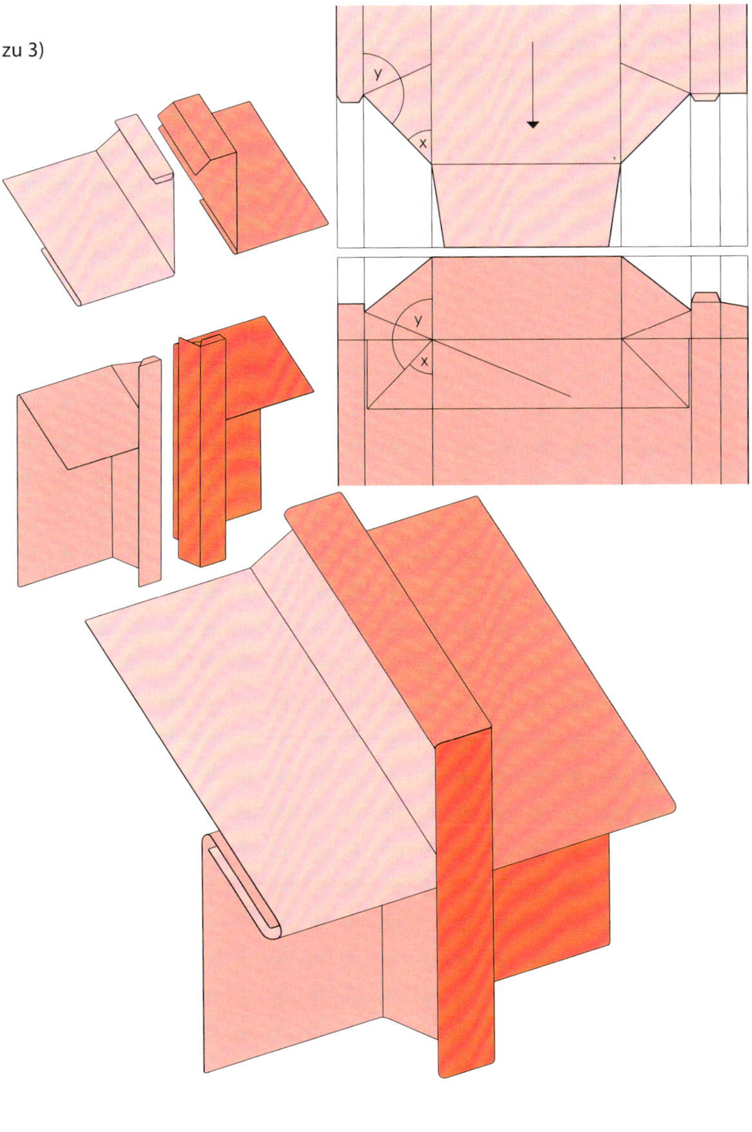

7.3.3 Querfalz Winkelstehfalzfassade

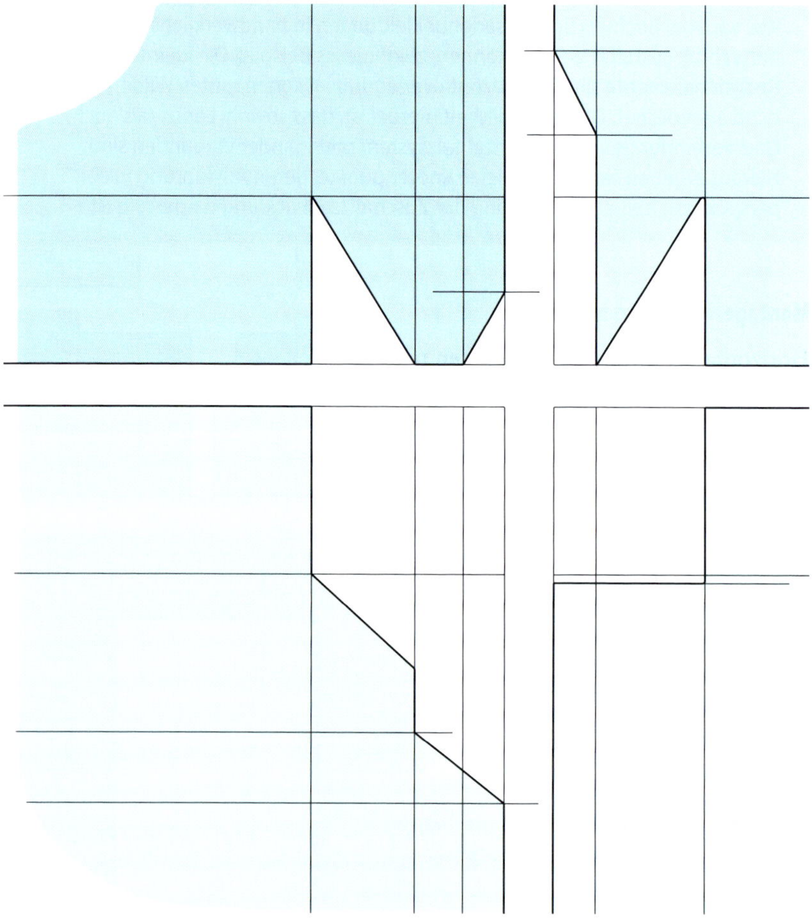

1. Zuschnitt/Abwicklung

Beschreibung:

Diese Details zeigen die typische Ausführung des Fassadenquerfalzes einer Bekleidung im Winkelstehfalzsystem. Die Befestigung erfolgt an der unterdeckenden Rückkantung mittels Streifenhafte oder Haftleiste, je nach den örtlichen Windsoglasten. Die Dehnungsbewegung erfolgt somit problemlos in Richtung Fassadentraufe. Die einzelnen Arbeitsschritte sind in den perspektivischen Zeichnungen und der Zuschnittsabwicklung dargestellt.

1. Zuschnitt und Biegelinien der Falzverbindung
2. Vorbereiten der über- und unterdeckenden Falze zur Montage
3. Fertig gefalzte Querverbindung

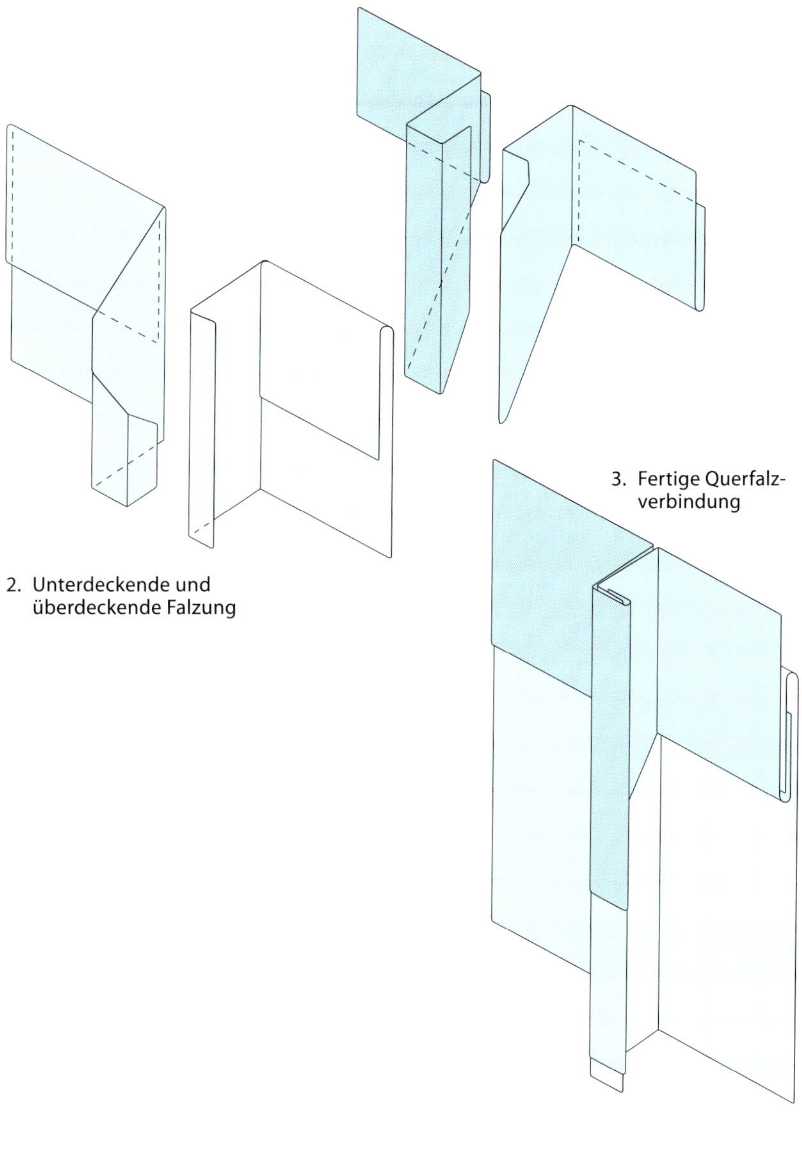

2. Unterdeckende und überdeckende Falzung

3. Fertige Querfalzverbindung

7.3.4 Dach-/Fassadenknickpunkt

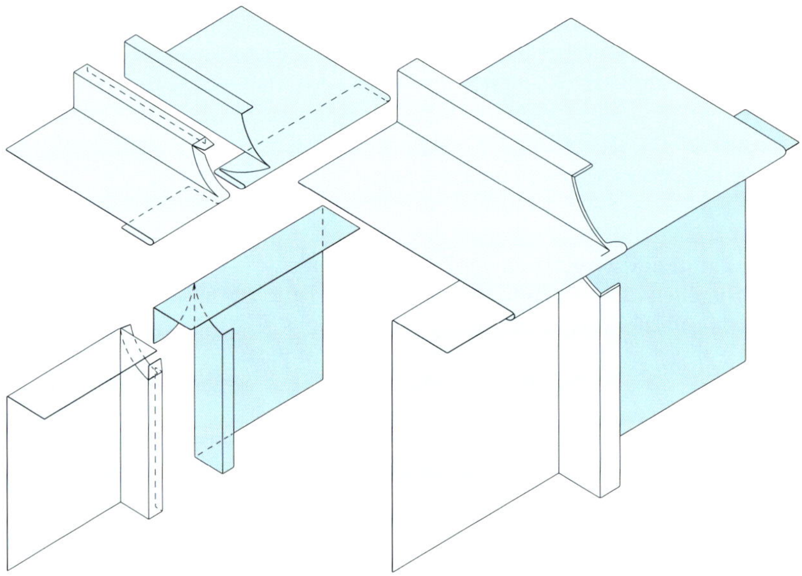

Beschreibung:

Diese Knickpunktausbildung zeigt den Übergang von der senkrechten zur geneigten Fläche mit üblichem Traufanschluss und stehend schrägem Falz. Die senkrechte Schar endet am Knickpunkt mit einem Rückfalz als Einhang für die geneigte Dachfläche.

Arbeitsfolge:

1. Verlegen der unterdeckenden Eckschar mit Unterfalz
2. Verlegen der unterdeckenden Eckschar mit Oberfalz
3. Verlegen der überdeckenden Eckschar mit Unterfalz
4. Verlegen der überdeckenden Eckschar mit Oberfalz

7.3.5 Dach-/Fassadenknickpunkt mit durchlaufendem Falz

Beschreibung:

Das Detail zeigt den filigranen Übergang von der senkrechten zur geneigten Fläche mit durchlaufendem Längsfalz. Der Querfalz ist im Knickpunkt ohne konturierende Überstände angeordnet. In der Abbildung sind die einzelnen Arbeitsschritte der handwerklich anspruchsvollen Falzausbildung dargestellt, die jedoch aufgrund der eingeschränkten Dehnungsbewegungen nur bei kurzen Scharen eingesetzt werden kann.

Arbeitsfolge:

1. Verlegen der unterdeckenden Eckschar mit Unterfalz
2. Verlegen der unterdeckenden Eckschar mit Oberfalz
3. Verlegen der überdeckenden Eckschar mit Unterfalz
4. Verlegen der überdeckenden Eckschar mit Oberfalz

7.3.6 Fassaden-Innenecken, vertikal

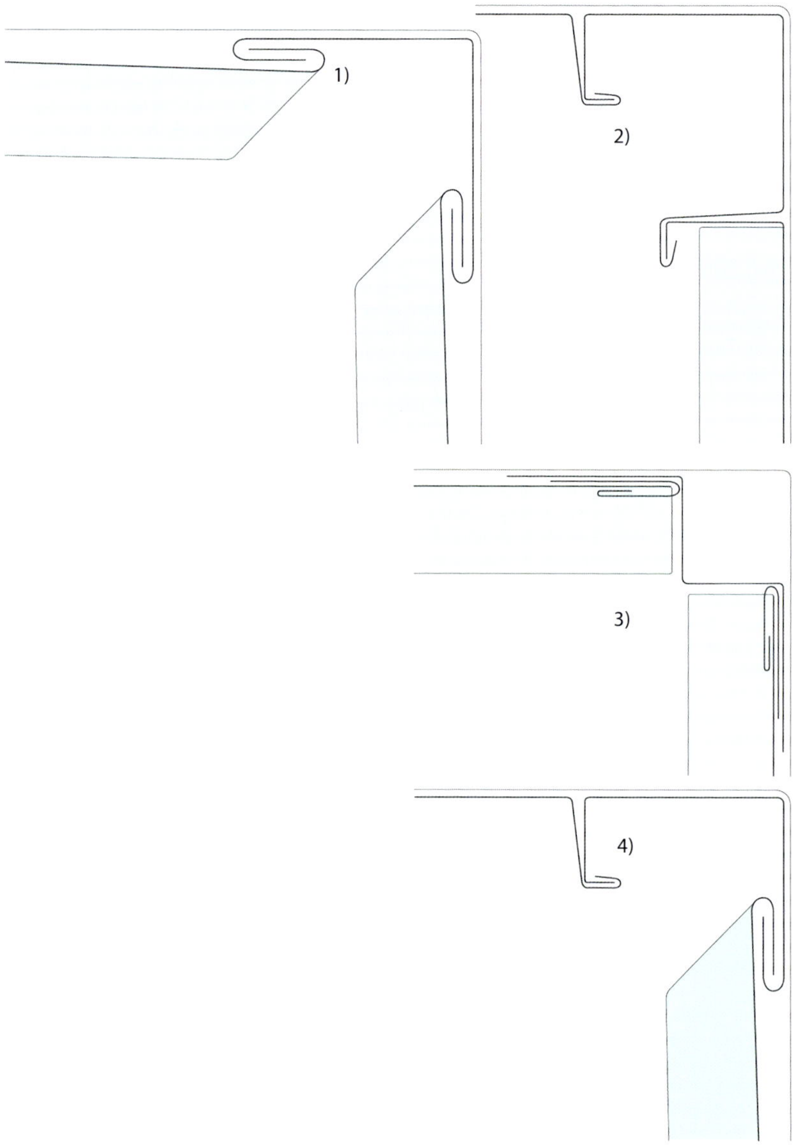

Beschreibung:

Die vier Detailzeichnungen zeigen verschiedenen Varianten typischer Ausbildungen von Innenecken an Winkelstehfalzbekleidungen in horizontaler und vertikaler Anordnung der Schare. Die jeweilige Ausführung erfolgt nach technischen und gestalterischen Gesichtspunkten.

Varianten:

1) Die Innenecke verbindet horizontal verlegte Scharen mittels dreifach gekantetem Eckprofil. Die um 180 Grad gekanteten Scharendungen sind in den Rückfalz des Profils eingehakt. Die Montage der Schare erfolgt ausgehend vom Eckprofil.
2) Die Innenecke verbindet vertikal und horizontal verlegte Scharen mittels Eckschar mit Ober und Unterfalz. Die Montage der Schare erfolgt in diesem Beispiel ausgehend von der horizontalen Bekleidung mit angeformten Unterfalz an der Scharendung.
3) Die Innenecke verbindet horizontal verlegte Scharen mittels dreifach gekantetem Eckprofil und zusätzlichen Einschubprofilen. Die Scharendungen werden in die Rückfalze des Einschubprofils gesteckt. Die Montage der Schare erfolgt ausgehend vom Eckprofil.
4) Die Innenecke verbindet vertikal und horizontal verlegte Scharen mittels Eckprofil. Dies ist mit einem Unterfalz und einen liegenden Falz versehen. Die Montage der Schare erfolgt ausgehend vom Eckprofil.

7.3.7 Fassaden-Außenecken, vertikal

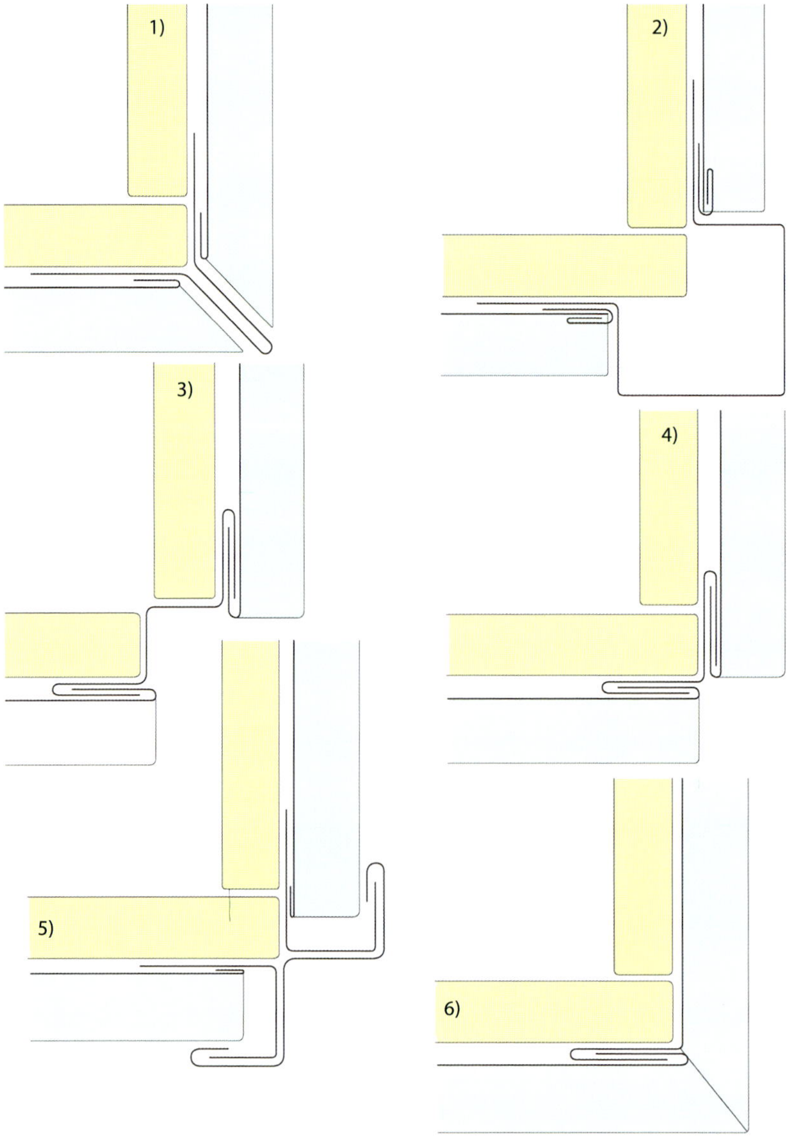

Beschreibung:

Die sechs Detailzeichnungen zeigen verschiedene Varianten typischer Ausbildungen von Außenecken an horizontalen Winkelstehfalzbekleidungen. Die jeweilige Ausführung erfolgt nach technischen und gestalterischen Gesichtspunkten. Die Verlegung der Scharen erfolgt stets gegen die Fließrichtung des Niederschlagswassers von unten nach oben.

Varianten:

1) Die Außenecke verbindet horizontal verlegte Scharen mittels dreifach gekantetem Eckprofil. Die auf Gehrung geformten Winkelfalze sind nur durch einen vertikalen schmalen Steg getrennt und laufen optisch nahezu durch. Die Scharendungen werden mit Umschlägen zur Aussteifung versehen. Bei zu erwartenden hohen Windlasten sollten Schare und Eckprofil mittels liegender Falze verbunden werden. Die Montage der Schare erfolgt ausgehend vom Eckprofil.

2) Diese Ausführung der Außenecke einer horizontalen Winkelstehfalzbekleidung erfolgt mit einem fünffach gekantetem Eckprofil und zusätzlichen Einschubprofilen. Die große Abmessung der Eckprofils sorgt für eine deutliche sichtbare Konturierung. Die Scharendungen mit stehendem Falzabschluss werden in die Rückfalze des Einschubprofils gesteckt. Die Montage der Schare erfolgt ausgehend vom Eckprofil.

3) Die Außenecke verbindet horizontal verlegte Scharen mittels fünffach gekantetem Eckprofil. Die um 180 Grad gekanteten Scharendungen mit stehendem Falzabschluss sind in den Rückfalz des Eckprofils eingehakt. Auch diese Ausführung sorgt für eine deutliche sichtbare Konturierung der vertikalen Eckausbildung. Die Montage der Schare erfolgt ausgehend vom Eckprofil.

4) Die Außenecke verbindet horizontal verlegte Scharen mittels dreifach gekantetem Eckprofil. Die um 180 Grad gekanteten Scharendungen mit stehendem Falzabschluss sind in den Rückfalz des Eckprofils eingehakt. Die Montage der Schare erfolgt ausgehend vom Eckprofil.

5) Die Außenecke verbindet horizontal verlegte Scharen mittels Einschubprofilen (ausgebildet als Unterfalze) sowie einem fünffach gekantetem Eckprofil (ausgebildet als Oberfalze). Die mit einem Umschlag versehenen Scharendungen mit stehendem Falzabschluss sind in die Einschubprofile gesteckt. Die Montage der Schare erfolgt ausgehend vom Eckprofil.

6) Die Außenecke verbindet horizontal verlegte Scharen mit liegendem „Querfalz“ und durchlaufendem Winkelstehfalz. Der unterdeckende Verbindungsfalz wird über Eck gekantet und der Winkelstehfalz auf Gehrung angepasst. Die Ausführung ist handwerklich anspruchsvoll und lässt nahezu keine Maßtoleranzen zu (siehe auch Detail 7.2.3, Seite 326).

Stichwortverzeichnis

A

Abdeckung
- gewölbt 200
- in Stehfalztechnik 186
- Metallfassade/Flachdach 196
- mit Blende, gedämmt 194
- mit Gefällekonstruktion (Metall) 204
- Randausbildung 188
- und Gesimsverwahrung 185
- WDVS/Flachdach 198

B

Balkon-/Terrassenentwässerung
- außen liegend 180
- unter Geländer 182

Brüstungsgesims, WDVS 206

D

Dachauskragung, gerundete 38
Dachentwässerung 19
Dach-/Fassadenknickpunkt 342
- mit durchlaufendem Falz 344

Dachrand-Dehnungselement 164
Dachübergang Mansarddach 122
- flach geneigt, Metall-/Biberdeckung 124
- steil geneigt, Metall-/Biberdeckung 126

Dehnung 13
Dehnungsquerfalz mit Zusatzfalz 282
Detailbeschreibung, Aufbau 16

E

Eckausbildung außen
- Steckfalz-Profilwinkel 334
- Winkelstehfalz horizontal durchlaufend 326
- Winkelstehfalz mit Blende 324
- Winkelstehfalz mit Passwinkel 322

Eckausbildung innen
- Steckfalz mit M-Profil 332
- Winkelstehfalz horizontal/vertikal 330
- Winkelstehfalz vertikal/horizontal 328

Einkopf-Dehnelement (handwerklich)
- schräge Ausführung ohne Steg 166
- senkrechte Ausführung mit Steg 168

Einkopf-Dehnelement (industriell) 164

F

Fallrohr
- in Nischenkonstruktion 88
- in Nischenkonstruktion, durchdringungsfrei 90
- unsichtbar befestigt 86

Fallrohrdurchführung
- Traufengesims 84
- Wandgesims 82

Fassaden-Außenecke, vertikal 348
Fassadendetail 307
Fassaden-Innenecke, vertikal 346
Fassadensockel
- für Putz/Plattenwerkstoff 210
- mit Kappleiste für Putz/Plattenwerkstoff 212

Fenstereinfassung
- für Rautensystem 316
- für Steckfalzsystem, horizontal 314
- für Wellenprofil mit Hutverbinder 318
- für Wellenprofil mit Stegverbinder 320
- für Winkelstehfalzsystem 308
- für Winkelstehfalzsystem, schräge Leibung 310
- mit Leiste 312

Firstausbildung 132
- mit Leistenfalz 234

First und Grat 226
Flachdach-
- Entwässerung 176
- Notüberlauf 176
- Randausbildung 158
- Wandanschluss 170

Flachdachentwässerung in Sammler 178
Flachdachübergang 148

G

Gaubenanschluss 286
- Fenster/Steildach 102
- Kehle/Vorderansicht 292
- Metalldach/Kehlenauslauf 98
- Metalldach/Steildach 94
- Metalldach/Steildach/Seitenwange 96
- Metalldach/Zusammenführung Kehle 100
- Vorderansicht/Seitenwange 294

Gaubenblende, gerundet 296
Gefälleknickpunkt Biberdeckung 130
Gefällekonstruktion, gedämmt 192
Gefällestufe
- an aufgehender Wand, stehender Anschluss 280
- belüftet, stehender Anschluss 278
- unbelüftet, liegender Anschluss 276
- unbelüftet, stehender Anschluss 274

Gesimsverwahrung 206
- Innen- und Außenecken 218
- seitlich Anschluss mit Abweiser 222
- seitlicher Anschluss 220

Gesimsverwahrung, Verbindungs- und Dehnungselement
- handwerklich 214
- industriell 216

Grat
- stehend gerade und schräge Falzeinführung in den 238

Gratausbildung
- Metall-/Biberdeckung 128
- mit Formteil 240
- mit Leistenkappe 236

K

Kaminverwahrung traufseitiger Anschluss 142
Knotenpunkt Winkelstehfalzfassade „Wilder Verband“ 338

L

Lüfterfirst
- für Dachstein-/Ziegeldeckung 132
- mit Dachgefälle für Dachstein-/Ziegeldeckung 134
- mit niedergelegtem Anschluss 228
- mit niedergelegtem Anschluss, Bauteile, Verbindungsnaht 230
- mit niedergelegtem und stehendem Anschluss 226
- mit versetztem Wandanschluss 232

M

Mauerabdichtung mit
- Dachrand-Klemmprofil 162
- Verbundblech 160

Maueranschluss Umkehrdach 158
Mauerecke traufseitiger Anschluss 144
Metallanschluss
- Flachdach 147
- Steildach 93

Metalldachdetail 225

O

Ortgang
- mit Firstanschluss 108
- mit Giebelschalung und Traufenanschluss 110
- mit Traufenanschluss 106
- schräg 252
- schräg, konische Schare 254
- schräg, wasserführend 248
- schräg, wasserführend (konische Schare) 250
- Übergang Gesimsrinne 256
- vorgehängte Rinne 258

Ortgangabdeckung mit Giebelblende für Dachstein-/Ziegeldeckung 120
Ortgangausbildung 106, 248
Ortgang/First mit Giebelschalung für Dachstein-/Ziegeldeckung 114
Ortgangrinne mit Giebelblende
- für Dachstein-/Ziegeldeckung 118
- für versetzte Dachstein-/Ziegeldeckung 116

Ortgang/Traufe mit Giebelschalung für Dachstein-/Ziegeldeckung 112

P

Pultfirst mit
- Einhangblende 242
- Leiste 244

Pultfirst-/Ortgangausbildung stehend 246

Q

Querfalz Winkelstehfalzfassade 340
Querverbindung 274
- Übersicht 284

R

Rinnenabfluss/Sonderlösung 76

S

Sammelkasten
- als Abzweig 76
- bei Umlenkung 78
- für Lagerinne 80

Stehfalzendung, gerader Abschluss 202

T

Traufausbildung 22
Traufe
- Biberschwanz auf Doppelstehfalz 24
- Dachüberstand Metalldach 22
- Gesimsrinne, innen liegend mit Blende 74
- innen liegende Rinne 64, 66, 68, 70, 72
- Metalldeckung mit Gesimsrinne 46, 48, 50, 52, 54
- mit Wandanschluss 36

Traufe Dachsteindeckung
- mit Gesimsrinne und Blende 44
- mit Gesimsrinne, Zuluft oben 40
- mit Gesimsrinne, Zuluft unten 42, 56
- mit Sockel, Rinne und Unterdach 60
- mit Sockel und Rinne 58, 62
- Zuluft oben 28
- Zuluft oben und unten 30
- Zuluft unten 26

Traufe Metalldach
- mit gedämmtem Traufenkasten 34
- mit Unterdach und Traufenkasten 32

U

Übergang
- Flachdach/Metalldach 152
- Flachdach(-Ortgang)/Steildach 156
- Flachdach/Steildach 154
- Gaubendach/Ortgang Seitenwange 288
- Gaubendach/Seitenwange 286
- Gaubenkehle/Seitenwange 290
- Metalldach/Metallfassade 304

Übergang Steildach/Flachdach 148
- senkrechter Anschluss 150

Überstand und Anschlusshöhe 15

V

Verbindungsstoß 190
Verwahrung 298
- einer Mauerecke 300
- eines Dachneigungswechsels 302
- Fassadensockel, hinterlüftet 208
- Mauerkrone mit Gesimsbekleidung 336
- und Übergang 336

W

Wandanschluss
- an verputztem/gefugtem Mauerwerk 172
- an WDVS 170, 270
- gewölbt, Falttechnik 268
- hinterlüftet 262
- hinterlüftet, schräg 266
- mit Eckausbildung, hinterlüftet 298
- schräg/gerundet 264
- seitlicher, Systemschiene 260
- Überhangstreifen/Kappleiste 272

Wandanschluss/Durchdringung 136
Wandanschluss für Dachstein-/Ziegeldeckung
- überdeckend 136
- unterdeckend, rund 140
- unterdeckend vertieft 138

Wandanschluss/Kappleiste 174